高等职业教育园林专业新形态

园林植物识别与应用

主　编　范伟伟　杨照渠

副主编　刘建邦　范继红　牛瑜菲

　　　　马书燕　韩旭娟　刘　玮

　　　　刘艳昆

参　编　李志英（企业）

主　审　张先平

北京理工大学出版社

BEIJING INSTITUTE OF TECHNOLOGY PRESS

内 容 提 要

本书采用创新的编写理念，突破传统园林学科教材的界限，以项目导向和任务驱动为核心，对教材内容进行重新整合。本书的结构设计遵循"项目—任务—实践—考核"的流程，旨在强化学生的专业能力，同时强调工学结合和校企合作的教学模式。全书共分为六个项目，涵盖31个精心设计的任务，内容覆盖园林植物的器官分类与形态识别、园林植物应用基础、园林树木的识别与应用、园林花卉的识别与应用、草坪草的识别与应用，以及园林植物综合应用调查与配植设计等重点内容。每个项目均明确了知识目标、能力目标和素质目标，确保学习成果的全面性。每个任务详细包括任务描述、任务分析、知识准备、任务实施、考核评价及思考与练习，以促进学生的深度学习。此外，本书中丰富的图片资料将增强学习者的视觉感知，提升学习体验。

本书不仅适用于职业院校园林、园艺、景观设计、休闲农业等专业的在校学生，也适合作为相关专业函授学员的学习材料，以及园林绿化领域管理和工程技术人员提升专业技能的参考书籍。

图书在版编目（CIP）数据

园林植物识别与应用 / 范伟伟，杨照渠主编 .
北京：北京理工大学出版社，2024.6（2025.1 重印）.
ISBN 978-7-5763-4240-6

Ⅰ . S688

中国国家版本馆 CIP 数据核字第 2024HC9775 号

责任编辑：王梦春　　　　　　**文案编辑：**邓　洁
责任校对：刘亚男　　　　　　**责任印制：**王美丽

出版发行 / 北京理工大学出版社有限责任公司
社　　址 / 北京市丰台区四合庄路 6 号
邮　　编 / 100070
电　　话 / （010）68914026（教材售后服务热线）
　　　　　　（010）63726648（课件资源服务热线）
网　　址 / http：//www.bitpress.com.cn
版 印 次 / 2025 年 1 月第 1 版第 2 次印刷
印　　刷 / 河北鑫彩博图印刷有限公司
开　　本 / 787 mm×1092 mm　1/16
印　　张 / 20.5
字　　数 / 452 千字
定　　价 / 58.00 元

前言
PREFACE

《园林植物识别与应用》以习近平新时代中国特色社会主义思想为指导，贯彻落实党的二十大精神，坚持绿水青山就是金山银山的理念，意在推进美丽中国建设。园林植物在改善生态环境、美化园林景观、提高空气质量等方面发挥重要效益。

一、教材简介

园林植物识别与应用是一门以培养学生园林植物的识别及应用能力为目标，适用于提高园林类相关专业技术技能型人才培养需要的行业通用能力的核心课程。

本书在调研听取行业、企业、园林行业毕业生反馈的基础上，结合北方地区实际，根据园林企业岗位需求和职业能力要求，以职业能力培养为重点，以园林植物的应用与观赏类别构建教材内容，改变传统教材按照科属进行植物系统分类的体例，突出地方特色，采用项目任务的形式，设置了"六大项目""31个任务"，使企业工作项目、工作过程与专业人才培养目标、课程学习有机结合，促进校企"双元"育人。

本书图文并茂地展示北方常见园林植物的形态特征、分布与习性、繁殖方法、观赏特性及园林应用。通过本课程的学习，学生掌握"识植物、懂植物、用植物、爱植物"的相关知识、技能和素养。这些知识和技术技能为园林及相关职业岗位能力的培养奠定基础，同时，让学生养成细心观察、独立思考的习惯、辩证的思维方式及吃苦耐劳的精神，最终促进良好职业素养的形成。

二、教材特色与创新

（1）编写团队突出。编写团队包括教授1名、副教授3名、讲师5名、园林企业高工1名，编写团队教师多次参与园林植物类教材编写，其中1人为国家教学能力大赛获得者，1人完成国家精品在线课程。主要成员为省双高专业群、教学创新团队成员，在教学改革、教材编写、行业实践等方面经验丰富、教学与实践能力突出，保障教材编写质量。

（2）岗课赛证融合。本书内容对接了新时代绿化工岗位工作内容与工作流程，并遵循学生的学习规律。本书内容充分考虑了相应课程在专业人才培养方案中的作用与地位。与专业教学标准、课程标准精准对接。将全国职业院校高职组园林植物景观设计与施工赛项中的植物配置内容转入教材中，以赛促学，以赛促教。

（3）素质教育融入。在本书中适时地插入中国传统文化、植物故事、植物花语等，不仅增加了教材的趣味性，还润物细无声地融入素养元素，例如，讲到花时，提到"苔花如米小，也学牡丹开"，苔藓自是低级植物，多寄生于阴暗潮湿之处，可它也有自己的生命本能和生活意向，并不会因为环境恶劣而丧失生发的勇气。

（4）配套资源丰富。书中插入大量的图片，每个任务都有任务实施、考核评价、思考与练习，既方便教师教学，又方便学生自测。

三、编写分工

本书由范伟伟（山西水利职业技术学院）、杨照渠（台州科技职业学院）完成统稿。具体编写分工：课程导入由杨照渠编写；项目一由刘建邦（山西水利职业技术学院）、范继红（北京农业职业学院）编写；项目二由牛瑜菲（晋城职业技术学院）编写；项目三由马书燕（唐山职业技术学院）、韩旭娟（晋中职业技术学院）、李志英（太原康培集团有限公司）编写；项目四由刘玮（山西林业职业技术学院）编写；项目五由刘艳昆（沧州职业技术学院）编写；项目六由范伟伟（山西水利职业技术学院）编写，杨照渠、李志英为本书提供了部分资源。

由于编写者水平有限，加之编写时间仓促，疏漏之处在所难免，恳请各学校师生批评指正，以便今后修改完善。

编　者

目录
CONTENTS

课程导入

学习目标

▷ 知识目标

1. 了解中国植物资源概况；
2. 熟悉园林植物在景观建设中的作用；
3. 掌握园林植物的观赏特性。

▷ 能力目标

1. 能够根据园林植物的特点判断园林植物的主要作用；
2. 能根据园林植物的观赏特性，评价其造景的价值。

▷ 素质目标

1. 具有热爱自然、热爱生命的情怀；
2. 具有细心细致的观察力；
3. 具有欣赏植物美的热情。

　　人类在追求美好生活环境的过程中，对绿色植物在改善和保护环境、创造优美环境景观、维持生态平衡等方面重要性的认识不断加深。城市园林绿化已从过去城中有绿地、有花园，向着"城在林中、房在园中、道在绿中、人在景中"的建设目标发展。随着科学技术的进步，园林绿化将在生态学理论的指导下，根据各地的自然条件，合理地应用园林植物，创造更加优美、舒适、和谐的城市绿色空间。

一、中国园林植物资源状况

(一) 园林植物的概念

园林植物通常是指人工栽培的，具有一定观赏价值和生态效应的，可应用于花艺、园林及室内外环境布置和装饰的，以改善和美化环境、增添情趣为目标的植物总称。其有木本、草本之分，其中木本者称为观赏树木或园林树木，草本者称为花卉。

园林植物是研究园林植物的分类、生物学特性、生态学特性和观赏特性及园林应用的科学，它是高职院校"园林工程技术""风景园林""园艺技术""环境艺术设计""森林生态旅游"等专业的专业基础课之一。园林植物识别与应用是一门基础课程，它与花卉生产技术、园林植物造景、园林苗圃、植物栽培养护、园林规划设计等课程有着密切的关系。

(二) 中国植物资源对世界园林发展的贡献

知识拓展：
植物学家俞德浚

我国地域辽阔，横跨寒温带、温带和热带，地形条件复杂。这种多样的气候类型和复杂的地形条件为园林植物的繁衍生息创造了优越的自然环境，不仅使我国园林植物的野生种质资源相当丰富，而且保存着许多第三纪以来的古老孑遗植物，如银杏、水杉、金钱松、银杉、珙桐等，被誉为"世界园林之母"。据统计，我国现有高等植物种类3万余种，位居世界第三位。其中，著称于世的观赏植物达100多属，3 000多种。种类繁多的传统名花有梅花、茶花、菊花、荷花、蜡梅、水仙等，资源丰富，分布集中，久负盛名。

丰富的中国植物资源早就被世界园林学界所关注，早在1899年，亨利·威尔逊（Wilson E. H.）先后受英国威奇公司和美国哈佛大学的委托，多次来中国搜集中国植物，在长达十余年的时间里，他的足迹遍及川、鄂、滇、甘、陕、台等地，采集腊叶标本数千份，并引进种子和鳞茎交给美国哈佛大学阿诺德树木园繁殖栽培，同时，分送部分种子和鳞茎至世界其他地方。1913年，威尔逊根据编写了《一个博物学家在华西》（*A Naturalist in Western China*），书中记述了中国众多的植物种类。1929年，威尔逊出版了《中国——园林之母》（*China，Mother of Gardens*），书中写道："中国的确是园林的母亲，因为我们许多最美丽的园林植物都源自中国。从早春开花的连翘和玉兰，到夏季盛开的芍药和蔷薇，再到秋季绚丽的菊花，中国的植物为我们的园林增添了无尽的美丽和多样性。如果没有中国植物的贡献，我们的花园将变得无比贫乏。现代月季、温室中的杜鹃和樱草，以及食用的桃子、橘子、柠檬和柚子——所有这些都起源于中国。老实说，美国或欧洲的园林中无不具备中国的代表植物，而这些植物都是乔木、灌木、草本和藤本中最好的！"

学 而 思

你了解十大名花吗？

十大名花分别是花中之魁——梅花、花中之王——牡丹花、凌霜绽妍——菊花、花中君子——兰花、花中皇后——月季花、繁花似锦——杜鹃花、花中娇客——茶花、水中芙蓉——荷花、十里飘香——桂花、凌波仙子——水仙花。

王安石的《梅花》中写道：墙角数枝梅，凌寒独自开。遥知不是雪，为有暗香来。梅花与兰花、竹子、菊花一起被列为四君子，也与松树、竹子一起被称为岁寒三友。花语是澄澈的心。中国文学艺术史上，梅诗、梅画数量众多。梅花是中华民族的精神象征，象征坚韧不拔、不屈不挠、奋勇当先、自强不息的精神品质。

同学们，试着查询其他名花的诗词与花语。

由于中国丰富的植物资源，世界各国纷纷从中国引种。美国阿诺德树木园（Amol Arboretum）引种中国的四照花作为园徽；意大利引种中国植物 1 000 余种；英国爱丁堡皇家植物园引种中国植物 1 527 种，其中杜鹃花就有 400 多种，这些植物大都用于英国的庭园美化。此外，美国加州、德国、荷兰均大量引进中国植物资源，为当地园林景观建设奠定了景观植物的资源基础。1818 年，英国从中国引入的紫藤，至 1839 年花园中已开 675 000 朵花，成为一大奇迹。1876 年，英国从我国台湾引入一种叫驳骨丹（*Buddleja asiatica* Lour.）的植物，并与产于马达加斯加的黄花醉鱼草进行杂交，培育出蜡黄醉鱼草，冬季开花，成为观赏珍品，于 1953 年荣获英国皇家园艺协会优秀奖，次年再度获得该协会"一级证书"奖。难怪英国人感叹，没有中国植物就没有英国园林。

今日西方庭园中许多美丽的花木，追溯其历史大多是利用中国植物为亲本，经反复杂交育种而成，如月季花，由于引入了中国四季开花的月季花、香水月季、野蔷薇并参与杂交，才形成繁花似锦、香气浓郁、四季开花、姿态万千的现代月季。可以说，世界各地现代月季均具有中国月季的"血统"。

由此可以看出，丰富的中国观赏植物资源是世界园林的基石，也是全人类宝贵的物质财产。

（三）园林植物的栽培历史

中国园林植物栽培历史源远流长。在河南陕县出土的距今 5000 余年的仰韶文化彩陶上，就绘有花朵纹饰，表明中国先民在 5000 多年前就已经开始将观赏植物元素融入日常生活和艺术创作中。战国时期宫室庭园中广植花草树木，并形成了园林的雏形。此时人们对花卉的应用和欣赏已开始赋予感情色彩，以情赏花，以花传情之趣体现于劳动与生活之中，在《诗经》《离骚》《礼记》等古籍中均有记载。如《诗经》中记："维士与女，伊其相谑，赠之以芍药""摽有梅，其实七兮""昔我往矣，杨柳依依"等，都是记述当时男女青年相爱或亲友之间别离用芍药切花、梅子、柳枝及其他芬芳花枝相互赠送表达爱慕或惜别之情的。《楚辞·离骚》中记"余既滋兰之九畹兮"，文中"兰"是指菊科的泽兰（*Eupatorium fortunei* Turcz.），古代称兰草、佩兰，茎叶含芳香油，又可杀虫，深受古人喜爱，认为此花"能杀虫毒、除不祥"，又视为高贵、圣洁和吉祥的象征。屈原更爱兰草，且亲自种植多达百余亩，既作香料栽培，又以此自喻，比拟自己的高洁品德，抒发自己忧国忧民不得志的惆怅之情。由此都说明，这一时期花卉在我国的栽培相当广泛，在我国先民的物质生活和精神生活中都起过相当大的作用。

秦汉时期（221—220），封建统治者出于维护封建秩序和显示王权威严的政治目的，统治阶级将花艺术品视为表彰功臣、宣扬王室功业的主要方式。

魏晋南北朝时期（220—589），玄学的发展、佛教的推广、西行求法活动等为古代文化艺术的形成、中西文化的交流起到一定的积极作用，如在大量修建佛教建筑（寺、塔、石窟）和都城建筑等的同时，也促进了园林建设的发展与花卉栽培，使花卉由纯生产栽培走向观赏栽培。皇家权贵广辟园苑，大造温室，穿池堆山，遍植奇花异木；民间种花、卖花、赏花也渐成风尚。有关花卉的书、诗、画、歌、工艺品、艺术品陆续面世，如西晋嵇含著《南方草木状》、北魏贾思勰著《齐民要术》。

至隋、唐和两宋时期，随着大唐盛世的百业兴旺、宋代的稳定与繁荣，养花、赏花蔚然成风。据传，当时点茶、挂雨、燃香和插花合称"四艺"，成为社会上特别是文人士大夫阶层文化修养和风雅生活的重要组成部分。这一时期，花卉的科技书籍、花卉的文学作品、花卉工艺品和花卉绘面及盆景、插花等艺术品层出不穷，可称中国史上花文化发展的鼎盛时期。此时，著名的花卉专著专谱也相继问世，如《魏王花木志》《园庭卓木疏》（唐·王庆）、《平泉山居草木记》（唐·李德裕）、《本草图经》（宋·苏颂）、《芍药谱》（宋·刘攽）、《扬州芍药谱》（宋·王观）、《菊谱》（宋·刘蒙）、《梅花喜神谱》（宋·宋伯仁）等。

明清两代，是中国各类花卉著作甚多且内容全面丰富、科学性较强的时期，标志着中国花卉栽培和应用理论的日臻完善和系统化，花史、花谱、专著等屡见不鲜，尤其是插花专著的面世，轰动了日本花道界，至今仍为中外插花艺术家借鉴。这一时期内，著名的花卉专史、专谱和专著有：《群芳谱》（明·王象晋）、《本草纲目》（明·李时珍）、《长物志》（明·文震亨）、《学圃杂疏》（明·王世懋）、《月季新谱》（明·陈继儒）、《灌园史》（明·陈诗教）、《花史左编》（明·王路）、《汝南圃史》（明·周文化）、《兰谱》（明·张应文）、《花镜》（清·陈淏子）、《广群芳谱》（清·汪灏）、《菊谱》（清·李奎）、《凤仙谱》（清·赵学敏）。盆景艺术著作有：《盆景》（吴初泰）、《盆景偶录》（苏灵）、《素园石谱》（林有麟）。插花艺术著作有：《遵生八笺》（明·高濂）、《瓶花三说》《瓶花谱》（明·张谦德）、《瓶史》（明·袁宏道）、《瓶史月表》（明·屠本畯）、《浮生六记》（清·沈复）。

清末以来至新中国成立前夕，由于中国连年战患，国力下降，花卉业停滞，花田几近荒芜，花卉资源及名花品种屡被掠夺，或大量丢失，或流向国外，仅有少数地区经营花卉栽培。新中国成立以后，随着国民经济的恢复与发展，城市园林建设逐渐受到重视，中国花卉业有了蓬勃的发展，如菏泽、洛阳的花农重整花田，收集品种，恢复牡丹生产；武汉园林部门积极开展荷花品种的收集、整理、研究等。

改革开放后，百业兴旺，人民生活水平不断提高，园林植物作为一种产业得到空前发展。园林观赏植物及其产品生产再次走进国民经济领域中，成为高效农业生产的组成部分。观赏植物及其产品生产正朝着商品化、专业化方向迈进，很多地方已经形成了自己的特色产业。目前，全国已有百余个城市选定了市树市花，每年各地多有花市或专业性花卉展览活动，如已举办过三届全国性大规模的花卉博览会与插花艺术大赛展览，并开展了广泛的国际花卉科技、花卉艺术方面的交流活动。花卉业的兴旺，花卉文化的深入发展，标志着中国改革开放的新成就，展现着中华民族创造现代文明的新姿态。

拓展阅读

牡丹的栽培历史

　　牡丹自古以来被称为花中之王，号称国色天香，有富贵花之称。牡丹在我国栽培历史悠久，已有 1 500 多年。唐代已是皇宫中珍贵的花卉，在骊山专门开辟了牡丹园。

　　到了明、清时期，黄河中下游地区的牡丹、亳州的牡丹、曹州的牡丹、江南的牡丹、兰州的牡丹等都大放光彩，把牡丹真正推向"花中之王"。现在，中国、美国、日本、荷兰等国家，通过杂交育种，已培育出了新的商品化的盆栽牡丹品种。

二、园林植物在景观建设中的作用

　　园林树木是园林绿化中的骨干材料。有人比喻乔木是园林风景中的"骨架"和主体，灌木是园林风景中的"肌肉"和副体，藤本是园林风景中的"筋络"和肢体，草本是"血液"。树木与花卉、草坪、地被植物等紧密结合，混为一体，形成相对稳定的人工群落。从平面美化到立体构图，形成各种引人入胜的景境。因此，园林植物是优良环境的创造者，也是园林美化的构成者。

　　在园林植物中，园林树木体型高大，枝叶茂密，根系深广。它们应用于城市绿化，能有效地起到调节温湿度、防风、防尘、减弱噪声、保持水土等作用，尤其明显的是，在炎热的夏季，街道上种植行道树，可以直接遮荫降暑，使行人感到凉爽。此外，绿色植物在进行光合作用过程中吸收大量的二氧化碳，释放出氧气，使城市空气保持新鲜。有些植物还能吸收一些有害气体，有些则能释放出杀菌素，这些都直接有利于人体的健康。因此，园林植物大量应用于城市绿化对改善和保护环境起着相当显著的作用。

　　很多园林植物具有很高的观赏价值，或观花、观果、观叶，或赏其姿态。只要对园林植物进行精心选择和配置，园林植物就能在美化环境、美化市容、衬托建筑及园林风景构图等方面起到突出的作用。

　　许多园林植物可以在不影响其防护和美化两个主要功能的前提下积极为社会创造物质财富，如果品、油料、木材（包括薪材）、药材、香料等。

　　总之，园林植物具有美化、改善环境和经济效益等方面的功能。

拓展阅读

植物价值

　　经济价值：山西的沙棘产品的开发是植物经济价值的体现。

　　药用价值：园林植物连翘的根可入药，具有清火消毒作用。

三、园林植物的观赏特性

园林植物的观赏特性主要表现在形态、色彩、芳香、质地等方面，以个体美或群体美的形式构成园林美景的主体，给人以现实客观的直接美感。园林植物千姿百态，能随季节与年龄的变化而有所丰富和发展。春季梢头嫩绿，花团锦簇；夏季绿叶成荫，浓影覆地；秋季硕果累累，色香俱全；冬季白雪挂枝，银装素裹，真是春、夏、秋、冬，各有其美妙之处。

园林植物的美不仅体现在其本身色彩、形态、令人愉快的气味等方面，还体现在风韵美上。风韵美也称象征美，赋予不同种类以不同"性格"，再与诗、词、绘画、故事等文学艺术作品多方渲染联系，结果便产生了园林植物的"人格化"，如松之忠贞、竹之虚心、梅之坚韧、牡丹之富丽、山茶之娇艳、碧桃之妩媚等，进而发展成为民族的特点与共同的爱好。由此可见，园林植物不仅有千姿百态、变化多端的形式美，而且有丰富多彩、寓意深长的意境美。

（一）形态美

同龄树木的整体与局部的外形变化较多，有尖塔形、圆锥形、圆柱形、圆球形、伞形、垂枝形、钟形等。树形在园林构景中起到了重要作用。不同树形经过巧妙的配置，可创造出不同韵律感、层次感的艺术景观。

1. 树干的形态

（1）直立干：高耸直立，给人以挺拔雄健之感，如毛白杨、落羽杉、水杉、梧桐、泡桐、悬铃木等。

（2）并生干：两干从下部分枝而对立生长，如栎、刺槐、臭椿、楝等荫蘖性强的树种。

（3）丛生干：由根部产生多数干，如千头柏、南天竹、金钟花、迎春、珍珠梅、李叶绣线菊、麻叶绣线菊等。

（4）匍匐干：树干向水平方向发展成匍匐于地面状，如铺地柏、偃柏及一般木质藤本。

另外，还有侧枝干、横曲干、光秃干、悬岩干、半悬岩干等各种形态。

2. 树冠的形态

（1）尖塔形：这类树形的顶端优势明显，中央主干生长较旺。尖塔形主要由斜线和垂线构成，但以斜线占优势，因此具有由静而趋于动的意向，整体造型静中有动，动中有静，轮廓分明，形象生动，具有将人的视线或情感从地面导向高处或天空的作用，如雪松、南洋杉、云杉、冷杉。

（2）圆柱形：顶端优势明显，主干生长旺盛，树冠上下部直径相差不大，树冠紧抱，冠长远远超过冠径，整体形态细窄而长，如北美圆柏、紫杉、钻天杨、塔柏、龙柏、蜀桧等。圆柱形树冠以垂直线为主，给人以雄健、庄严与安稳的感觉。这类树形的树木，通过引导视线向上的方式突出了空间的垂直面，因此能产生较强的感染力。

（3）圆球形：这类树形树种众多，应用广泛。树形构成以弧线为主，给人以优美、圆润、柔和、生动的感受，如樟、石楠、榕树、加杨、球柏、千头柏等。在人的视觉感受上，圆球形无明确的方向性，容易在各种场合与多种树形协调搭配。

（4）棕榈形：这类树形除具有南国热带风光情调外，还能给人以挺拔、秀丽、活泼的感受，既可孤植观赏，也可在草坪、林中空地散植，创造疏林草地景色。

（5）垂枝形：这类树形外形多种多样，基本特征为具有明显悬垂或下弯的细长枝条，如垂柳、垂槐、垂枝榆、垂枝梅、垂枝桃等。由于枝条细长下垂，并随风拂动，常形成柔和、飘逸、优雅的观赏特色，能与水体很好地协调。

（6）雕塑形：雕塑形是人们模仿人物、动物、建筑及其他物体形态，对树木进行修剪、蟠扎等塑形处理形成的各种复杂的几何形体，如门框、树屏、绿柱、绿塔、绿亭、熊猫、孔雀等。在园林中，根据特定环境恰当应用，会获得别具特色的观赏效果，但用量要适当，少而精。

（7）风致形：是指露地生长的树木，因长期受自然力，特别是风的作用而形成的具有观赏价值的特殊形体。

（8）藤蔓形：依生长形态与使用方式，可大致分为攀缘与悬垂两种类型。

另外，还有不规则的老柿树、枝条苍劲古雅的松柏类等。树冠的形状是相对稳定的，并非绝对的，随着环境条件及树龄的变化而不断变化，形成各种富于艺术风格的体形。总的来说，凡具有尖塔状树形者，多有严肃端庄的效果；具有柱状较狭窄树冠者，多有高耸静谧的效果；具有圆钝、卵形树冠者，多有雄伟、浑厚的效果，丛生者多有朴素、浑美之感；而拱形及垂枝类型者，常形成优雅、和平的气氛，且多有潇洒的姿态；匍匐生长的有清新开阔、生机盎然之感，可创造大面积的平面美；大型缠绕的藤木给人以苍劲有力之感。

3.叶的形态

树木的叶形变化万千，各有不同，从观赏特性的角度来看与植物分类学的角度不同。一般将各种叶的形态归纳为以下几种。

（1）单叶方面。

1）针形类：包括针形、鳞形、刺形、锥形等叶形，如油松、雪松、柳杉等。

2）条形类也称线形类，如冷杉、紫杉等。

3）披针形类：具披针形叶片（如柳、杉、夹竹桃等）。

4）椭圆形类如金丝桃、天竺桂、柿及长椭圆形的芭蕉等。

5）卵形类：包括卵形、广卵形及狭卵形叶，如女贞、玉兰、紫楠等。

6）圆形类包括圆形及心形叶，如山麻杆、紫荆、泡桐等。

7）掌状类如五角枫、刺、梧桐等。

8）三角形类包括三角形及菱形，如钻天杨、乌桕等。

9）奇异形包括各种引人注目的形状，如鹅掌楸的鹅掌形叶，羊蹄甲的羊蹄形叶，银杏的扇形叶等。

（2）复叶方面。

1）羽状复叶：包括奇数羽状复叶和偶数羽状复叶，如刺槐、锦鸡儿、合欢、南天竹等。

2）掌状复叶，小叶排列成手掌形，如七叶树等。也有呈二回掌状复叶者，如铁线莲等。

叶片除基本形状外，又由于叶边缘的锯齿形状及缺刻的变化而更加丰富。

不同的形状和大小具有不同的观赏特性。例如，棕榈、蒲葵、椰子、龟背竹等均具有热带情调；大型的掌状叶给人以朴素的感觉；大型的羽状叶给人以轻快、洒脱的感觉；温带鸡爪槭的叶形会形成轻快的气氛；产于温带的合欢与产于亚热带及热带的凤凰木，因叶形的相似都能产生轻盈秀丽的效果等。

另外，叶子的大小和质地对叶子的观赏效果也有一定的影响。例如，革质的叶片，由于叶片较厚、颜色较浓暗，具有较强的反光能力，故有光影闪烁的效果；纸质、膜质的叶片常呈半透明状，给人以恬静之感；至于粗糙多毛的叶片，则多富于野趣。

4. 花的形态

花的观赏除色彩和芳香外，还有各式各样的形状和大小。牡丹花朵硕大，有"唯有牡丹真国色，花开时节动京城"的赞誉；玉兰树之花，朵朵红花好似古典的宫灯；金丝桃花朵上的金黄色小蕊，长长地伸出于花冠之外；带有白色巨苞的珙桐花，宛若群鸽栖息枝梢。

将花或花序着生在树冠上的整体表现形貌，特称为"花相"。从树木开花时有无叶簇的存在而言，园林树木的花相可分为两种形式：一种是"纯式"，是指在开花时，叶片尚未展开，全树只见花不见叶；另一种是"衬式"，是指在展叶后开花，全树花叶相衬。按照花朵或花序在枝桠上的分布特点，花相大致可分为以下几种。

（1）独生花相：本类较少、形较奇特，如苏铁类。

（2）线条花相：花排列于小枝上，形成长形的花枝。由于枝条生长习性不同，有呈拱状的，有呈直立剑状的，或略短曲如尾状的等。呈纯式线条花相者有连翘、金钟花等；呈衬式线条花相者有珍珠绣球、三桠绣球等。

（3）星散花相：花朵或花序数量较少，且散布于全冠各部。纯式星散花相种类较多，花数少而分布稀疏，花感不烈，但也疏落有致。若于其后植有绿树背景，则可形成与衬式花相相似的观赏效果。衬式星散花相的外貌是在绿色的树冠底色上，零星散布着一些花朵，有丽而不艳、秀而不媚之效，如珍珠梅、白兰等。

（4）团簇花相：花朵或花序形大而多，就全而言，花感较强烈，但每朵或每个花序的花仍能充分表现其特色。呈纯式团簇花相的有玉兰、木兰等。属衬式团簇花相的以大绣球为典型代表。

（5）覆被花相：花或花序着生冠的表层，形成状。属于本花相的树种纯式的有绒叶泡桐、泡桐等，衬式的有广玉兰、七叶树、栾树等。

（6）密满花相：花或花序密生全各小枝上，使树冠形成一个整体的大花团花感最为强烈，如榆叶梅、毛樱桃、紫丁香、火棘等。

（7）干生花相：花着生于茎干上，种类不多，大部分产于热带湿润地区。例如，枣椰、鱼尾葵、山槟榔、木菠萝、可可等。华中、华北地区的紫荆也能在较粗老的茎干上开花，但难与典型的干生花相相比。

5. 果的形态

许多园林树木的果实既有很高的经济价值，又有突出的美化作用。在园林中以观果为目的而选择树种时，除色彩外，还要注意选择果实的形状。一般果实的形状以奇、巨、丰为宜。

"奇"是指以果实形状奇异、有趣为主。例如，铜钱树的果实形似铜币；象耳豆的荚果弯曲，两端浑圆而相接，犹如象耳一般；腊肠树的果实好比香肠；秤锤树的果实如秤锤一样；紫珠的果实宛若许多晶莹剔透的紫色小珍珠；其他各种像气球的，像元宝的，像串铃的，其大如斗的，其小如豆的等，不一而足。"巨"是指单体的果形较大，如柚，或果虽小而果形鲜艳，果穗较大，如接骨木，均可达到"引人注目"的效果。"丰"是就全树而言的，无论单果或果穗，均应有一定的丰盛数量，才能产生较好的观赏效果。

6. 根的形态

树木裸露的根部有一定的观赏价值，中国人自古以来对此有很高的鉴赏水平，久已运用此观赏特点于园林美化及桩景盆景的培养中。但是并非所有树木均有显著的露根美。一般来说，树木到老年期后，均可或多或少地表现出露根美。在这方面效果突出的树种有松、榆、梅、榕、蜡梅、山茶、银杏、鼠李、广玉兰、落叶松等。

在亚热带、热带地区有些树有巨大的板根，很有气魄；另外，具有气生根的种类，如榕树，可以形成密生如林、绵延如索的景象，颇为壮观。

7. 皮的形态

树皮的外形不同，给人以不同的观赏效果。例如：麻栎树皮特别厚、质脆、外表深纵裂，给人以雄劲有力之感；悬铃木外皮则呈不规则脱落状，斑驳可爱；紫薇树皮细腻光滑，给人以清洁亮丽的印象等。

8. 其他附属物的形态

很多树木的刺、毛等附属物，也有一定的观赏价值，例如，楤木属多被刺与绒毛；红毛悬钩子小枝密生红褐色刚毛，并疏生皮刺；红泡刺藤茎紫红色，密被粉霜，并散生钩状皮刺；峨眉蔷薇小枝密被红褐刺毛，紫红色皮刺基部常膨大，其变型品种扁刺峨眉蔷薇皮刺极宽扁，常近于相连而呈翅状，幼时深红色，半透明，尤为具有观赏性。

（二）色彩美

植物的花、果、叶、枝、树皮是植物色彩的来源。花色和果色有季节性，且持续时间短，只能作为点缀而不能作为基本的设计要素来考虑。一般来说，树叶色彩是主要的、大面积景观的效果。对落叶树来说，树枝、树干的色彩在冬季就成了重要因素。而常绿乔木和一些低矮灌木等也有其特殊的视觉冲击。它们的色彩无论是固有的状态还是时间和空间的变化，无不显示出特殊的视觉冲击及带给人们美的享受。

1. 叶的色彩

生长旺盛的叶子大都是碧绿的，而衰老的叶子就变得枯黄了。例如，乌桕、枫树等的绿叶，到了秋天变成了红色，而紫鸭跖草和大叶红草的叶子终年都是紫红色的。由于叶的颜色有极高的观赏价值，因此人们根据叶色的特点将它分为以下几类。

（1）绿叶类。绿色虽属叶子的基本颜色，但详细观察则有嫩绿、浅绿、鲜绿、浓绿、黄绿、赤绿、褐绿、蓝绿、亮绿、暗绿等差别，将不同绿色的树木搭配在一起，能形成美妙的色感，例如，在暗绿色针叶树丛前，配置黄绿色树冠，会形成满树黄花的效果。

（2）春色叶类及新叶有色类。对春季新发生的嫩叶有显著不同叶色的，统称为"春色叶树"。例如，臭椿、五角枫的春叶呈红色，黄连木春叶呈紫红色等。在南方暖热气候地区，有许多常绿树的新叶不限于在春季发生，而是无论任何季节，只要发出新叶就会具有美丽色彩且有宛若开花的效果，如铁力木，这一类统称为"新叶有色类"。为了方便起见，也可将此类与春季发叶类统称为春色叶类。

（3）秋色叶类。凡在秋季叶子颜色能有显著变化的树种均称为"秋色叶树"。

1）秋叶呈红色或红色类者：鸡爪槭、五角枫、茶条槭、枫香、地锦、五叶地锦、漆树、柿、黄栌、南天竹、乌桕、石楠、山楂等。

2）秋叶呈黄色或黄褐色者：银杏、白蜡、鹅掌楸、加拿大杨、柳、梧桐、榆、槐、白桦、无患子、复叶槭、紫荆、栾树、麻栎、栓皮栎、悬铃树、胡桃、水杉、落叶松、金钱松等。

（4）常色叶类。有些树的变种或变型，其叶常年均呈异色，而不必待秋季来临，特称为"常色叶树"。全年树冠呈紫色的有紫叶小檗、紫叶欧洲榛、紫叶李、紫叶桃等；全年叶均为金黄色的有金叶鸡爪槭、金叶雪松、金叶圆柏等；全年叶均具有斑驳彩纹的有金心黄杨、银边黄杨、变叶木、洒金珊瑚、红花檵木等。

（5）双色叶类。某些树种叶背与叶表的颜色显著不同，在微风中就形成闪烁变化的效果，这种树种称为"双色叶树"，如银白杨、胡颓子、栓皮栎、青紫木等。

（6）斑色叶类。绿叶上具有其他颜色的斑点或花纹，如桃叶珊瑚、变叶木等。

2. 花的色彩

花的色彩大概是人们最熟悉的树木彩化的情形了。花有白、黄、红、蓝、紫、橙等颜色，千变万化，层出不穷，最吸引人的视觉。按照最基本的花色可简单将树木分为以下几种。

（1）红色花系：桃、月季、山茶、夹竹桃、紫薇、木棉、凤凰木、刺桐、扶桑等。

（2）黄色花系：迎春、金桂、金丝桃、蜡梅、黄蝉、黄花夹竹桃、黄槐等。

（3）蓝色花系：紫藤、洋杜鹃、楝树、木蓝、泡桐、杜荆、蓝花楹等。

（4）白色花系：茉莉、海芒果、女贞、甜橙、广玉兰、白兰、栀子花、梨、鸡蛋花等。

在园林创造中巧妙地将树木按照各种不同花色、花期搭配，而产生一年四季的缤纷美景。

3. 果的色彩

满树的果实象征着丰收，可以食用，也是一种美的欣赏，有较大的现实意义。"一年好景君须记，正是橙黄橘绿时"，此景如此美妙；"红豆生南国，春来发几枝。愿君多采撷，此物最相思"，又是一幅美景。根据果色不同也可以简单将树木分为以下几类。

（1）红果：铁冬青、南天竹、紫金牛、石榴等。

（2）黄果：柚子、甜橙、佛手、金桔、梨、黄皮等。

（3）蓝紫色果：紫珠、蛇葡萄、葡萄、十大功劳、桂花等。

（4）黑果：小叶女贞、女贞、鸭脚木、金银花、红楠、樟树、阴香等。

（5）白果：蔓九节、白果等。

（三）意境美

我国古典园林很擅长寓情于景，如松竹高洁、松柏高寿、红豆相思、

知识拓展：中国园林中的语音符号

牡丹富贵等，都显现出其中的意境之美。

由于生活、文化、习俗等原因，人们常用某些树木代表某些思想感情而构成园林中的"比拟"之美。例如，苏东坡在《咏竹》中写道："宁可食无肉，不可居无竹，无肉令人瘦，无竹令人俗，人瘦尚可肥，俗士不可医。"竹以其挺拔秀丽的外表形态和坚韧刚毅、虚心有节的内在个性，作为美好事物和高尚品质的象征，创造了许多优美意境。人们以竹为友，修身养性，陶冶情操；以竹而生，居竹食竹，饰竹行竹，围绕竹子产生了特有的源远流长的文化，赋予我国园林独树一帜的悠久主题。

植物的意境美并不是一成不变的，它会随着时代的发展而变化。例如，"白杨萧萧"是由于旧时代，一般的民家多将其植于墓地而形成的，但是现代却由于白杨生长迅速，枝干挺拔，叶过单顶而有光泽，具有浓荫遮地的效果，因此成为良好的普遍绿化树种。即时代变了，绿化环境变了，所形成的景观变了，游人的心理感受也变了，因此，当微风吹拂时就不会有"萧萧愁煞人"的感觉了。相反地，若配置在公园的安静休息区中，则会产生"远方鼓瑟""万籁有声"的安静松弛感，而使人达到充分休息的效果。又如梅花，旧时代总是受文人"疏影横斜"的影响，带有孤芳自赏的情调，而现在却以"待到山花烂漫时，她在丛中笑"的富有积极意义和高尚理想的内容来使人振奋昂扬。

学 而 思

刘禹锡《赏牡丹》中写道，"唯有牡丹真国色，花开时节动京城"。

苏东坡《咏竹》中写道，"宁可食无肉，不可居无竹"。

请同学们思考：

（1）这两句诗分别写了哪两种植物，在具体的诗词中有什么文化寓意吗？

（2）请说出其他关于描述植物文化的诗词。

（四）芳香美

"疑是广寒宫里种，一秋三度送天香"描述桂花的香甜。不同的芳香对人会引起不同的反应，有的起兴奋作用，有的却引人反感。在园林中，许多国家常有"芳香园"的设置，即利用各种香花植物配置而成。由于文学、艺术等方面的影响，人们对有些花会产生不同的联想，并结予不同的评价，此外，有些树木的叶等器官，在特定条件下也能产生刺激嗅觉的芳香。

以上这些园林植物美化作用的艺术效果形式并不是独立的，必须全面考虑和安排。在园林配置前，必须深刻体会和全面把握不同树种各个部位的观赏特征，进行细致搭配，以创造出优美的园林景色。

四、园林植物识别与应用的学习方法

园林植物识别与应用需要掌握植物的形态特征。理论联系实践，平时学习中做到多采集植物标本，多解剖观察，多鉴定植物的实物。多比较分析，在同中求异，在异中求同。多画植物配植图，了解植物的生态习性和

知识拓展：与植物
做朋友

园林应用。正确的学习方法对学好本课程是十分重要的。

园林植物识别与应用可分为课堂教学、现场教学、试验教学、教学实习和综合实习5个环节。课堂教学是以教师讲授为主，配合实物、教学课件、图表、录像等加深对讲述内容的感性认识和理解。现场教学就是到植物园、各类公园、风景区进行现场讲解。面对活生生的园林植物，看得见、摸得着，可以直观形象地掌握形态特征、生物学和生态学特性、繁育栽培技术、观赏价值和园林用途，便于树种之间的相互比较，这是本学科比较独特，也是十分重要的教学环节。在现场教学的整个过程中，学生不仅要认真地听、认真地记笔记，提出自己的看法和建议，而且要积极地思考，用心领会，才能有较大的收获。试验教学是将课堂教学、现场教学的内容通过试验来验证、巩固和加深的过程，培养动手能力和独立发现问题、解决问题的能力，重在基础知识、基本理论和基本技能的培养。教学实习可以到植物园、森林公园、风景名胜区或观赏树种比较丰富的各类公园，完成园林树种调查、种植设计或园林景观改造设计等作业。综合实习是整个课程的大总结、大实践，也是为毕业后从事相关工作的一次总演习，检验自己在课程中学了多少，掌握了多少，能够用于实践的又有多少，不足的还可以补课，领会不深刻的可以加深，掌握了但不会应用的，可以试着用，慢慢就熟悉了。因此，实习调查是本课程的重要教学环节。

相关网站资源

1. 中国植物图片库网址 https://ppbc.iplant.cn/

2. 手机端形色 App、花伴侣 App 帮助学生快速识别植物

3.《影响世界的中国植物》纪录片

4.《森林之歌》纪录片

 思考与练习

一、判断题

1. 中国植物资源丰富，高等植物总数约 3 万种，在世界居第 1 位。　　　（　　）

2. 中国植物资源丰富，而且在长期的栽培过程中培育出独具特色的品种和类型。

（　　）

二、选择题

1. "宁可食无肉，不可居无竹"描述竹的（　　）。

　　A. 形态美　　　　　B. 色彩美　　　　　C. 意境美　　　　　D. 芳香美

2. 下列古籍不是我国古代园林植物方面的著作的是（　　）。

　　A.《群芳谱》　　　　B.《花镜》　　　　C.《神农本草经》　　　　D.《广群芳谱》

三、简答题

1. 园林植物的主要作用有哪些?

2. 园林植物是如何改善和保护环境的?

3. 园林植物的观赏特性表现在哪些方面?

项目一 园林植物的器官分类与形态识别

在植物体上，由多种组织组成的，承担一定的生理功能，且具有显著形态特征，易于区分的结构称为器官。种子植物在构造上一般具有两种类型的器官，即营养器官和繁殖器官。营养器官包括根、茎、叶，它们共同担负着植物的营养生长；繁殖器官包括花、果实、种子，与植物的生殖有关。

🎯 学习目标

➤ 知识目标

1. 掌握描述植物形态的专业术语；
2. 熟悉园林植物器官的类型；
3. 掌握园林植物器官的形态。

➤ 能力目标

1. 能够准确描述植物器官的形态；
2. 能够了解不同类型植物的形态特征及区别；
3. 能够掌握植物器官的变态类型。

➤ 素质目标

1. 通过观察种子植物的形态特征，培养学生认真细致的观察力；
2. 具有欣赏植物形态美的品质，挖掘学生发现自然美、乐于营造植物景观的热情；
3. 具备"绿水青山就是金山银山"的理念，树立学生的绿色发展、生态文明意识与责任担当。

任务一 园林植物根的分类与形态识别

任务描述

通过观察比较分析植物根的形态特征，学习掌握描述根的常用术语及其相互区别，能够用准确的名词描述常见植物根的形态，观察了解根在园林中的观赏价值，完成根观赏特性调查报告。

任务分析

完成该学习任务，一要能准确理解根名词术语的内涵；二要能全面分析和准确描述植物根的形态特征；三要善于观察区分植物根的不同表现形式；四要分析体会植物根的美化效果（某些乔木或藤本植物的老根，如枣、杜鹃、葡萄、清风藤等的根，可雕制或加工成工艺品）。在完成该学习任务时要注意选择观赏效果较好的绿地，准确地识别该景点的园林植物的根的特征，完成任务总结。

知识准备

根是种子植物的重要营养器官。除少数气生根外，根一般是植物体生长在地下的营养器官。作为植物地上部分与土壤之间的连接器官，根每时每刻都在与土壤进行着物质和能量的交换。"根深蒂固""根深叶茂"都反映了根在植物生活中的重要性。

一、根的功能

（一）固定和支持

植物的地上部分挺立在空气中，经常会受到风雨和其他机械力量的袭击，而高大的树木却依然屹立，这主要归功于根内部牢固的机械组织和维管组织，将植物根牢牢地固定在土壤中，维持植株的重力平衡。根将植物体固着在土壤中，对植物体上部起着支持作用。

（二）吸收和输导

植物生活所需要的水主要靠根系吸收，根在吸收水分的同时，也吸收了溶于水中的矿物质、二氧化碳及氧气。根所吸收的物质，通过根中的输导组织运往地上部分的茎和叶，同时，又可通过茎将叶制造的有机物质运送到根的各部分，以维持根的生长和发育。

（三）合成和分泌

根能合成多种氨基酸，并很快运送至生长部位，合成蛋白质，作为新细胞形成的原料。根也是赤霉素、细胞分裂素和植物碱的合成部位。根部产生的分泌物有的可以减少根在生长过程中与土壤的摩擦力，如根尖部位的根冠能分泌一种黏液，湿润根尖周围的土壤颗粒，使根顺利穿过土壤不断地生长；有的分泌物可抗病害；根的分泌物还能促进土壤中一些微生物的生长，它们在根际和根表面形成一个特殊的微生物区系，对植物的代谢、吸收、抗病发挥了一定的作用。

（四）储藏和繁殖

根内部的薄壁组织较发达，常为物质储藏之所。有些植物的根储藏大量的养料，可食用、药用和作为工业原料，如甘蔗、胡萝卜、萝卜、甜菜的根可食用，部分也可作为饲料；在农业生产中经常利用分根、扦插等方式进行营养繁殖改良果树或花卉。除此之外，根还有药用、固着土壤、防止水土流失等作用。

二、根的来源与种类

当种子萌发时，胚根首先突破种皮向地生长，形成主根。主根是植物最早出现的根，因此又称为初生根。当主根生长到一定长度时，在一定部位上侧向地生出许多分支，称为侧根。侧根达到一定长度时，又能生出新的侧根。因此，侧根又可分为一级侧根或次生根、二级侧根或三生根，依此类推，主根和各级侧根都有一定的发生位置，都来源于胚根，统称为定根。而有些植物可以从茎、叶、老根或胚轴上产生根。这种不是由胚根发生，位置也不固定的根称为不定根。不定根和定根具有同样的构造与生理功能，也能产生各级侧根。农业、林业、园艺工作上，利用枝条、叶、地下茎等能产生不定根的习性，可以进行扦插、压条等营养繁殖。

三、根系的类型

植物地下部分根的总和，称为根系。定根和不定根均可以发育成根系。种子植物的根系根据组成和形态的不同，可分为直根系（图1-1）和须根系（图1-2）两种类型。

（一）直根系

直根系有明显的主根和侧根，主根发达，并保持垂直向下生长，侧根繁多，但长度和粗度依次递减。大部分双子叶植物和裸子植物的根系都是直根系，如松树、柏树、杨树、柳树、蒲公英等植物的根系。直根系一般由定根组成，但有的种类也有少量的不定根参与到根系中。

图1-1　直根系图　图1-2　须根系图

（二）须根系

须根系没有明显的主根和侧根的区分，主根不发达或早期停止生长，根系主要由不定根和它的分枝组成，呈须状，长短粗细和形状都很相近。大部分单子叶植物和某些双子叶植物的根系属于此类。如禾本科植物的种子萌发时形成的主根，存活期不长，以后由胚轴或茎基部所产生的不定根代替，组成须根系。

根系的深浅主要取决于植物的遗传本性，也受生长发育状况和外界环境条件等因素的影响。不同生长发育期的植物，根系分布的深度不同。根系的分布状况也因环境的不同而有所差异，如生长在黄河故道沙地的苹果树，因地下水水位高，根系仅深60 cm，而生长在黄土高原的苹果树，因地下水水位低，根系深达4～6 m。此外，人为因素也能改变根系的分布，如植物在幼苗期的水肥灌溉，苗木的移植，以及扦插和压条繁殖的苗木，易形成浅根系，用种子繁殖的苗木，主根发达，易形成深根系。

在林区往往生长着具有不同根系类型的植物，由于这些植物的根在土壤中分布的深度不同，形成了所谓的地下成层现象。地下成层现象很重要，它保证了植物可以从土壤的不同层次中吸收养料。在进行林区土壤立地条件调查时，经常做的土壤剖面，就是地下成层现象的实际应用。

掌握了根系分布的特性，有利于造林树种的选择。用于防护林的树种，应选择具有较强抗风力的深根系树种；营造水土保持林时，宜选用侧根发达、固土能力强的树种；营造混交林时，不仅要考虑地上枝叶间的相互关系，还要兼顾地下根系的发育情况，选择深根系和浅根系树种，合理配置，以利于土壤水分和养分的充分利用。

四、根瘤和菌根

植物的根系分布在土壤中，它们与土壤微生物之间存在着密切的关系。微生物不仅影响着根的生长发育，而且有些微生物可以进入植物根内，吸取所需的营养物质；植物也从微生物的活动中获得所需要的物质，彼此之间有着营养物质的交流。这种植物和微生物之间建立的互惠互利的共居关系，称为共生。根瘤和菌根是种子植物与微生物之间形成共生关系的两种类型。

（一）根瘤

豆科植物的根上常常生有各种瘤状凸起，称为根瘤。根瘤是由生活在土壤中的根瘤菌侵入到植物根内形成的。根瘤菌首先穿破根毛进入皮层，然后在皮层细胞内迅速分裂繁殖，皮层细胞也因根瘤菌分泌物的刺激而进行分裂，使皮层部分的体积膨大，向外凸出，形成根瘤（图1-3）。

图1-3　根瘤

根瘤菌是一种固氮细菌，它能将空气中游离的氮固定转化为含氮化合物，供植物吸收利用。植物在生长发育中，需要大量的氮，因为氮是组成蛋白质的重要元素。尽管空气中有78%的氮，但它是游离态的氮，植物不能直接利用。所以根瘤菌的存在，就使植物得到充分的氮素供应。另外，根瘤菌固氮作用所制造的含氮物质的一部分，还可以从植物的根部分泌到土壤中，被其他植物利用，因此，在农业上经常将豆科植物（如紫云英、田菁、苜蓿、三叶草等）作为绿肥，或者将豆类与其他农作物间作，提高作物的产量。

除豆科植物外，其他植物如桦木科、木麻黄科、鼠李科、杨梅科、蔷薇科等，以及裸子植物的苏铁、罗汉松等的根上也具有根瘤，而且有的种类已被用于造林固沙，改良土壤。

（二）菌根

除根瘤外，植物的根还经常与土壤中的真菌共生在一起，形成菌根（图1-4）。根据真菌菌丝在植物根部存在的部位，菌根可分为以下三类。

图1-4　菌根图

（1）外生菌根。

真菌的菌丝包被在植物幼根的外面，形成一个菌丝外套，有时部分菌丝侵入根的皮层细胞间隙中，但并不侵入细胞内。具有外生菌根的根尖，呈灰白色，短而粗，通常呈二叉分枝状，根毛稀少或没有，菌丝代替根毛，扩大了根系的吸收面积。很多森林树种，如松属、云杉属、栎属、栗属、桦木属等常具有外生菌根。

（2）内生菌根。

真菌的菌丝侵入皮层细胞内，根的表面仍具有根毛，因此，这种根在外表上和正常的根差别不大，只是颜色较暗。内生菌根具有促进根内物质运输、加强物质吸收的作用。银杏、侧柏、核桃、五角枫、杜鹃及某些兰科植物的根具有内生菌根。

（3）内外生菌根。

真菌的菌丝不仅包在根的外面，而且也侵入皮层细胞内和胞间隙中，如桦木属、柳属植物、苹果、银白杨、柽柳、草莓等的根。

真菌与植物的根系共生，一方面，真菌将所吸收的水分、无机盐和分解转化的有机物质供给植物，还能产生植物激素，尤其是维生素 B_1，促进根系生长；另一方面，植物将它制造和储藏的有机养料供给真菌，维持真菌的生活。

菌根在许多植物的根上都能形成，特别是在多年生木本植物上最为常见。很多能够形成菌根的树种，如松树，如果没有相应的真菌存在时，就不能正常地生长，甚至死亡。因此，在林业生产上，进行播种育苗和造林时，经常针对所选树种，预先在土壤内接种所需的真菌，或事先使种子感染真菌，以保证种子的萌发和幼苗的生长发育。

拓展阅读

神奇的菌根网络：让树木互联互通

树木之间竟然也有一种互联网，这不是人造的，而是由真菌网络构成树木的互联网，这种网络被称为菌根。它可以让树木彼此交流并分享资源，例如，传递养分和警告其他树木有害物质的存在，有些树木甚至会向其他树木发送信号，让它们做好迎接即将到来的干旱或寒冷，这些发现让人们对树木的认知又多了一层深度。研究表明，树木之间的交流和合作能够增强它们的生存能力。这也提醒人们生命之间的相互依存和合作是多么重要。此外，菌根还可以与昆虫一起帮助树木排除害虫和病菌，从而提高它们的抵御力。这个发现让人们重新审视了树木的神秘面纱，也让人们想到了生命的奇妙之处。

五、根的变态

根的变态主要有储藏根、气生根和寄生根三种类型。

（一）储藏根

储藏根具有储藏养料的功能，所储藏的养料可供越冬植物翌年生长发育使用。储藏根肥厚多汁，形状多样，常见于二年生或多年生的草本双子叶植物。根据来源可分为以下两种类型。

1. 肉质直根

肉质直根由主根发育而成，所以一株上仅有一个肉质直根。实际上肉质直根的上半部是植物的茎部，由下胚轴发育而成，只有下半部生有侧根的部分，才是植物的根。肉质直根在外形上都很相似，但加粗的方式不同，因而，贮藏组织的来源也就不同，例如，胡萝卜的肉质直根（图1-5）大部分由次生韧皮部组成，次生木质部发育微弱，构成"芯"的部分；而萝卜的肉质直根主要由次生木质部发育而成，次生韧皮部形成较少。

2. 块根

块根由不定根和侧根发育而成，因此，一株上可形成多个块根，而且膨大部分完全由根形成，不含有茎的部分，如甘薯、木薯、大丽菊的块根（图1-6）。甘薯块根发育时，次生木质部的薄壁组织特别发达，导管和导管群被薄壁组织隔开，星散地分布在次生木质部中，在它们的周围陆续地发生一些新的形成层。形成层和新形成层的共同活动形成了肥大的含有大量薄壁组织的块根。

图1-5　胡萝卜的肉质直根

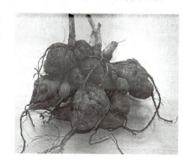

图1-6　大丽菊的块根

（二）气生根

气生根是生长在空气中的根，常见的有以下3种。

1. 支柱根

支柱根为不定根。当植物的根系不能支持地上部分时，常会产生支持作用的不定根，如玉米近地面茎节上形成的不定根（图1-7），伸入土壤中可以加固茎秆；生长在热带和亚热带的榕树，从枝上产生多数下垂的气生根，进入土壤，形成"独木成林"的特有景观。支柱根深入土中后，可再产生侧根，具有支持和吸收的双重作用。

图1-7　玉米不定根

2. 攀缘根

凌霄花（图1-8）和常春藤（图1-9）的茎细长柔弱，不能直立，必须依附他物才能生长，这类植物的茎上生出许多不定根，称为攀缘根。攀缘根能分泌一种黏液，碰着墙壁或物体时，就能黏着其上，攀附上升。

图1-8　凌霄花的茎

图1-9　常春藤的茎

3. 呼吸根

生活在热带沿海沼泽地区的植物，它们都有许多支根从淤泥中伸出，挺入空气中进行呼吸，这种根称为呼吸根。呼吸根外有呼吸孔，内有发达的通气组织，以利于空气进入地下根进行呼吸作用。

（三）寄生根

有些寄生植物，如桑寄生属、槲寄生属、菟丝子属的植物，它们的叶片退化成小鳞片，不能进行光合作用，而是借助茎上不定根形成的吸器，伸入寄主体内吸收养料，维持自身的生活，这种不定根称为寄生根。

 任务实施

识别校园及其附近游园绿地中园林植物根的形态特征。学生分组介绍其特征、类型、识别方法等，然后教师评价总结，引导学生依次观察、识别。

 考核评价

评价项目	评价内容	配分	得分
知识考核	能够熟练说出园林植物根系的类型	20	
	能够描述根系的形态特征	15	
	能够识别根的变态类型	20	
技能考核	调查报告撰写：内容全面、条理清晰	10	
	调查水平：正确识别根系形态，准确描述特征，合理分析观赏特征	20	
	能使用专业术语描述	5	
素质考核	调查态度：积极主动，有团队精神	5	
	调查过程中注重方法及创新	5	
	总分	100	

 思考与练习

1. 简述根与根系的类型及其识别特征。
2. 举例说明根的变态。

任务二　园林植物茎芽的分类与形态识别

 任务描述

通过观察比较分析植物茎的形态特征，学习掌握描述茎、芽的常用术语及其相互区别，能够用准确的名词描述常见植物茎的形态，观察了解茎在园林中的观赏价值，完成茎观赏特性调查报告。

任务分析

完成该学习任务，一要能准确理解茎名词术语的内涵；二要能全面分析和准确描述植物茎的形态特征；三要善于观察区分植物茎的不同表现形式。在完成该学习任务时要注意选择观赏效果较好的绿地，并依据植物的形态特征、配植效果等要素，准确地识别该景点的园林植物的茎、芽的特征，完成任务总结。

知识准备

一、茎的功能

茎是联系根、叶的轴状结构，除少数生于地下外，一般是组成地上部分的枝干。

（一）输导作用

茎能将根吸收的水分和矿物质，以及合成或储藏的营养物质运输到地上部分，同时，又将叶的光合产物运输到根、花、果实和种子。所以，通过茎将植物体的各个部分连成一体。

（二）支持作用

茎支持着植株地上部分的质量，使叶在空间保持适当的位置，以便充分接受阳光，有利于光合作用和蒸腾作用的进行；使花在枝条上更好地开放以利于传粉受精。茎还能抵抗自然界中的强风、暴雨和冰雪等加到植株上的压力。

（三）储藏和繁殖作用

茎中的薄壁组织，往往储存大量的营养物质，某些变态茎如根状茎、块茎、球茎等储藏的营养物质更为丰富，可作为食品或工业的原料。不少植物的茎能形成不定根和不定芽，可用来进行营养繁殖。

（四）经济用途

甘蔗、马铃薯、莴苣、藕、姜、桂皮等是常用的食品；杜仲、天麻、半夏、黄精、金鸡纳树等都是著名的药材；重要的工业原料如纤维、橡胶、生漆、软木、木材也主要来自茎。

二、茎的形态特征

茎的形态多种多样，有三棱形、四棱形、多棱形或扁平形，但一般来说，植物的茎呈圆柱形。茎的长短也有很大区别，最高大的茎可以达到100 m以上，但也有非常短小的茎，如蒲公英和车前的茎。

茎上着生叶子或芽的部位叫作节，节与节之间的部分叫作节间（图1-10）。如果把着生叶子或芽的茎称为枝条，那么茎就是枝上除去叶和芽所留下的轴状部分。多数植物的茎在叶子着生的部位只是微微有一些膨大，因此，外形上节与节间区别不是很明显。但有些植物的节特别明显，如甘蔗、毛竹、玉米的节膨

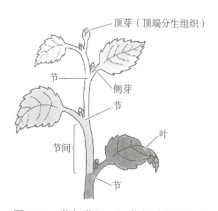

图1-10　节与节间、顶芽与腋芽（侧芽）

大，莲的节特别缢缩，而节间膨大。

各种植物的节间长短也不同。有的很长，如南瓜的节间可以长达数十厘米，有的很短，短到难以辨认的程度，如蒲公英的节间还不到 1 mm。在木本植物中，节间显著伸长的枝条，称为长枝；节间短缩，各个节间紧密相接，难以分辨的枝条，称为短枝。短枝着生在长枝上。叶子在短枝上呈簇生状态，如银杏、落叶松等。果树在短枝上开花结果，所以又称为果枝，如苹果、梨树等。

多年生木本植物的冬枝，除节和节间外，还可以看到叶痕、维管束痕、芽鳞痕和皮孔等结构。叶片脱落后在枝条上留下的痕迹称为叶痕。叶痕内的点线状凸起，是叶柄与茎间维管束断离后留下的痕迹，称为维管束痕。不同植物叶痕的形状和颜色及维管束痕的数目与排列各不同。有的茎上还可以看到芽鳞痕，这是枝条顶芽开放后，芽鳞脱落后留下的痕迹，根据芽鳞痕的数目可以判断枝条的年龄。此外，在茎上还可以看到皮孔，它是茎内组织与外界进行气体交换的通道。皮孔的形状、颜色和分布的疏密情况也因植物而异。因此，落叶植物的冬态，可以根据以上各种结构的形态特征来鉴别植物的种类。

三、芽的类型

植物体上所有枝、叶、花都由芽发育而来，所以，芽是枝、叶或花的原始体。芽的结构和性质决定着植株的长势与外貌，也决定着开花的时间和结实的数量，在农业、林业和园艺生产上，直接影响到经济产量，因此，研究芽的类型有着重要的实际意义。

（1）根据芽在茎上着生的部位，可将芽分为顶芽、腋芽（图 1-10）、副芽和不定芽四种。生长在主干或侧枝顶端的芽称为顶芽，顶芽的活动可以使茎伸长。生长在叶腋的芽称为腋芽，又称侧芽，它的活动可以产生各级分枝。有些植物的叶腋内不只一个腋芽，其中后生的芽称为副芽，如紫穗槐、刺槐的腋部生有 1 个副芽，皂角树腋芽的上面生有两个副芽，桃树有并生两个副芽，副芽的生长也可以增加茎的分枝。还有一些植物的腋芽为叶柄基部所覆盖，称为柄下芽，如悬铃木、刺槐。顶芽和腋芽在植物体上都有固定的生长部位，合称定芽。另外，还有一些芽在植物体上没有固定的生长部位，这种芽称为不定芽，如柳树、桑树的老茎或创伤切口上的芽，刺槐、杨树根上的芽，秋海棠、落地生根等植物叶上的芽都属于不定芽。

（2）根据芽发育后所形成器官的性质，芽又可分为枝芽、花芽和混合芽。枝芽（图 1-11）将来发育为枝和叶；花芽（图 1-12）发育为花或花序；混合芽（图 1-13）可以同时发育成枝、叶和花或花序，如梨、苹果、海棠、荞麦等。

图 1-11　枝芽　　　　　图 1-12　花芽　　　　　图 1-13　混合芽

（3）根据芽外围有无芽鳞，芽可分为鳞芽、裸芽。多数生长在温带的多年生木本植物，秋天形成的芽需要越冬，芽外面常被一些坚硬的褐色鳞片包被，这种芽称为鳞芽。鳞片是叶的变态，称为芽鳞，有厚的角质层，有时还覆被着毛茸或树脂黏液，可减少水分蒸腾和防止干旱冻害，以保护幼嫩的芽。没有芽鳞包被的芽称为裸芽，少数温带树种具有裸芽，如枫杨。多数草本植物的芽都是裸芽。

（4）根据生理活动状态，芽可分为活动芽和休眠芽。能在当年生长季节中萌发的芽称为活动芽。一年生草本植物的芽大多数是活动芽。生长在温带的多年生木本植物，冬芽在翌年春天萌发时，只有顶芽和近上端的一些腋芽萌发，其他腋芽保持休眠状态，称为休眠芽或潜伏芽。

四、茎的分枝方式

（一）单轴分枝

单轴分枝也称为总状分枝［图 1-14（a）］，主干也就是主轴，由顶芽不断地向上伸展而成，极显著一部分被子植物如杨、山毛榉等，多数裸子植物，如松、杉、柏科的落叶松、水杉等，都属于单轴分枝。

（二）合轴分枝

合轴分枝［图 1-14（b）］类型的主干顶芽在生长季节中，生长迟缓或死亡，或顶芽为花芽，由

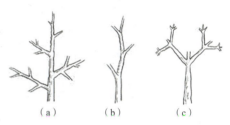

图 1-14　单轴分枝、合轴分枝、假二叉分枝

紧接着顶芽下面的腋芽伸展，代替原有的顶芽，每年同样地交替进行，使主干继续生长。这种主干是由许多腋芽发育而成的侧枝联合组成的，所以称为合轴。合轴分枝是先进的分枝方式，大多数被子植物属于这种分枝方式，如无花果、梧桐、桑、菩提树、桃、苹果等。

（三）假二叉分枝

假二叉分枝［图 1-14（c）］是具对生叶的植物，在顶芽停止生长后，或顶芽是花芽，在花芽开花后，由顶芽下的两侧腋芽同时发育成二叉状分枝。它实际上是合轴分枝的一种特殊形式，因为真正的二叉分枝多见于低等植物，在部分高等植物中，如苔藓植物的苔类和蕨类植物的石松、卷柏等也存在。假二叉分枝的被子植物有丁香、接骨木、石竹等。

五、茎的变态

茎的变态类型可分为地上变态茎和地下变态茎两大类。

（一）地上变态茎

（1）叶状枝：茎扁化如叶的绿色叶状体。叶完全退化或不发达，而由叶状枝进行光合作用，如昙花（图 1-15）、令箭（图 1-16）、文竹（图 1-17）、天门冬、假叶树和竹节蓼等的茎，外形很像叶但其上具节，节上能生叶和开花。

图1-15　昙花　　　　图1-16　令箭　　　　图1-17　文竹

（2）枝刺：茎变态为具有保护功能的刺，如皂角（图1-18）、沙棘（图1-19）茎上的刺。

图1-18　皂角　　　　　　　　　图1-19　沙棘

（3）茎卷须：茎变态成的具有攀缘功能的卷须，如黄瓜（图1-20）和南瓜（图1-21）的茎卷须，葡萄的茎卷须。

（4）肉质茎：肥厚多汁，呈球状、柱状或扁圆柱形等多种形态，可进行光合作用，叶常退化，适用于干旱地区的生活，如仙人掌（图1-22）类肉质植物。

图1-20　黄瓜　　　　　图1-21　南瓜　　　　　图1-22　仙人掌

（二）地下变态茎

（1）根状茎：横卧于地下，形状似根，有明显的节和节间，具有顶芽和腋芽，节上往往还有退化的鳞片状叶，呈膜状，同时，节上还有不定根，如美人蕉属、竹类、莲（图1-23）等。

（2）块茎：呈球形、椭圆形或不规则的块状，由茎的侧枝变态成的短粗的肉质地下茎。储藏组织特别发达，有节和节间，节上有鳞叶、腋芽、顶芽，如马铃薯（图1-24）、大丽花的块茎。

图1-23 莲　　　　**图1-24 马铃薯**

（3）球茎：呈球状、扁球形或长圆形，由植物主茎基部膨大形成，如唐菖蒲球茎（图1-25），节与节间明显，节上生有退化的膜状叶和腋芽，顶端有较大的顶芽。

（4）鳞茎：扁平或圆盘状的地下变态茎。其枝（包括茎和叶）变态为肉质的地下枝，茎的节间极度缩短为鳞茎盘，顶端有　个顶芽。鳞茎盘上着生多层内质鳞片叶，如水仙、百合和洋葱（图1-26）等。

图1-25 唐菖蒲　　　　**图1-26 洋葱**

 任务实施

识别校园及其附近游园绿地中园林植物茎的形态特征。学生分组介绍其特征、类型、识别方法等，然后教师评价总结，引导学生依次观察、识别。

 考核评价

评价项目	评价内容	配分	得分
知识考核	能够熟练说出园林植物茎的类型	20	
	能够描述茎的形态特征	15	
	能够识别茎的变态类型	20	
技能考核	调查报告撰写：内容全面、条理清晰	10	
	调查水平：正确识别茎的形态，准确描述特征，合理分析观赏特征	20	
	能使用专业术语描述	5	
素质考核	调查态度：积极主动，有团队精神	5	
	调查过程中注重方法及创新	5	
	总分	100	

1. 简述茎的类型及其识别特征。
2. 举例说明茎的变态。

任务三　园林植物叶的分类与形态识别

任务描述

通过观察比较分析植物叶的形态特征，学习掌握描述叶的常用术语及其相互区别，能够用准确的名词描述常见植物叶的形态，观察了解叶在园林中的观赏价值，完成叶观赏特性调查报告。

任务分析

完成该学习任务，一要能准确理解叶名词术语的内涵；二要能全面分析和准确描述植物叶的形态特征；三要善于观察叶序和叶片质地；四要分析体会植物叶的美化效果（叶色、叶形）。在完成该学习任务时要注意选择观赏效果较好的绿地，并依据植物的形态特征、配植效果等要素，准确地识别该景点的园林植物叶的特征，完成任务总结。

知识准备

一、叶的功能

叶着生在茎的节部，主要功能是进行光合作用、蒸腾作用、气体交换，它们在植物的生活中有着重要的意义。

（一）光合作用

光合作用是绿色植物利用光能将二氧化碳和水合成有机物质的过程，其基本产物是葡萄糖和果糖，它们在植物体内经过一系列复杂的变化形成糖类、脂肪、蛋白质等有机物质。这些有机物质除供给植物自身的需要外，还直接或间接为人类和动物所利用。光合作用不断释放氧气到大气中，从而保证了大气中氧含量的平衡。

（二）蒸腾作用

蒸腾作用是植物体内的水分以气态散失到大气中的过程。蒸腾作用促使水分在植物体内上升，是根系吸收水分的主要动力；根系吸收的矿物质能随着蒸腾液流一同上升，促进了矿物质在植物体内的运输和分配；蒸腾作用还可以降低叶表面温度，叶子吸收的大量光能，只有一小部分用于光合作用，大部分光能转变成热能，通过蒸腾作用消耗掉，从而避免了植物体因强烈光照而灼伤。

（三）气体交换

叶是植物与周围环境进行气体交换的器官。光合作用和呼吸作用对氧气和二氧化碳的吸收与释放，主要通过叶表面的气孔进行。有些植物的叶片还可吸收 SO_2、HF 和 Cl_2 等有毒气体，因此，植物具有净化空气、改善环境的作用。

（四）吸收、繁殖作用

在生产上，除进行土壤施肥外，还向叶表面喷洒一定浓度的肥料，就是利用叶的吸收功能；又如向叶面喷施农药，也是通过叶表面吸收进入植物体内。有些植物的叶在一定条件下能够产生不定根和不定芽，利用这一特性，可以进行叶扦插繁殖，如落地生根、秋海棠的叶。

（五）经济价值

可药用、食用，也可用作其他方面。如白菜、菠菜、韭菜等都是食叶为主的蔬菜；毛地黄、颠茄、薄荷等在医学上有各种药用价值；剑麻的叶纤维发达，可制船缆和造纸；其他，如茶叶可作饮料，烟草的叶可制卷烟，桑树的叶可饲养蚕，蒲葵的叶可制扇子，棕榈的叶鞘所形成的棕衣可作绳索、毛刷、地毡、床垫等。

二、叶的形态识别

（一）叶的组成和形态

1. 叶的组成

典型的双子叶植物的叶由叶片、叶柄和托叶组成；单子叶植物的叶由叶片、叶鞘两部分组成，在叶片与叶鞘连接处有叶舌和叶耳。

（1）叶片。叶片通常扁平、绿色，上有叶脉（中脉、侧脉、网脉和小脉）。光合作用与蒸腾作用主要在叶片上进行。

（2）叶柄。叶柄一般为扁圆形，是茎和叶的连接部分。叶柄具有输导和支持作用，还能扭曲生长，从而改变叶片伸展的位置和方向，以充分接受阳光，提高光合能力。

（3）托叶。托叶是着生在叶柄基部两侧的小叶状物。托叶的形状和作用随物种不同而异，是被子植物分类的依据之一。如棉花托叶为三角形；梨树托叶是线形，豌豆托叶为大卵形。不同植物的托叶具有不同功能（有的保护幼叶、有的进行光合作用）。

具有叶片、叶柄和托叶的叶称为完全叶（图 1-27）；缺少其中一部分或两部分的称为不完全叶（图 1-27）。

2. 叶的形态

不同植物叶的大小相差很大，小至几毫米，大至几米。叶的形态包括叶形、叶缘、叶尖、叶基、叶脉等。

（1）叶形（图 1-28）。叶形即叶片形状，根据叶片的长度与宽度的比例及最宽处的位置来确定。

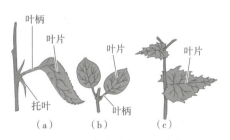

图 1-27　完全叶和不完全叶
（a）梨叶；（b）丁香叶；（c）苦荬菜叶

常见的叶形有针形、披针形、倒披针形、条形、剑形、圆形、矩圆形、椭圆形、卵形、倒卵形、匙形、扇形、镰形、心形、倒心形、肾形、提琴形、盾形、箭头形、戟形、菱形、三角形、鳞形等。

（2）叶缘。叶缘即叶片的边缘（图1-29）。叶缘的类型如下：

1）全缘。边缘平整，如白兰、朱蕉、砂仁的叶边缘。

2）波状。边缘呈平缓起伏的曲线，如胡颓子的叶边缘。

3）齿状。边缘凹凸不齐。齿状边缘又有以下几种：

①锯齿：齿尖向前。

②牙齿：齿尖向外。

③重锯齿：锯齿中还有齿。

④钝锯齿：齿尖钝。

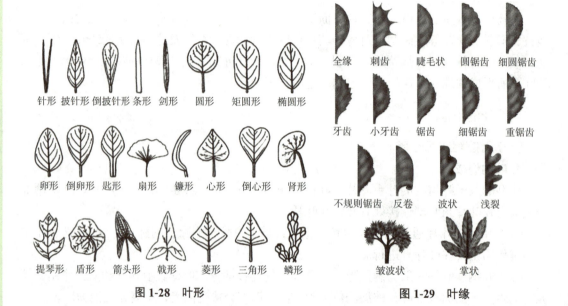

| 图1-28 叶形 | 图1-29 叶缘 |

4）缺刻。凹凸的程度比齿状深而大，形成裂片，从浅裂到深裂。

①浅裂：裂片的深度不超过半个叶片的1/2。

②深裂：裂片的深度超过半个叶片的1/2。

③全裂：裂片的深度达到叶的中脉，如洋姜、银桦、苏铁的叶缘。

④羽状分裂：裂片排列成羽毛状。

⑤掌状分裂：裂片排列成掌状。

（3）叶尖。叶尖即叶片的先端部分，有圆、钝、短尖、渐尖、凸尖、微凹、尾尖、芒尖等。

（4）叶基。叶基即叶片的基部，有圆形、心形、楔形、下延、偏斜、箭形、盾状等。

（5）叶脉。叶脉即叶片中脉纹，由中脉（主脉）、侧脉、细脉组成。脉序是叶脉在叶片上的分布规律。根据脉序的形态，叶脉可分为平行脉和网状脉。

1）平行脉。各脉从叶基近于平行发出，在叶尖汇合，在叶脉间可能有细脉相连，但是不呈网状，脉内无游离细脉，是单子叶植物的叶脉特征。

①直出平行脉：叶较狭窄，各条叶脉平行发出，在叶尖汇合，如竹子、玉米的叶脉。

②弧状平行脉：各脉在两端结合而中部分离成弧状，如玉簪的叶脉。

③射出平行脉：各脉以基部为中心向四周放射状排列，如棕榈、蒲葵的叶脉。

④侧出平行脉：只有一条主脉，侧脉与主脉垂直，如芭蕉的叶脉。

2）网状脉。各脉相互交织成网状，网内有游离细脉，是双子叶植物的叶脉特征。

①羽状脉：一条主脉较粗，侧脉较细小，向两侧分枝，如苹果、梨等的叶脉。

②掌状脉：有 3～5 条较粗的主脉，由基部向四周伸出如掌状，如五角枫、梧桐等的叶脉。

③三出脉：具有 3 条主脉的掌状脉，如枣、樟树等的叶脉。

（二）叶的类型

1. 单叶

一个叶柄上只有 1 片叶的叶称为单叶。

2. 复叶

在一个叶柄上有两片以上的叶称为复叶。复叶的叶柄称为"叶轴"或"总叶柄"，总叶柄上的每片叶是小叶，每片小叶的叶柄称为小叶柄。

复叶可依据小叶在总叶柄上的排列方式和数目不同进行分类。

（1）羽状复叶（图 1-30）。小叶在总叶柄两侧排列成羽毛状，通常成对着生。

1）根据小叶总数是单数还是复数，羽状复叶可分为以下几种。

①奇数羽状复叶。羽状复叶的顶端只有 1 枚小叶，小叶总数是单数，如紫藤、刺槐、月季的复叶。

②偶数羽状复叶。羽状复叶的顶端有两枚小叶，小叶总数是复数，如锦鸡儿、山皂荚的复叶。

图 1-30　奇数复叶和偶数复叶

2）根据总叶柄分枝的情况，羽状复叶还可分为以下几种。

①一回羽状复叶：总叶柄不分枝，小叶直接着生在总叶柄上，如刺槐、龙眼、香椿的复叶。

②二回羽状复叶：总叶柄分枝一次再着生小叶，如栾树、合欢、牡丹的复叶。

③三回羽状复叶：总叶柄分枝二次再着生小叶，如南天竹、楝树的复叶。

④多回羽状复叶：总叶柄分枝三次以上，再着生小叶。

（2）掌状复叶。3 个以上小叶着生在总叶柄顶端，放射状排列成手掌状的叶称为掌状复叶，如美国爬山虎、鹅掌柴、七叶树等的复叶。

（3）三出复叶。3 个小叶着生在总叶柄顶端的叶称为三出复叶，如迎春、胡枝子的复叶。

（4）单身复叶。单身复叶的两片侧生小叶退化，特点是总叶柄扁平成翅，总叶柄和叶片间有关节，是柑橘属植物特有的叶的类型，如柚、柑等的复叶。单身复叶也可称为单小叶。

（三）叶序

叶在茎上排列的方式称为叶序（图 1-31）。植物体通过一定的叶序，使叶均匀地、适合地排列，

互生（榆）　对生（丁香）　轮生（夹竹桃）

图 1-31　叶序

充分接受阳光，有利于植物进行光合作用。叶序的类型主要有以下几种：

（1）互生。每个节上只着生 1 片叶，称为互生，如杨树、柳树、向日葵等的叶。

（2）对生。每个节上相对着生 2 片叶，称为对生，如石竹的叶。有的对生叶序的每节上，两片叶排列于茎的两侧，称为两列对生，如水杉的叶。茎枝上着生的上下对生叶错开一定的角度而展开，通常交叉排列成直角，称为交互对生，如桂花的叶。

（3）轮生。每个节上着生 3 片或 3 片以上的叶，称为轮生，如夹竹桃、栀子花的叶。

（4）簇生。2 片或 2 片以上的叶着生在节间极度缩短的茎上，称为簇生，如银杏、雪松的短枝叶。

（5）基生。着生于茎的基部近地面处的叶，称为基生叶，如蒲公英、车前的叶。

在各种植物中，绝大多数植物只具有一种叶序，也有些植物会在同一植物体上生长两种叶序类型。例如，栀子花具有对生和 3 叶轮生两种叶序；金鱼草有互生、对生、轮生三种叶序。

无论叶在茎枝上的排列方式如何，相邻两节的叶子互不重叠，在与阳光垂直的层面上作镶嵌排布，这种现象称为叶镶嵌。叶镶嵌使所有叶片都能够以最大效率接受光照，进行光合作用。

（四）叶片的质地

（1）肉质。叶片肥厚，含水分较多。

（2）纸质。叶片薄而柔软。

（3）革质。叶片较厚，坚韧光亮，表皮明显角质化。

（五）叶的形态结构与环境的关系

1. 旱生植物叶片的结构特点

旱生植物叶片向着降低蒸腾和储藏水分两个方面发展。

（1）叶片小而厚，以减少叶的蒸腾面积（但不利于光合作用）。

（2）表面高度角质化，有角质层、蜡被，表皮毛较发达，有的为复表皮。

（3）栅栏组织细胞小而层数多，海绵组织和胞间隙不发达，抑制水分散失。

（4）有些植物叶肥厚多汁，储水、保水能力强，适应干旱气候，如景天、马齿苋的叶片。

2. 水生植物叶片的结构特点

水生植物叶片易获得水分和溶解于水中的物质（无机盐），但不易得到充分的光照和良好的通气。

（1）叶片通常较薄，有利于水分、盐类、光的吸收和利用。

（2）表皮细胞壁薄，无角质膜或不发达，一般无蜡被和表皮毛。

（3）叶肉不发达，无栅栏组织和海绵组织的分化，便于透光。

（4）叶脉少，机械组织不发达甚至退化。

（5）胞间隙发达，形成通气组织，有气腔结构（储藏气体供光合、呼吸作用使用）。

3. 阳叶和阴叶的结构特点

（1）阳地植物：在充足的阳光下才能很好地生长，不能忍受阴蔽环境的植物。阳地植物的叶为阳叶。阳叶的形态结构特点倾向于旱生叶结构。叶片较厚小，表皮角质层厚，气孔较小且密集，栅栏组织发达，细胞间隙小。

（2）阴地植物：在弱光条件下才能很好地生长，不能忍受强光照射的植物。阴地植物的叶为阴叶。形态结构的特点倾向于水生叶结构。叶片大而薄，栅栏组织不发达，细胞间隙发达，叶绿体较大，以充分利用散射光进行光合作用。

（六）叶的生活期与落叶

各种植物的叶的生活期长短是不同的。一般植物的叶，生活期约为几个月，但也有些植物，它们的叶能生活一年或多年。

植物在寒冷季节或炎热干燥的季节里，叶片大量脱落的现象，称为落叶。植物叶生活到一定时期后，便衰老而枯死，并从枝上脱落下来。冬季来临前，叶片大量脱落的树种是落叶树种，叶可活一年或几年，次第脱落，互相交替，不是集中一个时期脱落的树种是常绿树种，如油松、侧柏。

三、叶的变态

（1）苞片。苞片是生于花或花序下方的变态叶，保护花、果，吸引昆虫等动物，如向日葵（图1-32）、肿柄菊的苞叶，组成了总苞。

（2）鳞叶。叶退化成不含叶绿体的鳞片状附属物称为鳞叶，如鳞芽外的鳞片状物，各种变态茎上的鳞叶，如百合（图1-33）、朱顶红。

（3）叶卷须。叶退化成卷须状用于攀援，如香豌豆（图1-34）。

图1-32 向日葵一总苞　　　图1-33 百合鳞叶　　　图1-34 香豌豆

（4）叶刺。叶变成刺状，称为叶刺，如仙人掌（图1-35）的叶。

（5）叶状柄。叶片不发达，叶柄成为扁平叶片状，具叶的功能，称为叶状柄，如台湾相思（图1-36）的叶。

（6）捕虫叶。叶发生变态，变成能捕食昆虫的叶，如茅膏菜（图1-37）、猪笼草的叶，叶先端呈囊状、具盖。

图1-35 仙人掌的叶状刺　　　图1-36 台湾相思叶状柄　　　图1-37 茅膏菜

任务实施

识别校园及其附近游园绿地中园林植物叶的形态特征。学生分组介绍其特征、类型、识别方法等，然后教师评价总结，引导学生依次观察、识别。

考核评价

评价项目	评价内容	配分	得分
知识考核	能够熟练说出园林植物叶的类型	20	
	能够描述叶的形态特征	15	
	能够识别叶的变态类型	20	
技能考核	调查报告撰写：内容全面、条理清晰	10	
	调查水平：正确识别叶片形态，准确描述特征，合理分析观赏特征	20	
	能使用专业术语描述	5	
素质考核	调查态度：积极主动，有团队精神	5	
	调查过程中注重方法及创新	5	
	总分	100	

思考与练习

1. 简述叶的类型及其识别特征。
2. 举例说明叶的变态。

任务四　园林植物花的分类与形态识别

任务描述

通过观察比较分析植物花的形态特征，学习掌握描述花的常用术语及其相互区别，能够用准确的名词描述常见植物花的形态，观察了解花在园林中的观赏价值，完成花观赏特性调查报告。

任务分析

完成该学习任务，一要能准确理解花名词术语的内涵；二要能全面分析和准确描述植物花的形态特征；三要善于观察花冠和花序的特点；四要分析体会植物花的美化效果（颜色、形态）。在完成该学习任务时要注意选择观赏效果较好的绿地，并依据植物的形态特征、配植效果等要素，准确地识别该景点的园林植物花的特征，完成任务总结。

知识准备

一、花的形态与组成

地球上的被子植物约有 30 万种，其花的变化巨大，它们的形态、大小、颜色和组成数目各不相同。根据其结构组成，可将被子植物的花分为完全花（图 1-38）和不完全花两类。完全花通常由花梗（花柄）、花托、花萼、花冠、雄蕊（群）和雌蕊（群）等几个部分组成，如桃花、玫瑰花等；不完全花是指缺少其完全花组成的一部分或几个部分的花，如黄瓜、玉米等植物的单性花。

图 1-38　完全花的组成

花是适应于生殖、极度缩短且不分枝的变态枝。花柄是枝条的一部分，花托通常是花柄顶端呈不同方式膨大的部分，是花器官其他组分（如花萼、花冠、雄蕊群和雌蕊群）着生的地方。花萼常为绿色，像很小的叶片。花冠虽有各种颜色和多种形态，但其形态和结构均类似于叶，有的甚至就呈绿色（如绿牡丹）。雄蕊是适应于生殖的变态叶，雌蕊也是由叶变态的心皮卷合而成的，如蚕豆、梧桐等。因此，通常称花萼、花冠为不育的变态叶，雄蕊、雌蕊为可育的变态叶。

（一）花柄和花托

花柄（图 1-39）也称花梗，呈圆柱形，是连接花和茎的柄状结构，其基本构造与茎相似。花柄既是营养物质由茎向花输送的通道，又能支持着花，使其向各方向分布。花梗的长短常随植物种类而不同，如梨、垂丝海棠的花柄很长，有的则很短或无花柄，如贴梗海棠。果实形成时，花柄发育成果柄。

花托位于花柄的顶端，是花其他各组成部分着生的部位。花托的形态常因植物种类而异，有些植物的花托伸长，呈圆柱状，如木兰科植物等；有的呈圆锥状，如草莓等的花；有的凹陷呈杯状，如桃等；有的花托呈壶状，且与花萼、花冠、雄蕊、雌蕊的一部分贴在一起，形成下位子房，如苹果等；有的呈倒圆锥形，如莲的花；有的在雌蕊基部或雄蕊与花冠之间，扩大形成扁平状或垫状的盘状体，称为花盘，如柑橘、葡萄等；有的在雌蕊（子房）基部形成短柄状，传粉受精后，能迅速伸长，将子房插入土中结实，如花生，这种花托称为雌蕊柄或子房柄。

图 1-39　花柄和花托

（二）花萼

花萼（图 1-40）是花的最外一轮变态叶，由一定数目的萼片组成，常呈绿色，可进行光合作用，也有一些植物的花萼呈花瓣状，有利于昆虫的传粉，如紫茉莉等。根据萼片间分离或联合关系，花萼有离萼和合萼两种。

图 1-40　花萼

（1）离萼：各萼片之间完全分离，如油菜、桑等。

（2）合萼：各萼片之间彼此联合，合生部位称为萼筒，未合生部位称为萼齿或萼裂片，如茄、棉花等。

花萼通常只有一轮，但有的植物在花萼外侧还有一轮绿色的瓣片，称为副萼，如棉花、草莓等花。棉花的副萼为 3 片大型的叶状苞片。

一般植物开花以后萼片即落，但也有在其果实成熟时，花萼依然存在，这种花萼称为宿存萼，如茄、柿等。

（三）花冠

花冠位于花萼的上方或内侧，由若干花瓣组成，可排列为一轮或多轮。花冠常具有各种鲜艳的颜色，这是细胞中的有色体，或液泡中的花色素，或两者均有所致；花瓣或花冠都具有多种形态，如钟状、蝶状、唇状等；花瓣或花冠具有多种功能，有的花瓣基部有分泌结构，可释放挥发油类和分泌蜜汁，可吸引昆虫、有利传粉，人类常用它提取精油或用于保健；花冠还有保护雌、雄蕊的作用。花色、花形、花味的多样性不仅吸引昆虫，而且美化了环境、美化了人的生活。但也有些植物的花无花瓣或花冠，如柳、玉米等，它们依赖风媒传粉。

花瓣彼此分离的花为离瓣花（图 1-41），如油菜、桃等；花瓣彼此联合的花为合瓣花（图 1-42），联合的部位称为花冠筒，分离的部位称为花冠裂片，有的则花瓣全部联合。

花冠（图 1-43）内花瓣的数目常随植物的种类而异。花瓣或花萼及其裂片在花芽中的排列方式，也因植物种类的不同而有所不同，由于花瓣的形态、大小和结构的差异，花冠类型、花冠的对称性和作用均因种而异，是植物分类的重要依据之一。

图 1-41　离瓣花　　　图 1-42　合瓣花

一、离瓣花冠

1.蔷薇形　　　2.十字形　　　3.蝶形（旗瓣、翼瓣、龙骨瓣）

二、合瓣花冠

1.钟形　　2.轮状　　3.筒状　　4.高脚碟形　　5.漏斗状

6.坛状　　7.舌状　　8.唇形

图 1-43　花冠类型

（四）雄蕊（群）

1. 雄蕊的形态与组成

一朵花内所有的雄蕊总称为雄蕊群。雄蕊（图1-44）着生在花冠的内方，是花的重要组成部分之一。花中雄蕊的数目常随植物种类而不同，如小麦、大麦的花有3枚雄蕊，油菜、洋葱有6枚雄蕊，棉花、桃等的花具有多数雄蕊。

每个雄蕊常由花药和花丝两部分组成（图1-45）。花药是花丝顶端膨大呈囊状的部分，内部有花粉囊，可产生大量的花粉粒。花丝常细长，基部着生在花托或贴生在花冠基部，有的花

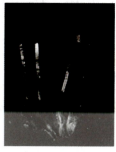

图1-44　雄蕊和雌蕊　图1-45　雄蕊的组成

丝扁平如带状，如莲，或完全消失，如栀子，或成为花瓣状，如大花美人蕉。

2. 雄蕊群的类型与特征

各种植物花中的雄蕊可以有不同的组合。多数植物的雄蕊彼此分离；但有些植物雄蕊的花药合生、花丝分离；有些花丝合生成为不同的束数，而花药分离。花丝的长短也因植物种类而异，多数为等长，但有些植物在一朵花中的花丝长短不等，如油菜、薄荷等。因此，雄蕊类型常随植物种类的不同而不同。

（五）雌蕊（群）

1. 雌蕊的形态与组成

一朵花内所有的雌蕊总称为雌蕊群，是花的另一个重要的组成部分。雌蕊（图1-44）位于花的中央，多数植物的花只有　个雌蕊。雌蕊由变态的叶（心皮）组成。在形成雌蕊时，常分化出柱头、花柱和子房三部分。

（1）柱头位于雌蕊的上部，是承受花粉粒的地方，常常扩展成各种形状。风媒花的柱头多呈羽毛状，增加柱头接受花粉粒的表面积。多数植物的柱头常能分泌水分、脂类、酚类、激素和酶等物质，有的能分泌糖类和蛋白质，有助于花粉粒的附着和萌发。

（2）花柱位于柱头和子房之间，其长短随各种植物而不同，是花粉萌发后，花粉管进入子房的通道。花柱提供花粉管生长的营养物质，花粉管进入胚囊有选择性。

（3）子房是雌蕊基部膨大的部分，外为子房壁，内为1至多数子房室。胚珠着生在子房室内。受精后，整个子房发育为果实，子房壁成为果皮，胚珠发育为种子。

子房着生在花托上，它与花托的连接方式也存在很大差异，同时与花萼、花冠、雄蕊群的相对位置也因植物种类不同而有变化。

2. 雌蕊（群）的类型

由于组成雌蕊的心皮数目和结合情况的不同，雌蕊（图1-46）常分为若干类型。

（1）单雌蕊：一朵花中只有一个心皮构成的雌蕊称为单雌蕊，如大豆、桃等。

（2）离生单雌蕊：一朵花中有多个彼此分离的单雌蕊称为离生单雌蕊，如八角、玉兰、草莓、毛茛。

图1-46　雌蕊的组成

（3）复雌蕊：一朵花中只有一个由两个以上心皮合生成的雌蕊称为复雌蕊，如油菜、茄、棉花等。在复雌蕊中，有的子房合生，花柱、柱头分离，如梨等；有的子房、花柱合生，柱头分离，如向日葵等；也有的子房、花柱、柱头全部合生，柱头呈头状，如油菜等。一个复雌蕊的心皮数目，常与花柱、柱头、子房室呈正相关，可借此判断复雌蕊的心皮数目。

二、花的类型

（一）按其组成分类

按花的组成部分是否完整分类，花可分为完全花和不完全花两类。

（二）按花被的特征分类

花萼和花冠合称为花被，当花萼和花冠的形态、色彩相似时，可统称其为花被，如百合等。根据花被的组成或有无，常可将花分为双被花、单被花和裸花三类。

双被花（两被花）是同时具有花萼和花冠的花，如桃花；单被花一般是指只有花萼而没有花冠的花，如桑树的花；裸花是不具有花萼和花冠的花，有时称为无被花（Achlamydeous Flower），如柳树的花。

（三）按雌蕊、雄蕊的有无分类

根据花中雌蕊、雄蕊的有无，可将花分为两性花、单性花和无性花三类。

两性花是兼有雄蕊和雌蕊的花，又称为雌雄同花，如玉兰，约占被子植物总数的80%。只具有雌蕊的花，称为雌花；只具有雄蕊的花，称为雄花。如果雌花和雄花同时生于同一植株，则称为雌雄同株，如玉米；如果雌花和雄花分别生长于不同植株，则称为雌雄异株，如银杏。

三、花序的类型

有些植物的花单独着生于叶腋或枝顶上称单生花，如桃花。但大多数植物是许多花着生在一个分枝或不分枝的花轴上，如菊花。

花在花轴上的排列方式称为花序（图1-47）。花序可分为无限花序和有限花序两类。

（一）无限花序

无限花序的花轴顶端可以不断生长，开花顺序从下而上或从边缘向中间，常见的花序有以下几种：

（1）总状花序。花序轴较长，不分枝，上面着生多个花柄近等长的花，如萝卜。有些植物的花序轴具有分枝，而每个分枝又构成一个总状花序，这种花序称为复总状花序，因整个花序形如圆锥，又称为圆锥花序，如水稻、葡萄。

（2）穗状花序。花序轴长，不分枝，着生的花无柄或柄极短，如车前。如果花序轴分枝，每个分枝构成一个穗状花序，称为复穗状花序，如小麦、大麦。玉米的雌花花序轴膨大呈棒状，称为肉穗状花序。

（3）伞房花序。花有柄但不等长，下部的花柄长，上部的花柄短，所有的花排列近于一个平面，如樱花、苹果、梨等。

（4）伞形花序。全部的花排列成圆顶状，形如张开的伞，如人参、韭菜。如花序轴顶端分枝，每个分枝为伞形花序，称为复伞形花序，如胡萝卜。

（5）头状花序。花轴短或宽大，花无柄或极短，如向日葵。

（6）隐头花序。花轴顶端膨大，中央凹陷如囊状，许多无柄或短柄花，全部隐藏于囊内，如无花果、榕树。

（7）葇荑花序。花序轴上着生许多无柄或具短柄的单性花，通常雌花序轴直立，雄花序轴柔软下垂，开花后，一般整个花序一起脱落，如杨、柳。

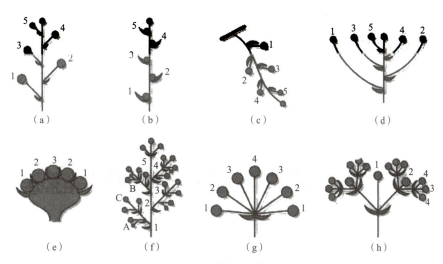

图1-47　花序的类型

（a）总状花序；（b）穗状花序；（c）葇荑花序；（d）伞房花序；
（e）头状花序；（f）圆锥花序；（g）伞形花序；（h）二歧聚伞花序

（二）有限花序

有限花序又称聚伞花序，开花顺序是顶部先开，基部花后开，或中心花先开，侧边花后开，因此，花序轴顶较早丧失顶端生长能力，不能继续向上延伸，如唐菖蒲、石竹、藜等，有限花序的生长分化属合轴分枝式性质，所以常称为聚伞花序。

 任务实施

识别校园及其附近游园绿地中园林植物花的形态特征。学生分组介绍其特征、类型、识别方法等，然后教师评价总结，引导学生依次观察、识别。

 考核评价

评价项目	评价内容	配分	得分
知识考核	能够熟练说出园林植物花的类型	20	
	能够描述花的形态特征	15	
	能够识别花冠类型	20	
技能考核	调查报告撰写：内容全面、条理清晰	10	
	调查水平：正确识别花冠、花序形态，准确描述特征，合理分析观赏特征	20	
	能使用专业术语描述	5	

续表

评价项目	评价内容	配分	得分
素质考核	调查态度：积极主动，有团队精神	5	
	调查过程中注重方法及创新	5	
	总分	100	

 思考与练习

1. 什么是花冠？花冠有哪些类型？
2. 花序的类型有哪些？

任务五　园林植物果实的分类与形态识别

 任务描述

通过观察比较分析植物果实的形态特征，学习掌握描述果实的常用术语及其相互区别，能够用准确的名词描述常见植物果实的形态，观察了解果实在园林中的观赏价值，完成果实观赏特性调查报告。

 任务分析

完成该学习任务，一要能准确理解果实名词术语的内涵；二要能全面分析和准确描述植物果实的形态特征；三要善于观察果实的形态和类型；四要分析体会植物果实的美化效果（颜色、形状）。在完成该学习任务时要注意选择观赏效果较好的绿地，并依据植物的形态特征、配植效果等要素，准确地识别该景点的园林植物果实的特征，完成任务总结。

 知识准备

一、果实的发育和结构

果实是被子植物有性生殖的产物和特有结构。一般来说，传粉、受精和种子发育等过程对果实的发育有着显著影响。植物的受精作用完成后，花器官会发生很大的变化，花萼枯萎或宿存。花瓣和雄蕊凋谢，雌蕊的柱头、花柱枯萎，仅子房或子房外其他与之相连的部分一同生长发育膨大为果实。不同植物的果实具有不同的发育方式、形态色泽、结构和化学成分，人类对果实的利用方式也不同。果实的特征差异可作为物种分类的形态学依据。在被子植物中，果实包裹着种子，不仅起保护作用，还有助于传播种子。

在雌蕊完成受精后，雌蕊的子房细胞继续分裂借以增加细胞的数量，但细胞分裂的周期一般是比较短暂的，只在花后数周，即只在果实发育的早期才进行细胞分裂，此后果实的生长主要是子房细胞体积和质量的增加，如西瓜幼果的果肉细胞直径为 $29.6\ \mu m$，果实成熟时其细胞直径可达到 $700\ \mu m$，肉眼就可以辨别。

果实主要由受精后的子房发育而成，子房壁发育成果皮，胚珠发育成种子。根据果实的发育来源与组成，可将果实分为真果和假果两类。

（一）真果

单纯由子房发育而成的果实称为真果（图1-48），如桃、杏、樱桃。真果的结构较简单，外层为果皮，内含种子。果皮由子房壁发育而成，可分为外果皮、中果皮和内果皮三层。果皮的厚度视果实种类而异。果皮的层次性有的易区分，如核果；有的互为混合，难以区分，如浆果的中果皮与内果皮；更有禾本科植物如小麦、玉米的籽粒，其果皮与种皮结合紧密，难以分离。

图1-48　真果的结构

外果皮由子房壁的外表皮（相当于叶片的下表皮）发育而来，可以由一层细胞或数层细胞构成，如外果皮有数层细胞，除含有外表皮细胞层外，还有表皮下层的一至数层厚角组织细胞，如桃、杏等，也可能是厚壁组织细胞，如菜豆、大豆等。一般外果皮上分布有气孔、角质、蜡被，有的还生有毛、翅、钩等附属物，它们具有保护果实和有助于果实的传播作用，也是识别种子的依据之一。

中果皮由子房壁的中层（相当于叶片的叶肉和叶脉部分）发育而来，由多层细胞构成。中果皮在结构上变化很大，有的中果皮具有许多富含营养的薄壁细胞，成为果实中的肉质可食部分，如桃、杏、李等；有的中果皮组织中还含有厚壁组织；有的在果实成熟时，中果皮变干收缩成膜质、革质，或成为疏松的纤维状，维管组织发达，如柑橘的橘络。

内果皮由子房壁的内表皮（相当于叶片的上表皮）发育而来，多半由一层细胞构成，但也可由多层细胞构成，如番茄、桃、杏等。在番茄等果实中，内果皮由多层薄壁细胞所组成；在桃、杏等果实中，内果皮的多层细胞通常厚壁化、石细胞化，形成硬核。在柑橘、柚子等果实中，内果皮的许多细胞成为大而多汁的汁囊；在葡萄等的果实中，内果皮细胞在果实成熟过程中，细胞分离成浆状；在禾本科植物中，因其果实的内果皮和种皮都很薄，在果实的成熟过程中，通常两者愈合，不易分离，形成独特的颖果。

胎座是心皮边缘愈合形成的结构，是胚珠孕育的场所，是种子发育成熟过程中的养分供应基地。在果实的成熟过程中，多数植物果实中的胎座逐步干燥、萎缩；但是，也有的胎座变得更加发达，参与形成果肉的一部分，如番茄、猕猴桃等植物的果实；有些植物的胎座包裹着发育中的种子，除提供种子发育所需的营养外，还进一步发育形成厚实、肉质化的假种皮，如荔枝、龙眼等植物。

（二）假果

除子房外，花托、花萼甚至整个花序都参与果实的形成和发育，这种果实称为假果（图 1-49、图 1-50），如苹果、梨、西红柿、瓜类等果实。苹果、梨等的肉质部分主要是由花托发育而成的，无花果的肉质部分是由花轴发育而成的。

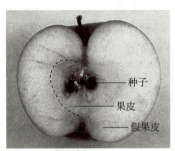

图 1-49　假果 1　　　　　　　　图 1-50　假果 2

二、果实的类型

果实的形成是对于保证种子传播及保护上的适应及在形态上所形成的一种变异，此种变异也就是果实的不同类型，常随植物的种属及其对于动物、风、水等不同传播媒介的适应而有所不同。

根据心皮数目不同，果实可划分为以下几项。

（一）聚花果（复合果、复果）

聚花果（复合果、复果）是由花序发育形成的果实，如桑葚、凤梨。

（二）聚合果（聚心皮果）

聚合果（聚心皮果）是一朵花中具有多个离生雌蕊，每个雌蕊发育形成一个果实，如八角、草莓。

（三）单果

单果是一朵花中只具有一个雌蕊，受精后发育为一个果实。根据果实成熟时果皮的质地和结构，可分为肉质果和干果两类。肉质果成熟时，果皮或果皮的一部分肉质多汁，如苹果、黄瓜等。干果成熟时，果皮干燥，有的果实成熟时开裂，称为裂果，如油菜的角果等；有的果实成熟时不开裂，称为闭果，如禾本科植物的颖果等。

1. 肉质果

常见的浆果、瓠果、柑果、核果、梨果均为肉质果。

（1）浆果：果皮肉质多浆，外果皮易于分离，内、中果皮肉质化，如葡萄。

（2）瓠果：果皮肉质多浆，外果皮不易分离，内、中果皮肉质化，为下位子房并有花托参加形成的一种假果，如黄瓜。

（3）柑果：果皮也有肉质多浆部分，外果皮不易分离，中果皮肥厚松软，内果皮革质化，内有多数肉质多浆毛囊（即通常可食部分），内果皮可与中果皮分离的果实，如桔。

（4）核果：部分果皮肉质多浆，外果皮不易或微可分离，中果皮肥厚，内果皮木化坚硬，但与中果皮极易分离的果实，如桃、枣。

（5）梨果：部分果皮肉质多浆，外果皮不易分离，中果皮肥厚，内果皮木化，中、内果皮难以分离，也为由下位子房形成的假果，如梨、苹果。

2. 干果

干果中又有成熟后开裂的裂果与成熟后不开裂的闭果。蒴果、角果、荚果、蓇葖果为裂果；坚果、瘦果、翅果、悬果、颖果为闭果。

（1）蒴果：果皮干燥革质，成熟后开裂，心皮数枚形成复子房的果实，如牵牛花、紫花地丁。

（2）角果：果皮干燥革质，成熟后开裂，心皮2枚形成复子房，子房内由假隔膜分为2室的果实。果实长而狭的称为长角果，如油菜；果实短而宽的称为短角果，如荠菜。

（3）荚果：果皮干燥革质，成熟后开裂，心皮1枚形成单子房，其开裂方式为自背、腹缝线同时开裂的果实，如合欢、豌豆。

（4）蓇葖果：果皮干燥革质（或木质），成熟后开裂，心皮1枚形成单子房，其开裂方式为仅自腹缝或背缝一侧开裂的果实，如牡丹、芍药。

（5）坚果：果皮干燥坚硬，通常木质或硬革质，成熟后不开裂的果实，如板栗。

（6）瘦果：果皮干燥革质，只有一粒种子，成熟后不开裂的果实，如向日葵。

（7）翅果：果皮干燥革质，成熟后不开裂，其表面常有翅翼状附属物的果实，如榆、枫。

（8）悬果：果皮干燥革质，成熟后分为2个分果，但各个分果不再开裂露出种子，伞形科植物大都是这种果实，如胡萝卜、茴香。

（9）颖果：是果皮干燥膜质，只有一粒种子，果皮与种皮紧密愈合而不易分离，其外常有颖片等附属物的果实，如小麦、玉米。

三、单性结实

通常，被子植物在传粉、受精后，雌蕊的子房发育成果实。但也有一些植物可以不经过受精作用而结实的现象称为单性结实。由单性结实所形成的果实一般没有种子，或虽有种子但在种子内没有胚，如无籽葡萄、无籽柑橘、无籽香蕉、无籽柿子等。单性结实有两种情况：一种是子房不经过传粉或任何其他刺激，便可形成无籽果实的现象叫作营养性单性结实，如柑橘、柠檬的某些品种；另一种是子房必须经过一定的传粉刺激才能形成无籽果实，称为刺激性单性结实，如以马铃薯的花粉刺激番茄花的柱头，或用苹果的某些品种的花粉刺激梨花的柱头，都可以得到无籽果实等。

单性结实必然产生无籽果实，但并非所有的无籽果实都是单性结实的产物，因为有些植物开花、传粉和受精以后，胚珠在发育为种子的过程中受到阻碍，也可以形成无籽果实。

四、果实与种子的传播

果实和种子成熟后迟早要脱离母体，散布传播，以争取更多的生存空间，使种群得以繁衍。植物通过长期的自然选择，成熟果实和种子具备了适应于各种传播方式的结构与特性，以扩大后代个体的分布范围，使种群更加繁荣。

有的果实或种子借助于风吹、水流、动物和人类的携带来散布，也有的形成某种特殊的弹射机构来散布。

借助于风吹的果实一般质地轻而小，常生有毛状或翅状附属物，这类果实很容易为风力所吹播，如蒲公英的果实具有冠毛，榆树的果实具有翅等。

借助于水流散布的果实常具有不透水的构造或充满空气的腔隙结构，借此漂浮在水面上，如莲、椰子等的果实。

有的果实靠刺状或钩状附属物钩附在动物的皮毛上随动物移动而传播，如苍耳等。

有的肉质果常被动物取食，特别是鸟类所吞食，经过动物消化后改变了种皮的坚实性，更容易萌发。有些坚果经常被动物作为越冬储备食物收集搬运储存，一旦没有及时食用，便会萌发为幼苗。

还有些植物果实成熟时，靠自身发育的特殊结构，使果皮在失水干燥的过程中扭曲或卷曲而将种子弹出，如大豆、绿豆等；也有的植物如喷瓜，当瓜成熟时，稍有触动，此"瓜"便会从顶端将"瓜"内的种子连同黏液一起喷射出去，射程可达 5 m 以外，喷瓜也因此而得名。

人类的生产经济活动、长距离的引种和运输等都有利于夹带或混杂的植物果实或种子的远距离传播，加速这类种群的扩散。

 任务实施

识别校园及其附近游园绿地中园林植物果实的形态特征。学生分组介绍其特征、类型、识别方法等，然后教师评价总结，引导学生依次观察、识别。

 考核评价

评价项目	评价内容	配分	得分
知识考核	能够熟练说出园林植物果实的类型	20	
	能够描述果实的形态特征	15	
	能够识别果实的类型	20	
技能考核	调查报告撰写：内容全面、条理清晰	10	
	调查水平：正确识别果实类型	20	
	能使用专业术语描述	5	
素质考核	调查态度：积极主动，有团队精神	5	
	调查过程中注重方法及创新	5	
	总分	100	

 思考与练习

1. 真果、假果的区别是什么？
2. 列举常见植物的果实类型。

任务六 **园林植物种子的分类与形态识别**

 任务描述

通过观察比较分析植物种子的形态特征，学习掌握描述种子的常用术语及其相互区别，能够用准确的名词描述常见植物种子的形态，观察了解种子在园林中的观赏价值，完成种子观赏特性调查报告。

任务分析

完成该学习任务，一要能准确理解种子名词术语的内涵；二要能全面分析和准确描述植物种子的形态特征；三要善于观察种子的类型；四要分析体会植物种子的美化效果。在完成该学习任务时要注意选择观赏效果较好的绿地，并依据植物的形态特征、配植效果等要素，准确地识别该景点的园林植物种子的特征，完成任务总结。

知识准备

知识拓展：《种子种子》纪录片

一、种子的发育和价值

种子和果实与人类生活有着极为密切的关系。人类粮食的 80% 是直接取自植物的种子，稻、麦等果实种子中富含淀粉，是人类赖以生存的主粮；大豆、花生、油菜、芝麻等的种子含油量高，是食用油的主要来源；棉纤维是棉种子的表皮毛，是轻纺工业的重要原料；可可、咖啡的种子可作提神的饮料；桃仁、杏仁、酸枣仁等种子是良好的中药材；还有许多植物的种子和果实中的储藏物，经过提炼加工后，是重要的工业原料。

被子植物的花经过传粉、受精之后，子房代谢活跃，子房壁迅速生长，胚珠逐渐发育成种子，子房壁连同其中形成的种子共同发育为果实。有些植物的花托、花萼筒，甚至苞片等也可参与果实的形成，如草莓、苹果。被子植物的种子生于果实之内，受到良好的保护，对其后代适应不良环境、躲避恶劣环境和繁衍后代等具有重要的意义。

二、种子的结构

种子是植物有性生殖过程的最终产物，也是新生命的开始。种子主要由胚珠受精发育而来，有时也有胚珠以外的其他部分参加，其中内外珠被形成内外种皮，受精的极细胞形成内胚乳，残留的珠心组织等形成外胚乳，受精的卵细胞则形成胚。

种子（图 1-51）通常由胚乳、胚和种皮三部分组成，它们分别由初生胚乳核（受精极核）、

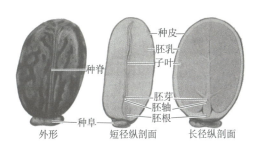

图 1-51 种子的结构

合子（受精卵）和珠被发育而来。在种子的形成过程中，原来胚珠内的珠心和胚囊内的助细胞、反足细胞一般均被吸收而消失。

（一）种皮

种皮是由珠被发育而来的保护结构。胚珠仅具单层珠被的只形成一层种皮，如向日葵、番茄；具双层珠被的，通常相应形成内外两层种皮，如油菜、苹果等。有些植物虽然有两层珠被，但内珠被发育过程中退化成纤弱的单层细胞，甚至完全消失，只由外珠被继续发育成为种皮，如大豆、蚕豆、菜豆等；有些植物的外珠被在种子形成过程中被吸收而消失，内珠被形成极不发达的种皮，如小麦、水稻等残存的种皮常常与果皮紧贴在一起，主要由果皮对胚起着保护作用。

一般成熟种子的种皮外表可见到种脐（图1-52）、种孔、种脊和种阜等结构。种脐是种子成熟后，从种柄或胎座上脱落留下的痕迹，其颜色、大小、形状常随植物种类而不同。珠柄（种柄）与珠被（种皮）愈合部分，常隆起如脊，称为种脊；种柄或种脊的最末端与种皮连合处称为合点；与合点对应，位于种皮另一端的小孔为种孔，即宿存的珠孔；某些种子的种皮，在珠孔处有一海绵状凸起，称为种阜，如扁豆。

图1-52　种脐

种皮成熟时，内部结构也发生相应改变。大多数植物的种皮其外层常分化为厚壁组织，内层为薄壁组织，中间各层往往分化为纤维、石细胞或薄壁组织。以后随着细胞的失水，整个种皮成为干燥的包被结构，干燥坚硬的种皮使保护作用得以加强。有些植物的种皮十分坚硬，不易透水、通气，与种子的萌发和休眠有一定关系。种皮坚硬的豆类种子常有很高的抗逆能力，使种子的寿命得以延长，同时，也有利于种子的长距离传播，对物种的繁衍具有重要的意义。

少数植物的种子具有肉质种皮，如石榴的种子成熟过程中，外珠被发育为坚硬的种皮，而种皮的内表皮层细胞却呈辐射状扩伸，形成多汁含糖的可食部分。还有一些植物的种子，它们的种皮上出现毛、刺、腺体、翅等附属物，对于种子的传播具有深远的意义。

少数植物的种子形成假种皮，假种皮是由珠柄或胎座发育而来的，包于种皮之外的结构，常含有大量油脂、蛋白质、糖类等储藏物质，如龙眼、荔枝果实的肉质多汁的可食部分等。

（二）胚乳

胚乳是胚囊极核细胞与精子结合，通过初生胚乳核阶段发育而成的。被子植物胚乳的发育始于初生胚乳核。一般来说，胚乳的发育进程较早于胚的发育，是一种营养组织，为幼胚的生长、发育和种子的萌发、出苗及时提供必需的营养物质。不同植物种子的胚乳，在种子的发育和成熟过程中，有的已被耗尽，其中的养料多转贮到子叶之中，称为无胚乳种子；有的则保留到种子成熟，称为有胚乳种子。依胚乳有无及胚的子叶数目，种子可以划分为以下几种。

1.有胚乳种子

（1）双子叶有胚乳种子：即种胚有两片子叶，且有胚乳的种子，如芍药。

（2）单子叶有胚乳种子：即种胚有1片子叶，且有胚乳的种子，如小麦。

2.无胚乳种子

（1）双子叶无胚乳种子：即种胚有两片子叶，且无胚乳的种子，如大豆。

（2）单子叶无胚乳种子：即种胚有 1 片子叶，且无胚乳的种子，如泽泻。

（三）胚

胚是胚囊卵细胞和精子结合形成的合子发育而成的。一个长大发育的胚，其子叶往往十分肥大，含有丰富的营养物质，子叶中也有叶脉维管束，并有短柄与胚轴直接相连。

胚的发育从合子开始，合子形成后通常形成纤维素的细胞壁，经过一段时间的休眠才开始分裂。被子植物胚的发育可分为原胚期、幼胚期（或称器官分化期）和胚成熟期三个时期。植物的基本结构是在胚的早期形态发生阶段决定的，双子叶植物和单子叶植物原胚期的发育形态甚为相似，但在胚的分化过程和成熟胚的结构上则有较大差别。

1. 双子叶植物种子

成熟胚包括胚芽、胚轴、胚根和子叶四个部分。胚芽包括生长锥及数枚幼叶和叶原基；胚轴是连接胚芽和胚根的短轴，子叶着生其上；胚根顶端为生长点和覆盖其外的幼期根冠；子叶为暂时的叶性器官，其数目在双子叶植物中较为稳定，多为两片，如大豆、番茄、苹果等。

不同植物的种子子叶的结构，常随其主要生理功能而异。在成熟的无胚乳种子中，如大豆、瓜类等种子中的子叶肥厚，除在两个子叶相接处的表皮内侧有 2～3 层栅状细胞外，其他部分均为充满蛋白质、脂肪等物质的薄壁细胞，它们主要起着储藏养料的作用。棉的子叶宽而薄，呈折叠状存在于种子中，子叶细胞中也含有一些营养物质，但较为明显的特点是子叶内部已有 1～2 层栅栏组织细胞和几层海绵组织细胞的初步分化与早期叶绿体的形成，海绵组织内还可看到小的分泌腔，其解剖结构与叶片颇为相似，这与子叶出土后能很快开始光合作用是相适应的。

2. 单子叶禾本科植物种子

成熟胚在组成上和双子叶植物相同，都具有胚芽、胚轴、胚根和子叶四个部分（图 1-53），所不同的是成熟胚只有一片宽大的子叶，因其形如盾牌，而有盾片之称。禾本科植物在胚芽和胚根之外还有胚芽鞘和胚根鞘的特殊结构。水稻、小麦等禾本科植物的子叶（盾片）具有从胚乳中吸收养料的作用，其盾片上皮细胞能分泌植物激素，促进糊粉层细胞中淀粉酶基因的活性表达，对胚乳细胞的营养物质分解，促进胚生长具有重要的作用。

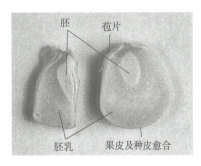

图 1-53　胚和胚乳

三、无融合生殖和多胚现象

（一）无融合生殖

无融合生殖是指某些被子植物不经过雌性、雄性细胞的融合（受精）而产生有胚的种子的现象。有人认为无融合生殖是介于有性生殖和无性生殖之间的一种特殊的生殖方式，它虽然发生于有性器官中，却无两性细胞的融合，但仍然以具胚的种子的形式而非营养器官进行繁殖。

（二）不定胚

不定胚是某些植物的珠心或珠被细胞分裂、发育形成的胚。不定胚可与合子胚同存于胚囊中，并有自己的子叶、胚芽、胚轴和胚根结构。例如，在柑橘的胚珠中，可有 $4 \sim 5$ 个甚至更多的胚，其中只有一个是来源于受精卵的合子胚，其余均为来源于珠心的不定胚（珠心胚）。

（三）多胚现象

多胚现象是指在同一个胚珠中产生两个或两个以上胚的现象。多胚现象形成的原因相当复杂，或由受精卵裂生成两个至多个独立胚，即裂生多胚，或称为真多胚；或在一个胚珠中形成两个胚囊而出现多胚（如桃、梅）；但更多的情况是除合子胚外，胚囊中的助细胞（如菜豆等）和反足细胞（如韭菜等）也发育成胚。

（四）胚状体

在自然界中，有些植物，如落地生根等植物的叶缘，可自然产生许多胚状组织或结构，在适宜条件下可萌发形成新的植物个体。在人工离体培养植物细胞、组织或器官过程中，在培养基的表面也常形成胚状体或胚状结构。这种在自然界或组织培养中由非合子细胞分化形成的胚状结构，称为胚状体。

胚状体有极性分化，可形成根端和茎端，同时，体内还分化出与母体不相连的维管系统。因此，胚状体脱离母体后能单独生长。

四、种子萌发

种子萌发是指种子的胚从相对静止状态转入生理活跃状态，开始生长，并形成幼苗的过程。它的前提是种子必须成熟而且具有生活力。

绝大部分植物的种子成熟后，只要在适宜的环境下就能萌发。外界条件主要是指充足的水分，适宜的温度和足够的氧气。当种子吸足水分后，种皮膨胀松软，有利于种子内外气体交换，进行呼吸作用，并使原生质由凝胶状态转变为溶胶状态，生理活性提高，促进细胞内各种酶的催化活动，将储藏的营养物质水解为简单化合物，运输到正在生长的幼胚中。

种子萌发时对水分的要求因种子所含物质不同而异，含蛋白质较多的种子，通常需要吸收较多的水分，如大豆要吸收的水分达到本身风干重的120%，豌豆为186%；含淀粉或脂肪较多的种子吸收水分相对较少，如水稻为40%，小麦为60%，棉花为52%，油菜为48%，花生为50%。

种子的萌发过程从种子吸水膨胀开始，然后种子内部代谢活动迅速加快，储藏物质逐步分解、转化，运输到胚根、胚轴和胚芽生长器官。这时胚体细胞分裂也加快，并沿纵轴方向延伸，使整个胚体伸长。一般胚根首先突破种皮，伸入土中，接着胚芽或连同下胚轴也相继由种皮内伸出。一般以胚根或胚芽长度达到一定值时为种子萌发的标志。以后胚根继续发育为根系，胚芽伸出土面，形成地上部分的茎、叶系统，成为能够自养的幼苗。

种子在萌发的过程依靠酶的参与，进行一系列的生化反应。而酶的催化活动必须在一定的温度范围内进行，所以，种子也必须在适宜的温度条件下才能萌发。种子萌发所要求的温度有最低温度、最适合温度、最高温度（温度三基点）。在适宜的温度条件下，种子萌发的速度最快，发芽率高；反之则发芽率低，甚至不能发芽。

除水分和温度外，足够的氧气也是种子萌发的必要条件。种子萌发时，呼吸作用加强，所需的氧气也增加，所以在黏重土壤中播种，如遇雨天，容易造成土壤板结，土壤中严重缺氧，种子萌发困难，常常出现缺苗断空。

少数植物的种子萌发时还受光照的影响，如莴苣、烟草的种子萌发时需要光照，而番茄、洋葱、瓜类的种子只有在黑暗的条件下才能顺利萌发。

种子在一定条件下能继续保持生活力的最长期限，即种子的寿命。各类植物种子的寿命差别很大，这不仅与植物本身的遗传特性和发育是否健壮有关，还受到环境因素的影响。延长种子的寿命对优良农作物的种子保存具有重要的意义。通常，低温、低湿、黑暗及降低空气中的含氧量是种子储藏的理想条件。试验证明，种子水分在 4% ～ 14% 范围内每降低 1%，或者温度在 0 ～ 50 ℃ 范围内每降低 5 ℃，种子的寿命可延长一倍时间，因此，许多作物的种子入库储藏时，要求不超过安全含水量标准，如水稻种子储藏安全水分约为 14%，小麦、大豆为 12%，棉花为 9% ～ 10%，芝麻为 7% ～ 8%。

任务实施

识别校园及其附近游园绿地中园林植物种子的形态特征。学生分组介绍其特征、类型、识别方法等，然后教师评价总结，引导学生依次观察、识别。

考核评价

评价项目	评价内容	配分	得分
知识考核	能够熟练说出园林植物种子的类型	20	
	能够描述种子的形态特征	15	
	能够识别种子结构	20	
技能考核	调查报告撰写：内容全面、条理清晰	10	
	调查水平：正确识别种子形态，准确描述特征，合理分析观赏特征	20	
	能使用专业术语描述	5	
素质考核	调查态度：积极主动，有团队精神	5	
	调查过程中注重方法及创新	5	
	总分	100	

思考与练习

1. 有胚乳种子和无胚乳种子的区别是什么？
2. 影响种子萌发的因素有哪些？

项目二　园林植物应用基础

大约在距今 46 亿年前，地球形成。经过漫长的岁月，在距今 30 多亿年前，生命在地球上起源。此后，地球上的生物出现植物和动物等各种类型的分化，各类生物沿各自的演化趋势不断发展，形成了地球上丰富多彩的生物世界。目前，地球上的植物约有 50 万种，其中高等植物达 30 万种以上，然而被利用于园林建设的种类仅为很小一部分。因此，发掘、利用植物及提高植物为人类服务的范围和效益这一工作，既是引人入胜又是繁重艰巨的任务。面对这样浩瀚的种类，必须有科学系统的识别和分类方法，植物才能更好地在园林建设中得以利用。

植物是园林建设的灵魂，也是园林中有生命的题材。而植物造景是世界园林发展的趋势，其中园林植物是基本素材。园林植物的种类繁多，色彩千变万化，因此，在园林景观中合理选择园林植物非常必要，既要符合生态要求，也要符合综合观赏的要求。让园林植物以多样的姿态组成丰富的轮廓线，以不同的色彩构成光彩夺目的景观，它不但以其本身所具有的色、香、姿、韵等作为园林造景的主题，同时，还可衬托其他造园题材，形成生机盎然的画面。

🎯 学习目标

➤ 知识目标

1. 了解园林植物分类的基础知识；
2. 掌握鉴定植物的基本方法；
3. 熟悉植物在园林建设中的分类方法；
4. 掌握树木在园林中的配植原则；
5. 掌握树木的配植方式和配植的基本形式；
6. 了解花坛、花境及其他花卉应用形式；
7. 掌握花卉应用的方式和方法。

➢ 能力目标

1. 能利用工具书准确地鉴定当地常见植物；
2. 能根据园林设计的环境选择适宜的园林树木种类；
3. 能遵循园林树木配植的原则，较好地配植园林树木；
4. 能根据花卉在花坛、花境及其他花卉应用形式中的作用进行合理的配植和设计。

➢ 素质目标

1. 通过试验实训，培养学生认真细致的观察力和动手能力；
2. 提高学生交流学习和分享经验的积极性与主动性；
3. 养成善于思考、乐于解决问题的习惯，保持对学习和生活的热情；
4. 通过了解中国的植物资源，让学生热爱祖国的大好河山、热爱祖国的灿烂文化、热爱自己的国家。
5. 践行"绿水青山就是金山银山"的生态文明建设的核心理念，树立学生绿色发展、生态文明意识与责任担当。

任务一　　　　园林植物的分类

 任务描述

通过学习植物分类的基础知识，能够了解植物分类的方法，能够准确说出常见园林植物的种类及所属科，并能够准确进行分类，完成对当地常见植物种类的调查报告。撰写调查报告时，需要对当地的植物资源及中国常见的园林植物有基本的了解，提高学生的文化自信，并养成对新鲜事物不断探索的科学精神。

 任务分析

完成该学习任务，一要能准确理解专业术语的内涵；二要能够善于观察和区分园林植物的种类；三要能全面分析和准确判断常见园林植物所属科；四要善于分析园林植物的不同分类依据并分类。在完成该学习任务时要注意选择观赏效果较好的绿地，并依据植物的形态特征等要素，准确地识别该景点的园林植物的种类及分类，完成任务总结。

 知识准备

中国具有悠久的历史和灿烂的文化，早在公元前 600 年的《诗经》里就记载了 200 多种植物。公元前 476—221 年《尔雅》中亦载有约 300 种植物，并分为草本与木本两类。公元 304 年，西晋嵇含的《南方草木状》中载有 80 种植物，并分为草、木、果、竹四类。中国文化历史悠久，本草学也极为发达，药用植物的记载也有大量文献资料，如《神农本草经》记载有365种，其后陶弘景（452—536）著有《名医别录》记载730种，唐代的《唐本草》（659年）记载844种，附有图并分为草、木、果、菜、米谷等类，宋代马志著《开宝本草》（974年），宋代唐慎微著《经史证类备急本草》（1082年），均记载多种植物。其中，最著名的为明代李时珍所著的《本草纲目》（1590年），记载1 195种植物，且有插图，以纲、目、部、类、种作为序列，将植物分为木、果、草、谷菽及蔬菜五个部分，共30类1 100余种，此书对中国和世界的医药学与植物学均具有重大的贡献。

同样，欧洲记载植物的历史也很悠久，古希腊哲人亚里士多德（384—322）已有著述。其后，他的学生德奥弗拉斯特（Theophrastus，370—285）著有10卷《植物历史》。欧洲在经过1 000多年的封建停滞时期，至文艺复兴时代后各学科均得到较快的发展。瑞典植物学家林奈（1707—1778）所著的《自然系统》《植物志属》《植物志种》描述了1万多种植物。英国边沁（G. Benthum）与虎克（J. D. Hooker）所著的《植物属志》（1862—1883）、德国恩格勒（Adolph Engler）主编的《植物自然分科志》（1889—1899）和《植物分科志要》（1924年），以及英国的哈钦松（J. Hutchinson）所著的《有花植物志科》（1926—1934）等，均为权威性著作。

一、植物分类的基础知识

（一）植物分类的意义

按照植物进化的程序、规律及它们之间的亲缘关系将其分类，确定植物界的总体和部分的演化关系、亲缘关系、发生和发展的规律，使人类明确利用和改造植物的方向，这就是植物分类的主要内涵。随着植物的演化进程和人们对植物界研究的不断深入，新的物种不断发现，植物的种类也会相应增加，所以，植物分类学是研究植物物种和物种形成的学科，也是控制、改造和利用植物的基础。同时，植物分类的目的也是需要建立一个足以说明植物亲缘关系的分类系统，进而了解植物系统发育的规律，对其进行引种、驯化、培育改造及寻找新的植物资源，也为人们鉴别、发展和利用植物奠定基础。

正确识别植物种类，对于植物利用及日常生活等都有十分重要的实际意义。例如，八角科有50余种，其中只有八角茴香（*Illicium verum* Hook. f.）无毒，果实为著名的调味香料，而其他种均有毒，特别是莽草（毒八角茴香，*I.lanceolatum* A.C.Smith），其果实与八角茴香的果实极其相似，但有剧毒，误食者可丧命。生长在森林里的伞菌一般被视为山珍海味，但其种类繁多，有可食的，也有剧毒的，如鹅膏属（*Amanita*）的某些种，包含一些世界有名的最毒菇类，误食少量即可致死。药用植物鉴别尤为重要，因为不同种植物的化学成分差异较大，如种类鉴别不清，不但达不到治病的目的，反而使患者受害。一般来说，亲缘关系相近的种，往往有相似或相同的化学成分，人们常可据此寻找代用植物，例如，石油开采时用的瓜尔豆，可用豆科的田菁［*Sesbania cannabina*（Retz.）Pers.］替代，伞形科的柴胡（*Bupleurum chinense* DC.）为著名的解热镇痛药，同属的狭叶柴胡（*Bupleurum scorzonerifolium* Willd.）虽与前者不是一个种，却有同样的药效。另外，亲缘关系越近的种，就越容易进行杂交和创造新品种；而亲缘关系远的植物则不易杂交，一旦杂交成功，其后代的生命力会更强。

由此可知，植物分类对于农、林、牧、副、渔及医药、轻工、石油、国防等领域的生产和发展有着重要的实践意义。正确掌握及应用植物分类学知识，可以更好地为人类的发展服务。

（二）植物分类的方法

1. 人为分类法

人们为了应用上的方便，以植物的形态、习性、生态或用途上的一两个特征或特性为标准对植物进行分类的方法，称为人为分类法。例如，将植物分为水生、陆生，木本植物、草本植物，栽培植物、野生植物等。栽培植物分为粮食作物、油料作物、纤维作物等，果树分为仁果类、核果类、坚果类、浆果类、柑果类等。清代吴其濬在其《植物名实图考》中，将植物分为谷、蔬、山草、隰草、石草、水草、蔓草、芳草、毒草、群芳、果、木 12 类。古希腊亚里士多德的学生德奥弗拉斯特将植物分为乔木、灌木和草本三大类。瑞典博物学家林奈（Linnaeus，1707—1778）1753 年撰写的《植物种志》（*Species Plantarum*），根据雄蕊的有无、数目及着生情况，将植物分为 24 纲，以雌蕊、果实和叶子的特征分别作为目、属、种的分类标准。

人为分类法建立的分类系统虽然不能反映植物间的亲缘关系和进化情况，但是这种分类法在生产生活中更加实用，具有通俗易懂、使用方便等特点，同时，也为自然分类系统积累了丰富的资料和经验。人为分类法因为生产或学科的需要，至今仍在被应用，如农业植物常分为作物、蔬菜、花卉及果树等，经济作物常以用途分为药用、油料、纤维、芳香等植物。

2. 自然分类法

1859 年达尔文发表的《物种起源》，揭示了生物的系统进化和物种间的演化和亲缘关系，并提出进化学说，认为物种起源于变异与自然选择，这对植物分类有很大的影响。随着学科细化，形态学、解剖学、细胞学、遗传学、生态学、古生物学、植物化学、植物地理学、植物胚胎学、分子生物学等学科的出现和发展，按照植物进化过程中亲缘关系的远近进行分类成为可能。

林奈以后很多分类学家根据各自理论提出了许多不同的被子植物分类系统，其中最具有代表性的有德国的恩格勒（Engler）系统、英国的哈钦松（Hutchinson）系统、苏联的塔赫他间（Takhtajan）系统、美国的克朗奎斯特（Cronquist）系统等。我国著名分类学家胡先骕也曾于 1950 年提出了一个被子植物的多元分类系统。在这些分类系统中，判断亲缘关系远近依据的是植物形态、结构、习性的相似程度。相似性状多，则亲缘关系近；反之，则远。例如，小麦和水稻有许多相同点，因此认为两者亲缘关系较近，小麦和油菜相同点较少，亲缘关系则较远。这种按照植物界的亲缘关系远近及由低级向高级的系统演化关系的分类属于自然分类系统。

植物形态学、解剖学方面的资料和植物地理学的知识，是今天分类学的重要依据。染色体多倍化，杂交亲和性和繁育行为的重要性，以及分子生物学乃至计算机科学等学科的出现和发展，也为植物分类学提供了更丰富的研究方法和技术，对于深入研究物种的形成和系统演化，以及界定有争议的分类群等方面的研究也有重要的指导作用。其中，解剖学、花粉学、胚胎学等方面的新资料，已被应用于种以上的分类。

这种分类方法能客观地反映出植物界的亲缘关系和进化发展过程，对生产实践有很大帮助，如进行人工杂交培育新品种时，可根据亲缘关系选择亲本。此分类方法在理论学科中广泛使用，尤其是达尔文发表《物种起源》以后，植物分类学家均致力于探索自然分类系统。

（三）植物分类的各级单位

在自然分类系统中，分类学家根据生物之间亲缘关系的远近或相同、相异的程度，将植物进行逐级分类，任一等级的分类群称为分类单位（taxon）。植物分类的主要单位有界（regnum）、门（divisio 或 phylum）、纲（classis）、目（ordo）、科（familia）、属（genus）和种（species）。在每个等级单位内，如果种类繁多，还可划分更细的单位，如亚门、亚纲、亚目、亚科、族、组、亚种、变种、变型等。每种植物通过系统分类，既可以显示出其在植物界的地位，也可显示出它与其他植物种的关系。

现以稻为例，说明它在植物分类上的各级单位。

界　植物界　Regnum vegetable

　门　被子植物门　Angiospermae

　　纲　双子叶植物纲　Monocotyledoneae

　　　目　禾本目　Graminales

　　　　科　禾本科　Gramineae

　　　　　属　稻属　*Oryza*

　　　　　　种　稻　*Oryza sativa* L.

种是分类学上的基本单位，是指起源于共同祖先，具有相似的形态特征，且能进行自然交配，产生正常后代并具有一定分布区域的生物类群，种间存在生殖隔离。种是客观存在的一个分类单位，它既有相对稳定的形态特征，又是在进化发展的。一个种通过遗传、变异和自然选择，可能发展成为另一个新种。现在地球上众多的物种就是由共同祖先逐渐演化而来的。种以下的单位还有亚种、变种、变型。

（1）亚种和变种这两个名词虽然在分类学上经常使用，但在概念上长期以来却是比较含混不清的，不同的学者有不同的看法。比较正确的看法是，亚种是种内的变异类型，这个类型除在形态构造上有显著的变化特点外，在地理分布上也有一定较大范围的地带性分布区域。变种也是种内的变异类型，虽然在形态构造上有显著变化，但是没有明显的地带性分布区域。

（2）变型是指分布没有规律，仅在形态特征上变异比较小，相同物种的不同个体。如花色不同；花的重瓣或单瓣；毛的有无；叶面上有无色斑等。

品种不是植物分类系统中的分类单位，而是属于栽培学上的变异类型。品种不存在于野生植物中，存在于园林、农业、园艺等应用科学及生产实践中。这类植物对人类的生活是非常重要的，是园林、农业、园艺等应用科学的研究对象。通常将人类培育或发现的有经济价值的变异（如大小、颜色、口感等）称为品种，实际上是栽培植物的"变种"或"变型"。

按照上述的等级次序，植物分类学家即以种作为分类的起点，然后集合相近的种为属，又将类似的属集合为一科，将类似的科集合为一目，类似的目集合为一纲，再集纲为门，集门为界，这样就形成一个完整的自然分类系统。

（四）植物的命名法则

自然界植物的种类繁多，分布广泛。每种植物在不同国家，甚或同一国家不同地区、不同民族往往有不同名称，因而就有同物异名（Synonym）或同名异物（Homonym）现象。

例如，在我国，玉米、棒子、苞谷、玉蜀黍指的是同一种植物，而全国以贯众为名的植物有 11 科、18 属、58 种之多。北京的玉兰，在湖北叫应春花，在河南叫白玉兰，在浙江叫迎春花，在江西叫望春花，在四川峨眉叫木花树。这种同物异名和同名异物现象给植物分类研究和利用，特别是国内或国际的学术交流带来诸多不便。为了科学上的交流和生产上的方便，给每种植物确定一个全世界统一使用的科学名称是非常必要的。

1867 年 8 月，在法国巴黎召开了第一届国际植物学会议，通过了第一个《国际植物命名法规》，该法规确定，物种采用林奈创立的双名法（Binomial Nomenclature）作为植物的命名方法，统一用拉丁文写出，并以林奈（Linnacus）1753 年发表的《植物种志》（*Species Plantarum*）一书所载的植物全部用双名法命名为起点，凡此书已经命名的植物均为有效名。

双名法是指每种植物的学名为属名在前，种加词在后，由两个拉丁文单词组成；第一个单词是属名，为名词，第一个字母要大写；第二个单词是种加词，一般为形容词，全部字母要小写。一个完整的拉丁文学名还要在双名后面附上命名人的姓氏缩写，第一个字母也要大写。同时，双名法的植物学名部分均为斜体拉丁文，命名者姓名部分在书写时为正体。例如，马铃薯的学名为 *Solanum tuberosum* L.，其后面的 "L." 是命名人林奈（Linnaeus）的缩写，只有林奈可以用一个字母。如果是亚种、变种或变型，命名时要在其种名后加上亚种（subspecies）、变种（variety）或变型（form）的缩写（subsp.）（var.）或（f.），然后加上亚种、变种或变型加词，最后仍要有命名人的姓氏或其缩写。如蟠桃是桃的变种，其名称为 *Prunus persica*（L.）*compressa* Bean.

每种植物只能有一个合法学名（Scientific Name），学名是世界通用的唯一正式名称。

（五）植物分类检索表及其应用

植物分类检索表是识别鉴定植物必不可少的工具。检索表的编制是根据法国人拉马克（Lamarck，1744—1829）提出的二歧分类原则，将特征不同的植物，用对比的方法，逐步排列，进行分类，直至所需要的分类单位（如科、属、种等）出现。

检索表的编制原则是根据一群植物不同的主要特征和相同的特征来编制的，好的检索表在选择特征上应明显，应用起来才能方便，但对大群植物编制检索表并非易事，必须对该群植物中每种植物的性状充分熟悉才能编制出来。

常用的检索表有等距（定距）检索表和平行（阶梯）检索表两种。

1. 等距检索表

等距检索表是最常用的一种，在这种检索表中，每对相对的特征编为同样号码，并列在距书页左边同样距离处，每对相同的号码在检索表中只能使用一次，如此继续下去，逐级向右错开，描写行越来越短，直至追寻到科、属或种为止。这种检索表的优点是每对相对性状的特征都被排列在相同距离，一目了然，便于查找；缺点是当种类很多时，左边空白太大，浪费篇幅。

现用小麦（*Triticum aestivum* L.）、玉米（*Zea mays* L.）、稻（*Oryza sativa* L.）、高粱 [*Sorghum bicolor*（L.）Moench]、大豆 [*Glycine max*（L.）Merr.]、陆地棉（*Gossypium hir-sutum* L.）、花生（*Arachis hypogaea* L.）、黄瓜（*Cucumis sativus* L.）、油菜（*Brassica campestris* L.）、萝卜（*Raphanus sativus* L.）等 10 种作物编制成一个分种定距检索表，以说

明其编制方法及格式。

  1. 叶由叶片、叶柄或托叶组成；网状叶脉；直根系

   2. 单叶

    3. 花两性；上位子房；角果或蒴果

     4. 四强雄蕊；角果

      5. 花黄色；果熟后开裂 ·············油菜

      5. 花淡红色或紫色；果熟后不开裂；具肉质直根 ·············萝卜

     4. 单体雄蕊；蒴果 ·············陆地棉

    3. 花单性；下位子房；瓠果 ·············黄瓜

   2. 复叶

    6. 羽状三出复叶；荚果熟后开裂 ·············大豆

    6. 偶数羽状复叶；荚果熟后不开裂 ·············花生

  1. 叶由叶片和叶鞘组成；平行叶脉；须根系

   7. 一年生高大草本，茎秆高 2 m 以上；节间实心

    8. 花两性；圆锥花序顶生 ·············高粱

    8. 花单性，雌雄同株；雄花序圆锥状顶生，雌花序肉穗状腋生 ·············玉米

   7. 一或二年生草本，茎秆高一般在 1 m 以下；节间中空

    9. 圆锥花序，小穗有柄；雄蕊 6 个 ·············稻

    9. 穗状花序直立，顶生，小穗无柄；雄蕊 3 个 ·············小麦

2. 平行检索表

  平行检索表是将每对相对特征的描述并列在相邻的两行里，便于比较。在每一行末端为数字或植物名称。此数字重新列于另外一行之首，与另一组相对性状平行排列；如此继续，直至查出植物所需名称为止。这种检索表的优点是排列整齐，节省篇幅；缺点是不如定距检索表那么一目了然。还以上述 10 种植物说明。

  1. 叶由叶片、叶柄或托叶组成；网状叶脉；直根系 ·············2

  1. 叶由叶片和叶鞘组成；平行叶脉；须根系 ·············7

  2. 单叶 ·············3

  2. 复叶 ·············6

  3. 花两性；上位子房；角果或蒴果 ·············4

  3. 花单性；下位子房；瓠果 ·············黄瓜

  4. 四强雄蕊；角果 ·············5

  4. 单体雄蕊；蒴果 ·············陆地棉

  5. 花黄色；果熟后开裂 ·············油菜

  5. 花淡红色或紫色；果熟后不开裂；具肉质直根 ·············萝卜

  6. 羽状三出复叶；荚果熟后开裂 ·············大豆

  6. 偶数羽状复叶；荚果熟后不开裂 ·············花生

  7. 一年生高大草本，茎秆高 2 m 以上；节间实心 ·············8

  7. 一或二年生草本，茎秆高一般在 1 m 以下；节间中空 ·············9

8. 花两性；圆锥花序顶生···高粱

8. 花单性，雌雄同株；雄花序圆锥状顶生，雌花序肉穗状腋生·················玉米

9. 圆锥花序，小穗有柄；雄蕊 6 个···稻

9. 穗状花序直立，顶生，小穗无柄；雄蕊 3 个·································小麦

检索表通常有分科检查表、分属和分种检索表，可以分别检索出植物的科、属、种。鉴别植物时，利用这些检索表，可以初步确定该植物的科、属、种，然后与《植物种志》中该种植物的描述性状或插图仔细核对，验证检索过程是否有误，如果完全相符才能最后确定植物的正确名称。为达到鉴定植物的预期目的，要有完整的检索表资料，二是收集检索对象性状完整的标本，方能顺利地进行检索。同时，工作人员要对检索表中使用的各项专用术语有正确的理解，如稍有差错、含混就不能找到正确的答案。因此，检索过程要求工作人员必须十分细心和有足够的耐心。

检索一个新的植物种类，即使对一个富有经验的工作者来说，也会经过反复和曲折，因此，检索的过程也是学习和掌握分类学知识的必经之路。

二、植物在园林建设中的分类法

植物在园林建设中有多种多样的分类法，尽管不同国家的学者、专家之间既有相同又有不同，但是分类的原则均是以有利于园林建设工作为目标的。

（一）依植物的生长类型分类

1. 乔木类

乔木是指树身高大的植物，由根部发生独立的主干，树干和树冠有明显区分。有一个直立主干，且通常高达六米至数十米的木本植物称为乔木。又可依其高度而分为伟乔（31 米以上）、大乔（21 ～ 30 米）、中乔（11 ～ 20 米）、小乔（6 ～ 10 米）四级。如国槐（图 2-1）、木棉、松树、玉兰、白桦等都是乔木。

乔木按冬季或旱季落叶与否又分为落叶乔木和常绿乔木。又常依其生长速度而分为速生树（快长树）、中速树、缓生树（慢长树）3 类。

2. 灌木类

灌木是指那些没有明显的主干、呈丛生状态、比较矮小的植物，为多年生植物。其一般可分为观花、观果、观枝干等几类，如杜鹃、牡丹、小檗、黄杨、沙地柏、铺地柏、连翘（图 2-2）、迎春、月季等。灌木类一般为阔叶植物，也有一些针叶植物属于灌木，如刺柏。

拓展阅读：沙地柏：俯身铺大地

3. 藤木类

藤木是能缠绕或攀附他物而向上生长的木本植物。依其生长特点又可分为绞杀类（具有绕性和较粗壮、发达的吸附根的木本植物可使被缠绕的树木缢紧而死亡）、吸附类（图 2-3）（如爬山虎可借助吸盘，凌霄可借助于吸附根而向上攀登）、卷须类（如葡萄等）和蔓条类（如蔓性蔷薇每年可发生多数长枝，枝上并有钩刺故得上升）等类别。

4. 匍地类

匍地是干、枝等均匍地生长，与地面接触部分可生长出不定根而扩大占地范围的植物，如铺地柏（图 2-4）等。

图 2-1　国槐　　图 2-2　连翘　　　图 2-3　爬山虎　　　　图 2-4　铺地柏

（二）依植物对环境因子的适应能力分类

1. 依据气温因子分类

主要是依据植物最适应的气温带分类，可将其分为热带植物、亚热带植物、温带植物及寒带植物等。在进行树木引种时，分清楚植物属于哪些类型是非常重要的，如不能将凤凰木、木棉等热带、亚热带植物引到温带的华北地区栽培。每种植物对温度的适应能力是不同的。有的适应能力很强，这类植物称为广温植物，如银杏、爬山虎等，有的则对温度较敏感，适应能力弱，称为狭温植物。

在生产实践中，各地还依据植物的耐寒性将其分为耐寒植物、半耐寒植物、不耐寒植物等，不同地域的划分标准也是不同的。

2. 依据水分因子分类

不同植物对水分的要求是不同的，据此可将其分为湿生植物、中生植物和旱生植物。

（1）湿生植物。湿生类植物根系不发达，有些种类树干基部膨大，长出呼吸根、膝状根、支柱根等，如池杉、水松、榕木、垂柳等。

（2）旱生植物。为了适应干旱与长期缺乏水分，旱生植物常具发达的根系，表层具发达角质层、栓皮、茸毛或肉茎等，如马尾松、侧柏、木麻黄，沙漠植物极为耐旱，如仙人掌类。

（3）中生植物。中生植物是介于湿生植物与旱生植物之间的大多数植物。不同植物对水分条件的适应能力不同，有的适应幅度较大，有的则较小，如池杉也较耐旱。

3. 依据光照因子分类

依据光照因子可将植物分为阳性植物（喜光植物）、阴性植物（耐阴植物）、中性植物。阳性植物如杨属、泡桐属、落叶松属、马尾松、黑松、仙人掌科、景天科等；阴性植物如红豆杉属、八角属、桃叶珊瑚、冬青、杜鹃、六月雪、蕨类植物、天南星科、兰科植物等。

4. 依据空气因子分类

依据空气因子可将植物分成多类。抗风植物：如海岸松、黑松、木麻黄等。抗污染类植物：如抗二氧化硫植物有银杏、白皮松、圆柏、垂柳、旱柳等；抗氟化物植物有白皮松、云杉、侧柏、圆柏、朴树、悬铃木等；还有抗氯化物、抗氢化物植物等。防尘类植物：一般叶面粗糙、多毛，分泌油脂，总叶面积大，如松属植物、构树、柳杉等。卫生保健类植物：能分泌杀菌素，净化空气，有一些分泌物对人体具有保健作用，如松柏类常分泌芳香物质，还有樟树、厚皮香、臭椿等。

5. 依据土壤因子分类

依据对土壤酸碱度的适应性，可将植物分为：喜酸性植物，如杜鹃、山茶科的许多植物；耐碱性植物，如柽柳、红树、椰子、梭棱柴等。依据对土壤肥力的适应能力，可将植物分为：瘠土植物，如马尾松、油杉、刺槐、相思树等，很多种类具根瘤与菌根；还有水土保持类植物，常根系发达，耐旱瘠，固土力强，如刺槐、紫穗槐、沙棘等。

（三）依植物的观赏特性分类

（1）赏树形类。赏树形类是指树冠在形状和姿态上有较高观赏价值的植物，如雪松（图 2-5）、龙爪槐、榕树、垂柳等。

（2）赏叶类。赏叶类是指树木的叶色、叶形具有较高观赏价值的植物，如银杏、鹅掌楸（图 2-6）、鸡爪槭、黄栌（图 2-7）、红叶李、八角金盘、紫叶碧桃、紫叶小檗、苏铁、棕榈类、竹芋类等。还可按叶子的形态、大小、色彩的有无及变化的特点等分成多类。

（3）赏花类。赏花类是指在花色、花形、花香等方面具有较高观赏价值的植物，如碧桃、牡丹（图 2-8）、白玉兰、梅花、桂花、丁香、月季、水仙、三色堇等。

（4）赏果类。赏果类是指在果形、果色、果个等方面具有较高观赏价值，且挂果时间长的植物，如南天竹、山楂、金银木、石榴、柿子、冬珊瑚（图 2-9）、五色椒、西番莲、风船葛等。

（5）赏枝干类。赏枝干类是指枝干具有独特风姿或奇特色彩或具奇异附属物的植物，如白皮松、悬铃木、红瑞木、迎春、光棍树、竹节蓼（图 2-10）、仙人掌科植物、文竹、天门冬等。

（6）赏根类。赏根类是指根奇特裸露，具有较高观赏价值的植物，如桑科榕属植物的气生根，落羽杉、池杉（图 2-11）等树种的屈膝根等。

图 2-5　雪松

图 2-6　鹅掌楸

图 2-7　黄栌

图 2-8　牡丹

图 2-9　冬珊瑚

图 2-10　竹节蓼

图 2-11　池杉

（四）依植物在园林绿化中的用途分类

（1）独赏类。独赏类又称孤植类，主要表现植物的个体美，通常作为庭院和园林局部的中心景物，赏其树形或姿态，也有赏其花、果、叶色等，如银杏、雪松（图2-12）、榕树等。

（2）庭荫类。庭荫类是栽种在庭院或公园以取其绿荫为主要目的的植物。早期多在庭院中孤植或对植，以遮蔽烈日，创造舒适、凉爽的环境。后发展到植于园林绿地及风景名胜区，如梧桐（图2-13）、白蜡等。

（3）行道树类。行道树类是种植在道路两旁给车辆和行人遮荫并构成街景的植物，具有抗逆性强、耐修剪、主干直、分枝点高等特点，如悬铃木（图2-14）、国槐等。

图 2-12　雪松孤植树　　图 2-13　梧桐庭荫类树种　图 2-14　悬铃木行道树

（4）花灌木类。花灌木类是指花、叶、果、枝或全株可供观赏的灌木，具有美化和改善环境的作用，是构成园林景观的主要素材，在园林植物配植中占有重要地位，如碧桃、月季（图2-15）、木槿等。

（5）植篱及绿雕塑类。植篱又称绿篱，在园林中主要起分隔空间和范围、衬托景物、屏障视线的作用。按材料，植篱可分为花篱、果篱、彩叶篱、刺篱等。按高度，植篱又可分为：高篱，2 m 左右，如侧柏；中篱，1 m 左右，如木槿；矮篱，小于 0.5 m，如黄杨。绿篱植物在园林绿化中应用广泛，所用植物品种较多，如大叶黄杨（图2-16）、侧柏等。

绿雕塑类（造形类）是经人工整形、修剪，可形成各种物像的一类植物，如紫薇、枸骨（图2-17）等。

图 2-15　月季花灌木　　图 2-16　大叶黄杨绿篱　　图 2-17　枸骨整形

（6）垂直绿化类。垂直绿化类是利用攀缘或悬垂植物装饰建筑物墙面、栏杆、棚架、杆柱及陡直的山坡等立体空间的一种绿化形式。垂直绿化植物主要是一些藤本植物或攀缘灌木，也可以是一些垂吊植物，如五叶地锦（图2-18）、金银花等。

（7）防护林类。防护林类是能从空气中吸收有毒气体、阻滞尘埃、削弱噪声、防风固沙、保持水土的一类植物，如柽柳（图2-19）、沙枣等。

图 2-18　五叶地锦垂直绿化　　　　图 2-19　柽柳防护林

（8）木本地被类。木本地被类是指用于覆盖裸露地面进行绿化的低矮、匍匐的灌木或藤木，如平枝枸子、常春藤（图2-20）等。

（9）室内绿化装饰类（包括木本切花类）。室内绿化装饰类主要是指那些耐阴性强、观赏价值高，常盆栽放于室内观赏的植物，如朱蕉（图2-21）、苏铁等。木本切花类主要用于室内装饰，故也归于此类，如蜡梅、银芽柳（图2-22）等。

图 2-20　常春藤　　　　图 2-21　朱蕉　　　　图 2-22　银芽柳

（五）依植物在园林结合生产中的主要经济用途分类

（1）果树类：如苹果、柑橘、香蕉类等。

（2）淀粉类：如木薯、板栗等。

（3）油料类：如核桃、油茶等。

（4）蔬菜类：如守宫木、刺五加、辣木、臭菜、香椿芽、香椿等。

（5）药用类：如山楂、连翘、人参、八角等。

（6）香料类：如玫瑰、薰衣草、薄荷、茉莉、檀香、肉桂、胡椒、茴香等。

（7）纤维类：如棉花、大麻、苎麻等。

（8）乳胶类：如橡胶树等。

（9）饲料类：如苜蓿、紫云英、三叶草等。

（10）薪材类：如杨柳科、桃金娘科桉属、银合欢属等。

（11）观赏装饰类：如发财树、富贵竹、龙血树等。

（12）其他经济用途类。

（六）依施工及繁殖栽培管理的需要分类

（1）按移植难易可分为易移植成活类及不易移植成活类。

（2）按繁殖方法可分为种子繁殖类及无性繁殖类；其中又可依繁殖特点而细分。

（3）按整形修剪特点可分为宜修剪整形类及不宜修剪整形类；其中又可依修剪时期及特点而细分。

（4）按对病害及虫害的抗性可分为抗性类及易感染类；其中又可细分为许多类别，有些还应注明是否为中间寄主。

 任务实施

对校园及其附近游园绿地中的园林植物进行分类。学生分组介绍其所属科，以及植物在园林建设中的任意两种分类方法并分类，然后教师评价总结，引导学生依次分类实践。

 考核评价

评价项目	评价内容	配分	得分
知识考核	能够熟练说出常见园林植物所属科	20	
	能够掌握植物检索表的使用	15	
	能够正确说出园林植物的分类	20	
技能考核	调查报告撰写：内容全面、条理清晰	10	
	调查水平：正确进行植物分类	20	
	能使用专业术语描述	5	
素质考核	调查态度：积极主动，有团队精神	5	
	调查过程中注重方法及创新	5	
	总分	100	

 思考与练习

1. 植物分类的方法有哪些？

2. 说出植物分类上的各级单位。

3. 按照生长类型可将植物分为哪几类？举例说明。

园林树木的配植

任务描述

通过学习园林树木配植的基础知识，能够说出常见的园林绿化树种的类型，并能够在不同生长环境的园林景观中，准确判断树木的配植方式和基本形式，完成本地园林规划中的树木配植的调查报告。撰写调查报告时，需要对当地的不同环境中园林景观的树木配植有基本的了解，欣赏其艺术效果，学生在园林景观中体会舒适感和亲切感，提高学生对美的认知及正面情感，并养成对新鲜事物不断探索的科学精神。

任务分析

完成该学习任务，一要能准确理解专业术语的内涵；二要能够善于观察和区分园林绿化树种的类型；三要能全面分析和准确判断园林规划中的树木类型的配植情况；四要善于分析园林树木配植的艺术效果。在完成该学习任务时要注意选择比较典型的园林景观，并依据不同类型树木的配植，准确地判断树木的配植方式和基本形式，完成任务总结。

知识准备

一、园林树木配植的基本理论

（一）树种种间关系概念

树种种间关系是指园林树木群体中的个体处于适合于生长的环境，个体与个体之间、种群与种群之间是相互协调、互益共存的关系。在园林树木配植中，根据树种的生理和生态适应性特点，在符合生态学基础上合理配植，这样，不同树种在同一立地条件中才能发挥应有的功能，良好生长，并保持长期稳定的景观效果。

（二）树种种间关系实质

每个树木个体与其周围的环境条件有着密切联系，彼此之间通过对物质利用、分配和能量转换的形式而相互影响，即树种种间关系实质是生物有机体与其环境条件之间的关系。通常，群体中树木间的主要矛盾，同树木与环境间的主要矛盾有相对一致性，如当水分供应不足成为妨碍树木正常生长的主要矛盾时，各树种间乃至同一树种不同个体间的关系也主要表现为对水分的激烈竞争。

（三）树种种间关系的作用方式

1. 生理生态作用方式

生理生态作用是指一树种通过改变环境条件而对另一树种产生影响的作用方式，这是选择搭配树种及混交比例的重要依据。如速生树种能较快地形成稠密的冠层，使群落内光量减少、光质异度，对下层耐阴树种而言是有利的，而对于阳性树种是不利的。

2. 生物化学作用方式

生物化学作用是指树种的地上部分和根系在生命活动中向外界分泌或挥发某些化学物质，对相邻的其他树种产生影响，也称为生物的它感作用。

3. 机械作用方式

机械作用是指一树种对另一树种造成的物理性伤害，如根系的挤压，树冠、树干的摩擦，藤本或蔓生植物的缠绕和绞杀等。

4. 生物作用方式

生物作用是指不同树种通过授粉杂交、根系连生及寄生等发生的一种种间关系，如某些树种根系连生后，强势树种会夺走较弱树种的养分，从而导致后者死亡。

(四) 树种种间关系的动态发展

群落中不同树种的种间关系，是随着时间、环境、个体分布和其他条件的改变而呈动态发展变化的。

（1）随树木个体的变化产生种间关系的变化。随着树龄增长、树冠扩大、生长量加剧，树木个体需要的营养空间也增加，种间或不同的个体间的关系将发生变化，主要表现在因受环境资源的限制而发生竞争。

（2）随立地条件的变化产生种间关系的变化。种间关系因立地条件的不同而表现不同的发展方向，如油松与元宝枫混植，在海拔较高处，油松生长速度超过元宝枫，它们可形成较稳定群体；而在低海拔处，油松生长速度不及元宝枫，油松生长受压，油松因元宝枫树冠的遮蔽而不能获得足够的光照导致死亡。

（3）随栽培方式的变化产生种间关系的变化。树种种间关系也随采用的混交方式、混交比例及栽培管理措施不同而不同，如有的树种若进行行间和株间混交，其中一树种会因处于被压状态而枯梢，失去观赏价值，但若采用带状或块状混交，两树种都能生长良好并构成比较稳定的群落。

二、园林树木的选择

(一) 园林树木选择的意义与原则

树木在系统发育过程中，经过长期的自然选择，逐步适应了自己生存的环境条件，对环境条件有一定要求的特性即生态学特性。选择合适的树种是造景成败的关键之一。

1. 目的性

绿化总是有一定的目的性，除美化、观赏外，还应充分发挥树木的生态价值、美学价值、社会公益价值、经济价值，有重点、有秩序地以不同树木组织空间，在改善生态环境、提高居民居住质量的前提下，满足其多功能、多效益的目的，如道路、绿地、树木配植以满足和实现道路的功能为前提条件，侧重荫蔽要求的绿地，应选择树冠高大、枝叶茂密的树种；侧重观赏作用的绿地，应选择色、香、姿、韵均佳的树种；侧重吸滤有害气体的绿地，应选择吸收和抗污染能力强的树种。

2. 适用性

园林树木选择首先要满足树木的生态要求，在树种选择上要因地制宜，适地适树，保证树木能正常生长发育，同时，要与绿地的性质和功能相适应、与园林总体布局相协调，如街道两旁的行道树宜选择冠大、荫浓的速生树；园路两旁的行道树宜选择观赏价值高的小乔木。

3. 经济性

在发挥树木主要功能的前提下，树木配植要尽量降低成本，做到适地适树，节约并合理使用名贵树种，多用乡土树种；要考虑绿地建成后的养护成本问题，尽可能使用和配植便于栽培管理的树种；适当种植有食用、药用价值及可提供工业原料的经济树种，如种植果树，既可带来一定的经济价值，还可与旅游活动结合起来。

（二）园林树木选择的途径与方法

1. 适地适树

适地适树是指使树种的生态学特性与园林栽植地的环境条件相适应，在当前技术、经济条件下树木较好地生长，以充分发挥树种在相适应的立地条件下，最大生长潜力、生态效益与观赏功能。

2. 选树适地

在给定绿化生态环境条件下，全面分析栽植地的立地条件，尤其是极端限制因子，同时，了解候选树种的生物学、生理学、生态学特性，选择最适于该地段的园林树木，首选的应是乡土树种。

3. 选地适树

选地适树是指树种的生态位与立地环境相符，即栽植的树种能生长在特定的生态环境中，如对于忌水的树种，可选栽在地势相对较高、地下水水位较低的地段；对于南方树种，极低气温是主要的限制因子，如果要在北方种植，可选择背风向阳的南坡或冬季主风向有天然屏障的地形处栽植。

4. 改地适树

改地适树是指在特定的区域栽植具有某特殊性状的树种，而该栽植地的立地条件在某些方面不能满足树种的生态要求，限制了该树种的生长，则可根据树种的要求来改变栽植地环境。如土壤改良、整地、客土栽植、灌水、排水、施肥（施用偏酸性或偏碱性的肥料）、遮荫、覆盖等，改善立地生态条件，使其基本满足树木对生态的要求。改地适树适合用于小规模的绿地建设，除非特别重要的景观，否则不宜大量投入来改地适树。

5. 改树适地

改树适地是树木通过选种、引种、育种等一定的技术措施，改变树木的生态习性，以适应现有的立地生态条件。如通过相应措施增强树种的耐寒性、耐旱性或抗盐性，以适应在寒冷、干旱或盐渍化的栽植地上生长，这是一个较长的过程。还可通过选用适应性广、抗性强的砧木进行嫁接，以扩大树种的栽植范围。如毛白杨在内蒙古呼和浩特一带易受冻害，在当地很难种植，如用当地的小叶杨作砧木进行嫁接，就能提高其抗寒力，安全在该市越冬。

三、园林树木配植的原则及要求

园林树木的配植千变万化，在不同地区、不同场合、不同地点，由于不同的目的、要求，有多种多样的组合与配植方式；同时，由于树木是有生命的有机体，是在不断生长变化的，所以能产生各种各样的效果。因而，树木的配植是一项相当复杂的工作，需要工作人员具有广博而全面的学识，才能做好此项工作。配植工作虽然涉及面广、变化多样，但也有基本原则可循。

（一）满足园林树木的生态需求

不同的树种生态习性不同，不同的绿地生态条件也不同，在树种的选择上做到适地适树，有时还需要创造小环境或改造小环境来满足园林树木的生长和发育要求（如梅花在北京需要小气候，要求背风、向阳），从而保持稳定的绿化效果。

除此之外，还要考虑树木之间的需求关系，若是同种树，配植时只考虑株距和行距。不同树种间配植需要考虑种间关系，即考虑上层树种与下层树种、速生与慢生树种、常绿与落叶树种等关系。

（二）满足功能性原则

园林树木的种植要符合园林绿地的性质，满足其功能的要求，如街道两旁的行道树，要求树形美观、冠大、荫浓的速生树，如悬铃木、国槐等；防风林带以半透风结构效果最好，而滞尘林则以紧密结构效果最好；卫生防护绿地要选择枝叶繁茂、抗性强的树种以形成保护墙，以抵御不良环境破坏。

自然式风格的园林应用树木的自然姿态和自然式的配植手法进行造景；规则式风格的园林则主要采用对称式、整齐式的手法造景。

（三）突出地方特色

不同的地区，其自然条件、历史文脉、文化有着很大的差异，城市绿化中园林树木的配植要因地制宜，并要结合当地的自然资源，融合地域文化特色，体现地方特色，大量使用乡土树种来产生良好的生态效益和突出地方特色。

（四）艺术性原则

园林树木有其特有的形态、色彩与风韵之美。园林树木配植不仅有科学性，还有艺术性，并且富于变化，给人以美的享受。在园林景观配植中应遵循对比与调和、均衡与动势、韵律与节奏三大基本原则。

（1）园林造景时，既要讲究树形、色彩、线条、质地及比例有一定的差异和变化，显示多样性，又要保持一定的相似性，形成统一感，这样，既生动活泼，又和谐统一。在配植中应掌握在统一中求变化、在变化中求统一的原则，用对比的手法来突出主题或引人注目。

（2）树木配植时，将体量、质地各异的树木种类按均衡的原则配植，景观就显得稳定、顺畅。例如色彩浓重、体量庞大、数量繁多、质地粗厚、枝叶繁茂的植物种类，给人以厚重的感觉；相反，色彩淡雅、体量小巧、数量简少、质地细柔、枝叶疏朗的植物种类，则给人以轻盈的感觉。根据周围环境，在配植时常运用有规则式均衡和不对称式均衡手法，在多数情况下常用不对称式均衡手法，如一条蜿蜒曲折的园路两旁，若在路右边种植一棵高大的雪松，则临近的左侧需要种植以数量较多、单株体量较小、成丛的花灌木，以求均衡，同时，又有动势的效果。

植物配植中有规律的变化，就会产生韵律感，在重复中产生节奏感。一种树等距排列称为"简单韵律"；两种树木相间排列会产生"交替韵律"，尤其是乔灌木相间此效果更加明显；树木分组排列，在不同组合中使相似的树木交替出现，称为"拟态韵律"。

（五）树木配植中的经济原则

树木配植时，要力求用最经济的投入创造出最佳的绿化和美化效果，产生最大的社会效益、经济效益和生态效益。如在重要的景点和建筑物的正面可合理使用名贵树种；在园林树木配植时还可以结合生产，增加经济收益，选择对土壤要求不高、养护管理简单的果树植物，如柿子、枇杷等果树，核桃、樟树等油料植物，杜仲、合欢、银杏等具有观赏价值的药用植物。

当前，在全国普遍重视园林绿化的前提下，曾发现有的地区有些单位不了解树木的习性，盲目大量地从外地购入树木，结果由于树木不能适应该地气候土壤条件而全军覆灭，造成很大损失。有的单位忽视树木是活的有机体，初植时尽量密植，以后的措施跟不上，结果树木生长不良，树冠不整、高低粗细杂乱无章，达不到美化要求。有的单位只知道种树却不懂配植，降低了园林绿化水平。有的单位将园林绿化与植树造林完全等同起来，两者间固然有非常密切的关系，但也有很多不同之处，因而降低了配植水平，不能符合园林配植的要求。现在各个学科之间均有其共性也有其特性，这两个方面均不应忽略，如果简单化地等同起来，必然导致某些学科的停滞甚至消亡，必将给国家的建设和文化的发展带来损失。

一个较好的例子是首都北京天安门广场的绿化。新中国成立10周年时，在许多绿化方案中选中用大片油松林来烘托人民英雄纪念碑，表现中华儿女的坚贞意志和革命精神万古长青、永垂不朽的内容。在现在来看，油松林对宏伟端庄肃穆的毛主席纪念堂也是很好的陪衬。从内容到形式上，这个配植方案是成功的，从选用油松树种来讲也是正确的。但是如果仅从树种的习性来考虑，则侧柏及圆柏均比油松更能适应广场的生活环境，就不会有现在需换植一部分生长不良的枯松的麻烦，在养护管理上也省事和经济多了。但是天安门广场绿化的政治意义和艺术效果的重要性是第一位的，油松的观赏特性比侧柏、圆柏的观赏特性更能满足第一位的要求，所以，即使其适应性不如后两者，但仍然被选中。

四、园林树木配植的方式

园林树木配植的方式，就是指园林树木搭配的样式，是运用美学原理，将乔木、灌木、竹类、藤本等作为主要造景元素，创造出各种引人入胜的园林景观。

（一）自然式配植

自然式配植形式自然灵活，参差有致，没有一定的株行距和固定的排列方式，无论组成树木的株数或种类多少，均要求搭配自然，以孤植、丛植、群植、林植等自然形式为主，植物配植能表现自然、流畅、轻松、活泼的氛围，多用于休闲公园，如综合性公园、植物园等（图2-23）。

图2-23　自然式

（二）规则式配植

规则式配植形式整齐、严谨，具有一定的株行距，且按固定的方式排列。其特点是有中轴对称，多为几何图案形式，植物对称或拟对称，排列整齐一致，体现严谨、规整、壮观、庄严的气氛，多用于纪念性园林、皇家园林（图2-24）。

图2-24　规则式

（三）混合式配植

混合式配植在某一植物造景中同时采用规则式和不规则式相结合的配植方式，多以局部为规则式，大部分为自然式植物配植，是公园植物造景的常用形式。该形式规划灵活，形式有变化，景观丰富多彩。在实践中，一般以某一种方式为主而以另一种方式为辅结合使用，要求因地制宜，融洽协调，注意过渡转化自然，强调整体的相关性（图2-25）。

图 2-25　混合式

五、园林树木配植的基本形式

（一）孤植

孤植又称为独植、单植，即单株树木孤立种植。单株配植（孤植）无论以遮荫为主，还是以观赏为主，都是为了突出树木的个体功能，但必须注意其与环境的对比与烘托关系。孤植在规则式或自然式种植中均可采用，种植时一般选择开阔空旷的地点，如大片草坪、花坛中心、道路交叉或转折点、岗坡及宽阔的湖池岸边等。树种选择应以阳性和生态幅度较宽的中性树种为主，宜采用树体高大、枝叶奇特、展枝优雅端庄、线条宜人的独株成年大树，一般情况下很少采用阴性树种。常见的孤植树种有白皮松、黄山松、圆柏、侧柏、雪松、水杉、银杏、七叶树、鹅掌楸、枫香、广玉兰、合欢、海棠、樱花、梅花、碧桃、山楂、国槐等。孤植树具有强烈的标志性、导向性和装饰性作用。

（二）对植

对植是指对称地种植大致相等数量的树木，可分为对称式对植和非对称式对植。对称式对植要求在构图轴线的左右，如园门、建筑物入口、广场或桥头的两旁等，相对地栽植同种、同形的树木，要求外形整齐美观，树体大小一致。对植形式强调对应的树木全量、色彩、姿态的一致性，进而体现出整齐、平衡的协调美。非对称式对植常见于自然绿地中，不要求绝对对称，如树种相同，而大小、姿态、数量稍有变化。对植多用于构图起点，体现一种庄重的气氛，如宫殿、寺庙、办公楼和纪念性建筑前。

对植树种的选择因地而异，如在宫殿、寺庙和纪念性建筑前多栽植雪松、龙柏、桧柏、油松、云杉、冷杉、柳杉、罗汉松等，在公园、游园、办公楼等地方多栽植桂花、广玉兰、银杏、杨树、龙爪槐、香樟、刺槐、国槐、落叶松、水杉、大王椰子、棕榈、针葵等。一些形态好、形体大的灌木，如木槿、冬青、大叶黄杨等也可对植。

（三）列植

列植也称带植，即按一定的株行距，成行成带栽植树木。列植在平面上要求株行距相等，立面上树木的冠形、胸径、高矮、品种则要求大体一致，形成的景观比较单纯、整齐，它是规划式园林及广场、道路、工厂、水边、居住区、办公楼等绿化中广泛应用的一种形式。列植可以是单行，也可以是多行，其株行距的大小取决于树冠的成年冠径，期望在短期内产生绿化效果，株行距可适当小些、密些，待成年时再砍伐，来解决过密的问题。

列植的树种，从树冠形态看最好是比较整齐，如圆形、卵圆形、椭圆形、塔形的树冠，枝叶稀疏、树冠不整齐的树种不宜选用。由于行列栽植的地点一般受外界环境的影响大，立地条件差，在树种的选择上，应尽可能采用生长健壮、耐修剪、树干高、抗病虫害的树种。在种植时要处理好与道路、建筑物、地下和地上各种管线的关系。列植范围加大后，可形成林带、树屏。适用于道路两侧列植的树种有银杏、悬铃木、银白杨、枫杨、朴树、香樟、水曲柳、白蜡、栾树、白玉兰、广玉兰、樱花、山桃、杏、梅、光叶榉、国槐、刺槐、合欢、乌桕、木棉、雪松、白皮松、油松、云杉、冷杉、柳杉、大王椰子、棕榈等。

（四）组植

组植又称聚植、集植，是指由两株乃至十几株树木成组地种植在一起，组成一个景观单元，其树冠线彼此密接而形成一个整体的外轮廓线，主要反映的是群体美，观赏它的层次、外缘和林冠等。组植因树木株数不同而组合的方式各异，不同株数的组合设计要求应遵循一定的构图法则。

（1）三株一丛。三株一丛是指三株树组成的树丛。三株的布置呈不等边三角形，最大和最小树种靠近栽植成一组，中等树稍远离成另一组，两组之间在动势上应有呼应。树种的搭配不宜超过两种，最好选择同一种体形、姿态不同的树种进行配置。如采用两种树种，最好为类似树种，如红叶李与石楠。

（2）四株一丛。四株一丛是指四株树组成一丛，在配植的整体布局上可呈不等边的四边形或不等边的三角形，四株树中不能有任何三株呈一条直线排列。四株树丛的配植适宜采用单一或两种不同的树种。如果是同一种树，要求各植株在体形、姿态和距离上有所不同；如果是两种不同的树，最好选择在外形上相似的不同树种。

（3）五株一丛。五株一丛是指五棵树组成的树丛，在配植的整体布局上可呈不等边三角形、不等边四边形或不等边五边形，可分为两种形式，即"3+2"式组合配植和"4+1"式组合配植。在"3+2"式组合配植中，注意最大的一棵必须在三棵的一组；在"4+1"式组合配植中，注意单独的一组不能是最大株，也不能是最小株，且两组距离不能太远。五株一丛的树种搭配可由一个树种或两个树种组成，若用两种树木，株数以3∶2为宜。

（五）群植

用数量较多（一般在20株以上）的乔灌木（或加上地被植物）配植在一起，形成一个整体，称为群植。群植表现的是整个植物体的群体美，观赏整个植物体的层次、外缘和林冠等，用以组织空间层次，划分区域。根据需要，群植以一定的方式组成主景或配景，起隔离、屏障等作用，如以大乔木如广玉兰，亚乔木如白玉兰、紫玉兰或红枫，大灌木如山茶、含笑，小灌木如火棘、麻叶绣球所配植的树群中，广玉兰为常绿阔叶乔木，作为背景可使玉兰的白花特别鲜明。山茶和含笑为常绿中性喜暖灌木，可作下木，火棘为阳性常绿小灌木，麻叶绣球为阳性落叶花灌木。群植的植物搭配要有季相变化，如以上配植的树群中，若在江南地区，2月下旬山茶最先开花，3月上中旬白玉兰、紫玉兰开花，白、紫相间又有深绿广玉兰作背景，4月中下旬，麻叶绣球开白花又和大红山茶形成鲜明对比，次后含笑又继续开花，芳香浓郁，10月间火棘又结红色硕果，红枫叶色转为红色。这样的配植兼顾了树群内各种植物的生物学特性，又丰富了季相变化，使整个树群生气勃勃。

（六）林植

林植是较大面积、多株数成片林状的种植。这是将森林学、造林学的概念和技术措施按照园林的要求引入自然风景区和城市绿化建设中的配植方式。工矿场区的防护带、城市外围的绿化带及自然风景区中的风景林等，均常采用此种配植方式。在配植时除防护带应以防护功能为主外，一般要特别注意群体的生态关系及养护上的要求，通常有纯林、混交林等结构。在自然风景游览区中进行林植时应以营造风景林为主，应注意林冠线的变化、疏林与密林的变化、林中下木的选择与搭配、群体内及群体与环境间的关系，以及按照园林休憩游览的要求留有一定大小的林间空地等措施。

（七）散点植

散点植是以单株或双株、三棵树丛植作为一个点在一定面积上进行有韵律、有节奏的散点种植，在配植方式上既能表现个体的特性又使它们处于无形的联系之中。在表现形式上注重点与点间相呼应的动态联系，而不是强调每个点孤植树的个体美。

六、园林植物配植的艺术效果

（一）园林植物的观赏性

1. 色泽美

许多植物色彩是十分丰富的，它的色泽美表现在以下几个方面。

（1）叶色美。鸡爪槭和红枫的叶片十分优美；银杏在秋天到来时，叶片变成灿烂的金黄色；乌桕和卫矛在秋天则变成深红色；紫叶李一年四季全株叶片紫红。不同的季节，植物会呈现出不同的色彩，令住在城市里的人们感觉到大自然的四季流转（图2-26～图2-28）。

知识拓展：初冬色彩亦斑斓—鸡爪槭

图2-26　五叶地锦叶片秋天变红　　　图2-27　银杏叶秋天变黄　　　图2-28　秋天不同树叶的颜色变化

（2）枝干色美。当落叶树种休眠落叶后，在颜色比较单调的北方，有色枝干就成了一个观赏部位，例如，红瑞木（图2-29）、马尾松、杉木、红冠柳等枝干为红色或褐色，白皮松（图2-30）、悬铃木、白千层等枝干为白色，金枝槐、金枝柳等枝干为黄色，紫竹枝干为紫色，黄金嵌碧玉竹枝干为斑驳色，大多数园林树木呈灰褐色。

图 2-29 红瑞木   图 2-30 白皮松

（3）花色美。不同颜色的花搭配在一起，就可形成百花园。花的颜色可分为：隐色花；淡色花，如白色花；艳色花，如石榴、红碧桃花为红色，桂花、蜡梅、连翘等花为黄色，紫藤、木槿花为蓝紫色；复色花，如金银木的花刚开时为白色，快凋谢时为黄色（图 2-31—图 2-33）。

（4）果色美。果实呈现的颜色在园林植物的观赏中占有重要地位，特别是在秋季成熟时，有的果实终冬不落，在光秃的枝条上或枝叶间点缀出不同的颜色，如南天竹、紫叶小檗、火棘果实为红色，可可、佛手、木瓜等果实为黄色，紫叶李、紫葡萄等果实为紫色，小叶女贞、常春藤、金银花、水蜡等果实为黑色（图 2-34）。

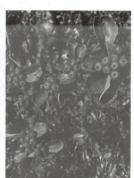

图 2-31 金银木   图 2-32 紫色玉兰   图 2-33 绣线菊   图 2-34 火棘

2.形态美

园林植物的形态千奇百怪，它的形态美主要表现在以下几个方面。

（1）树形美。如雪松、窄冠侧柏呈尖塔形，其树形干性强，主干挺拔，给人以一种坚强、威武不屈的感觉；球柏、刺槐等呈球形，整体浑圆可爱，给人一种厚重的感觉；北美贺柏、塔柏呈圆柱形，整体浑圆，树干上下宽窄一致，给人以雄伟、庄严、稳固的感觉（图 2-35、图 2-36）。

图 2-35　雪松　　　　　　　　　图 2-36　球柏

（2）叶形美。如圆柏、侧柏、油松等叶呈针叶形；小叶黄杨、紫叶小檗、米兰等叶呈小叶形；海棠、杏等叶呈中叶形；琴叶榕、蒲葵等叶呈大叶形；银杏、马褂木（图2-37）、鱼尾葵、枸骨等叶呈特殊叶形。

（3）花形美。园林树木花的形状多种多样，如漏斗形、唇形、十字形、蝶形等。

（4）果形美，奇特的单果形或果穗形具有很强的观赏性，如元宝树的元宝形果、腊肠树的腊肠形果、栾树的灯笼形果（图2-38）、秤锤树的秤锤形果、佛手的佛手形果穗、紫玉兰的圆柱形聚合果穗、火炬树的火炬形果穗等。

（5）枝干形美。奇特的枝干也具有很强的观赏性，如龙爪槐（图2-39）、龙爪柳等。

图 2-37　马褂木叶片　　　图 2-38　栾树果实　　　　图 2-39　龙爪槐

3. 意境美

各地在漫长的植物栽培和应用中，根据园林生态的不同及各地的气候差异，形成了具有地方特色的植物景观，并与当地的文化融为一体，在应用植物的过程中，出现了许多吟诵植物的雅诗，使植物景观有更高的境界和人文特征，具有了某种意境。例如："几处早莺争暖树，谁家新燕啄春泥。乱花渐欲迷人眼，浅草才能没马蹄。最爱湖东行不足，绿杨荫里白沙堤"是著名诗人白居易对植物形成春光明媚景色的描绘；"独坐幽篁里，弹琴复长啸。深林人不知，明月来相照"是著名诗人王维对植物所形成的"静"的感受；还有竹，从古至今都是文人墨客情有独钟的一种植物，早在晋代，戴凯之便写出了世界上关于竹的最早专著《竹谱》，继而白居易又写了《养竹记》："竹性直，直以立身""竹心空，空以体道"，苏轼也有"不可居无竹"之说。各种植物的不同配植组合，能形成千变万化的景境，能给人以丰富多彩的艺术感受。

（二）园林植物配植的艺术效果

园林植物配植的艺术效果是多方面的、复杂的，不同的树木不同配植组合能形成千变万化的景观。

（1）丰富感。园林植物种类多样化能给人丰富多彩的艺术感受，乔木与灌木的搭配能丰富园林景观的层次。在建筑物周围的种植称为"基础种植"或"屋基配植"，低矮的灌木可以用于"基础种植"栽种在建筑物的四周、园林小品和雕塑基部，既可用于遮挡建筑物墙基生硬的建筑材料，又能对建筑物和小品雕塑起到装饰和烘托点缀作用，如苏州留园华步小筑的爬山虎，拙政园枇杷园墙上的络石。

（2）平衡感。平衡可分为对称的平衡和不对称的平衡两类。对称的平衡是用体量上相等或相近的树木在轴线左右进行完全对称且等距的配植而产生的效果，给人庄重严整的感觉。规则式园林绿地采用对称的平衡较多，如行道树的两侧对称，花坛、雕塑、水池的对称布置，园林绿地建筑、道路的对称布置。不对称的平衡是用不同的体量、质感以不同距离进行配植而产生的效果，如门前左边一块山石，右边一丛乔灌木等的配植。

（3）稳固感。在园林局部或园景一隅常见到一些设施物的稳固感是由于配植了植物后才产生的。如园林中的桥头配植，在桥头植物配植前，桥头有秃硬不稳定感，而配植树木之后则感觉稳定，能获得更好的风景效果。

（4）肃穆感。应用常绿针叶树，尤其是尖塔形的树种常形成庄严肃穆的气氛，如纪念性的公园、陵墓、纪念碑等前方，配植的松、柏、冷杉能产生很好的艺术效果。

（5）欢快感。应用一些线条圆缓流畅的树冠，尤其是垂枝形的树种常形成柔和欢快的气氛，如杭州西了湖畔的垂柳。在校园土干道两侧种植绿篱，使入口四季常青，或种植开花美丽的乔木间植常绿灌木，给人以整洁亮丽、活泼的感觉。

（6）韵味感。配植上的韵味效果，颇有"只可意会，不可言传"的意味。只有具有相当修养水平的园林工作者和游人才能体会到其真谛。

总之，树木配植的艺术效果是多方面的、复杂的，欲发挥树木配植的艺术效果，应考虑美学构图上的原则，了解树木的生长发育规律和生态习性要求，掌握树木自身和与环境因子相互影响的规律，具备较高的栽培管理技术知识，并要有较深的文学、艺术修养，才能使配植艺术达到较高的水平。此外，应特别注意对不同性质的绿地应运用不同的配植方式，例如，公园中的树丛配植和城市街道上的配植是有不同的要求的，前者大都要求表现自然美，后者大都要求整齐美，而且在功能要求方面也是不同的，所以配植的方式也不同。

？ 任务实施

观察校园及其附近园林景观中的树木配植情况。学生分组介绍其树种类型、配植方式及配植的基本形式等，然后教师评价总结，引导学生依次观察。

考核评价

评价项目	评价内容	配分	得分
知识考核	能够熟练说出园林树种的不同类型	20	
	能够识别树木的配植方式	15	
	能够识别树木的配植基本形式	20	
技能考核	调查报告撰写：内容全面、条理清晰	10	
	调查水平：正确判断园林树种类型，准确描述其配植方式和配植基本形式	20	
	能使用专业术语描述	5	
素质考核	调查态度：积极主动，有团队精神	5	
	调查过程中注重方法及创新	5	
总分		100	

 思考与练习

1. 简述常见的绿化类型树种，并举例。
2. 简述树木配植的原则。
3. 简述树木配植的方式和配植的基本形式。

任务三　园林花卉造景的应用

任务描述

　　通过学习园林花卉造景应用的内容，能够说出花卉应用的基本形式，能够在不同花卉造景中找到其对应的应用形式，准确判断园林花卉的种类选择，完成任意一种花卉应用形式中的植物配植的调查报告。撰写调查报告时，需要对周围花卉应用形式的配植和设计有基本的了解，欣赏其艺术效果，学生在园林景观中体会舒适感和亲切感，提高学生对美的认知及正面情感，并养成对新鲜事物不断探索的科学精神。

任务分析

　　完成该学习任务，一要能够准确理解专业术语的内涵；二要能够善于观察和区分花卉应用的基本形式；三要能够全面分析和准确判断花卉应用的植物配植情况；四要善于分析园林花卉配植的艺术效果。在完成该学习任务时要注意选择比较典型的花卉应用形式，并依据对园林花卉的分类认知，完成任务总结。

知识准备

花卉不仅具有良好的卫生防护功能，如减小噪声、吸尘、防污染、调节温度和湿度等，更重要的是具有美化环境的巨大作用。花卉以其千姿百态、万紫千红的自然美景观，使人们在工作之余能够得以休憩和娱乐。所以，应该充分运用花卉，发挥花卉美化环境的作用，并充分应用花卉促进人们之间的感情交流，进入较高层次的思想境界。

园林花卉的应用是指用园林花卉布置成花坛、花境、花丛、花群、花台、花钵、篱垣、棚架、水面绿化，或用盆花、切花等制作成各种装饰品，去装点建筑物周围、广场、室内环境、服饰及用具等，借以烘托气氛、突出主题、帮助人们放松身心、消除紧张情绪、解除疲劳、清新环境、促进身心健康，或用于社交、礼仪、馈赠以交流感情，表达友谊等。

一、园林花卉的室外应用

（一）花坛

1. 花坛的概念

花坛是花卉应用的一种传统形式，源于古代罗马时代的文人园林，16世纪在意大利园林中被广泛应用，17世纪在法国凡尔赛宫中的应用达到鼎盛时期。

微课：花坛

花坛是指按照设计意图在一定范围内栽植园林花卉，借以表现花卉群体的华丽图案和鲜艳色彩景观的一种花卉应用形式。花坛常以季节性花卉为主体材料，随着季节变化更换材料，以保证最佳的景观效果。作为花卉应用的重要形式之一，花坛类型丰富多样，应用位置灵活。

随着时代的变化，现代园林中花坛应用规模在不断扩大，并注入了文化等元素以体现时代特征。在构成形式上，突破了以往的平面俯视及观赏特点，出现了在斜面、立面、三维空间设置的立体花坛，观赏角度出现了多方位的仰视与远望，给人的视觉以多层次的立体感。同时，出现了由静态的构图发展到连续的动态构图，并在材质、形式、理念上都有了创新。

2. 花坛的功能

花坛具有浓厚的人工韵味，在各类园林绿地中都十分常见，一般布置在广场中心、入口、前庭、道路交叉口等重要地区，起到画龙点睛的作用。具体来说，花坛的功能主要有以下几点功能。

（1）美化、装饰环境。花坛以其绚丽协调的色彩、美观独特的造型、灵活机动的布置形式，拉近了人与自然的距离，给人以艺术的享受，再加上水、声、光、电的配合，更成为城市中一道亮丽的风景。花坛可以放置在公园、街头绿地、广场、商场、机关单位等各种场所，不但扩展和丰富了植物的表现力，为城市增色添彩，也营造出了较高的文化品位，在城市建设中具有独特的美化和装饰作用。

（2）渲染节庆气氛。各式各样的花坛是装饰重大节日不可缺少的。公园、广场、主干道等人流较大的地方布置五彩缤纷的花坛，可使城市面貌焕然一新，烘托浓浓的节日气氛，成为新的节日景点。重要的会议、庆典、赛事期间，布置花坛也可以起到美化周边环境、增添热烈和欢快气氛的作用。

（3）基础性装饰。在道路的边缘、建筑物的墙基和台阶、园林建筑或小品的基座四周等地点设置花坛，既可以增加色彩、富有生机、打破沉闷感，又可以明确边界、使主体更加醒目突出，但要注意不可喧宾夺主。

（4）组织交通。交通路口的安全岛、较开阔的广场和草坪、宽阔的道路中央等地点设置花坛，可以分割空间并组织行人路线。

（5）宣传作用。现代花坛不仅追求美丽和醒目的色彩，更注重生动的造型和鲜明的主题思想。作为人们视线的焦点，在美化环境的同时又寓教于乐，对民族精神、传统文化、科普文体、环境保护等各个方面都起到一定的宣传作用。

3. 花坛的分类

（1）按花坛的空间位置分类。花坛按空间位置可分为立体花坛、斜面花坛和平面花坛三类。

1）立体花坛向空间伸展，具有竖向景观，是一种超出花坛原有含义的布置形式，以四面观赏为主，也可以将花卉与雕塑相结合，形成生动活泼的立体景观（图2-40）。

2）斜面花坛主要设置在斜坡或阶地上，也可布置在建筑的台阶两旁或台阶上，花坛表面为斜面，是主要的观赏面，因便于欣赏而受到青睐（图2-41）。

3）平面花坛的表面与地面平行，主要观赏花坛的平面效果（图2-42）。平面花坛又可按构图形式分为规则式、自然式和混合式三种。规则式是将花坛布置成规则几何图形的形式；自然式是相对于规则式而言；混合式是规则式和自然式两者的结合。

图2-40　立体花坛　　　　　　图2-41　斜面花坛　　　　　　图2-42　平面花坛

（2）按观赏季节分类。花坛按观赏季节可分为春季花坛（如郁金香和风信子组成的花坛）、夏季花坛（如孔雀草和万寿菊组成的花坛）、秋季花坛（如鸡冠花和地被菊组成的花坛）和冬季花坛（如羽衣甘蓝组成的花坛）。

（3）按栽植材料分类。花坛按栽植材料可分为一二年生草花花坛（如一串红花坛）、球根花坛（如郁金香花坛）、水生花坛（如水生鸢尾花坛、睡莲花坛）、专类花坛（如菊花花坛、翠菊花坛）、常绿灌木花坛（如假连翘、南天竹花坛）等。

（4）按表现手法和特色分类。花坛按表现手法和特色的不同可分为盛花花坛、模纹花坛和现代花坛等。

1）盛花花坛主要观赏盛花时的绚丽景观，至于花卉个体的姿态、花形、色彩等都不是表现的重点，多作主景，也可作基础性装饰充当配景。花坛的设计首先要在风格、体量、形状、色彩等各方面与周围的环境相协调，其次才是花坛自身的特色。例如，在民族建筑物前设计花坛应选择具有传统风格的图案纹样，而在现代建筑物前则可设计一些具有时代感的抽象图案，力求新颖。又如，狭长地段上设置圆形独立花坛就显得不统一。另外，花坛的体量、大小也要与它所装饰的环境相协调，一般不超过装饰地段的 1/3，但不小于 1/5，具体还要受周边环境和游人量的影响，以不妨碍游人行走为原则（图 2-43）。

图 2-43　盛花花坛

盛花花坛的植物选择一般为一二年生草本花卉，种类繁多，色彩丰富，成本较低。球根花卉也是优良材料，色彩明亮艳丽，开花整齐，但成本较高。理想的花坛材料要求株丛紧密，分枝较多，开花繁茂，花期较长，开放一致，盛花时只见花朵不见枝叶，至少保持一个季节的观赏期。

盛花花坛主要表现花卉群体的色彩美，轮廓要明显，内部图案要简洁，忌在有限的面积上设计烦琐的图案。一个花坛即使用色很少，如果图案过于复杂也容易使花色分散，不易于体现大色块的整体效果。

2）模纹花坛又称为毛毡花坛，以色彩鲜艳的矮生性观叶植物为主，在一个平面上栽种出各种图案，看上去犹如地毯。模纹花坛外形多为规则的几何图形，主要表现植物群体形成的华丽纹样，要求图案纹样精美细致且有长期的稳定性，可供较长时间观赏（图 2-44）。

图 2-44　模纹花坛

模纹花坛以突出内部纹样的精美华丽图案为主，因此，植床的外轮廓以线条简洁为宜，可参考盛花花坛中较简单的外形图案。面积不宜过大，尤其是平面花坛，面积过大在视觉上易造成图案变形。内部纹样可较盛花花坛精细复杂些，但不可过于窄细，否则难以表现图案，粗宽些色彩才会鲜明，以使图案清晰。以五色草为例，不可窄于 5 cm，一般的草花以能栽植两株为限。内部图案的内容具有广泛的选择性。例如，仿照某些工艺品的花纹、卷云等；用文字或文字与纹样组合构成的图案等；花篮、花瓶、花草、乐器的图案或造型等；还可利用一些机器构件，如电动马达，与模纹图案共同组成具有实用价值的各种计时器，常见的如日晷花坛（图 2-45）、时钟花坛（图 2-46）、日历花坛等。

图 2-45　日晷花坛

图 2-46　时钟花坛

模纹花坛植物材料选择的重要依据为植物的高度、形状及质感。选择植物时以生长缓慢、枝叶细小、株丛紧密、萌蘖性强、耐修剪的多年生观叶植物为主，其中以五色草效果最好，其他常用的有彩叶草、尖叶红叶苋、石莲花等。一些低矮、耐修剪的整形灌木也经常使用，尤其常绿或具有色叶的种类，如矮龙柏、瓜子黄杨、雀舌黄杨、洒金千头柏、紫叶小檗、金叶小叶女贞等，效果类似图案化的矮篱。一二年生草花的花期短，生长速度不同，不耐修剪，作为图案主体不易稳定，可少量使用作为点缀，注意选择植株低矮、花小而密者，如孔雀草、一串红、四季秋海棠、半枝莲、香雪球、矮性藿香蓟、雏菊等。除此以外，也可配置一定的草皮或建筑材料，如色砂等，使图案色彩更加突出。

模纹花坛的色彩设计应服从于图案设计，用植物的色彩突出纹样，使之清晰而精美。为了使纹样更清晰，还可将白绿色的白草种在两种不同色草的界限上，以突出纹样的轮廓。若利用草花点缀，注意同花色要协调，种类不可过多，纹样轮廓应简单鲜明，以展示不同花卉或品种的群体效果及其相互配合形成的绚丽色彩。

3）现代花坛常见的是将上述两类花坛类型相结合布置成的花坛及反映现代科技或社会发展的主题花坛（图2-47）、标志花坛、标牌花坛、标语花坛等。

（5）按运用方式分类。花坛按运用方式可分为单体花坛、连续花坛和组群花坛。

1）单体花坛即独立的单个花坛，可以是花丛花坛、模纹花坛等。常布置于建筑广场中央、街道或道路的交叉口、公园的进出口广场、建筑物的正前方等位置。

图2-47　主题花坛

2）连续花坛由多个独立花坛连续应用排列成直线或组织成一个有节奏规律的不可分割的构思整体。常布置于道路的两侧，或宽阔道路的中央及纵长铺装的广场上，也可布置在草地上。整个花坛呈连续构图状，有起点、高潮和结尾。在起点、高潮和结尾处常用水池、喷泉或雕塑来强调。

3）组群花坛由相同或不同形式的多个单体花坛组合而成，在构图及景观上具有统一性。花坛之间为铺装场地或草坪以供游人活动和拉近距离欣赏，一般排列成对称或规则的形式。

（6）按功能分类。花坛按功能不同可分为观赏花坛（包括模纹花坛、饰物花坛、水景花坛等）、主题花坛、标记花坛（标志、标牌及标语等）及基础装饰花坛（包括雕塑、建筑及墙基装饰）。

4. 花坛的设计

为了达到完美的装饰效果，需要对花坛进行以下几个方面的设计。

（1）花坛的外形和布置图案。花坛的外形和布置图案要与环境相统一才显得协调。无论是作为主景还是作为配景，花坛应与周围环境达到完美的协调和对比，包括空间构图上的对比与协调。若在广场上布置花坛，水平方向上展开，其大小应不超过广场面积的1/3，不小于广场面积的1/5。花坛内由花卉植物组成的图案要清晰可观赏。同时，要与广场上的装饰物、植物等相互协调，色彩上要相互搭配。作为主景时，花坛本身的轴线应与构图整体的轴线相一致，平面轮廓与广场的平面轮廓相一致，风格和装饰纹样与周围建筑的性质、风格等相协调。如作配景，花坛的风格应简约大方，不应喧宾夺主。

（2）花坛的平面设计。作为主景时，花坛外形应是对称的，平面轮廓与广场一致，但不应单调，可在细节上作适当变化。如在人流集散量大的广场及道路交叉口，为保证功能，花坛外形可不与广场一致。作为配景时，其个体本身最好不对称。

在种植花卉之前，要绘制花坛平面图，并写出设计说明书，以便进行施工操作。花坛平面图要求用手工或计算机绘制，标注出花坛所在环境的道路、建筑边界线，并绘制出花坛平面轮廓，按面积大小选用适宜的比例，如 1 ∶ 10 或 1 ∶ 100 等。

（3）花坛的立面设计。为了方便排水和突出主体，以及避免游人踩踏，花坛的种植床应高出地面 7～10 cm，中央拱起，保持 4%～10% 的排水坡度。花坛四周应设置边缘石起保护作用，也具有装饰花坛的作用。其高度为 10～15 cm，大型花坛最高不超过 30 cm。根据种植床形状，花坛的立面造型设计有平面式、龟背式、阶梯式、斜面式、立体式。

5. 花坛的施工及养护

（1）平面花坛的施工及养护。第一是整理种植床。为了保证花坛的观赏效果和花卉的良好生长，要求花坛土壤具有良好的理化性质和营养，故需要施入有机肥。第二是按设计要求整理成平面或一定坡度的曲面或斜面。土层厚度的要求是一二年生花卉要求 20～25 cm，多年生花卉及灌木要求 40 cm 以上。第三是平整土壤后，按设计图样及比例在种植床上画线放大，勾出图案轮廓。第四是砌边，按照花坛外形轮廓和设计边缘的材料、质地、高低和宽窄进行花坛砌边。第五是栽苗，选择阴天或傍晚进行栽植。按图案纹样，先里后外，先上后下，先中心后边缘进行栽种。株行距的设计：小型苗如半支莲、佛甲草等为 8～12 cm，中型苗如雏菊、金盏菊、黑心菊等为 15～25 cm，大型苗如紫茉莉等为 30～50 cm，栽植后充分灌水一次。第六是栽植后管理。为保持花坛的良好观赏效果，要根据季节进行灌水、施肥及植株管理。一般每周浇一次水，半个月或一个月中耕除草一次，根据生长情况施肥或喷肥，并应注意病虫害的防治。同时，一旦发现枯萎植株要及时更换。

（2）立体花坛的施工及养护。首先根据构图进行造型设计。先用石膏或泥土做成小样，找好比例关系，制作出模型。然后依据模型比例，放大成设计要求的造型骨架。如果骨架过大或过重，为施工运输方便，可制作成拼合式，然后现场组装，或搭脚手架进行组装。造型完成后，糊上 5～10 cm 的泥和稻草，再用蒲草或麻包包于外部，用钢丝绑牢固，再用竹片打孔，栽植植物。栽植后充分灌水一次，7～10 天内生根前，要每天喷水 2～3 次，之后保持适宜浇水，并根据具体情况采取管理措施。栽植后第一次修剪不宜重剪，只将草压平即可。第二次修剪宜重些，在两种草交界处各向草体中心斜向修剪，交界处呈凹状易产生立体感。以后每隔 20 天左右修剪一次，每次修剪高度要高于前一次。

6. 花坛的发展趋势

随着时代的进步，花坛的设计发展极为迅速。认为花坛就是将一二年生草本花卉大面积栽植的观念早已被淘汰。目前，花坛的设计主要体现出以下几点趋势。

（1）植物种类多样化。好的花坛作品必须依托于好的植物材料，这对植物的品种及品质都提出了较高的要求。第一，要通过"走出去，请进来"开阔眼界，了解并掌握更多适用于花坛的植物用材；第二，要做好开发和引种工作，尝试新品种的使用效果；第三，要做好新品种的推介工作，让城市绿化部门更多地接受并广泛应用这些品种，达到花坛植物用材丰富多彩的目的。

（2）表现手法多样化。表现手法和特色单一的花坛已不能满足造景的需要，往往要综合运用盛花、模纹、立体、钵植等多种表现手法，并且越来越多地融入了花境的元素，这样不仅削弱了花坛的人工雕琢感，还极大地提升了景观效果。另外，过去的花坛通常是一种静态景观，随着人们求新求变及科学技术的不断发展，现在的花坛融入了声、光、水、电，出现了动静结合的景观状态，更显生动自然，令人遐想无穷，情趣倍增。

（3）从平面走向立体，从二维走向三维。目前，单纯的平面花坛已经逐渐被淘汰，发展趋势从二维走向三维。不要认为只有造价高、工艺复杂的大型主题花坛才是实现这种改变的唯一方式。当前，我国许多地区的经济正处于发展时期，一些经济尚欠发达的中小城市仍应以大众绿化为主，即使是经济相对发达的沿海国际都市也要适度、健康地发展大型主题花坛。一定要开阔思路，坚持以植物为主体，融入各种造景材料和表现手段，不以"大"为目标，注重提高文化艺术品位，不仅造价较低、易维护，也有利于景观的多样性和表现主题的创造，这才是花坛健康发展的正确途径。

（4）不断丰富主题。主题和内涵是花坛的神之所在。不论是作为主景的大型主题花坛，还是体量小、数量多、分布广的装饰性、点缀性花坛，都应充分发掘、不断创新，赋予它们积极向上、时代特色鲜明、接近群众生活的健康、新颖、有趣、多样的主题和内涵。植物种类多样化、表现手法多样化、从平面走向立体，不仅是花坛设计的发展趋势，同时，也是丰富花坛主题和内涵的重要手段。

2023年是中华人民共和国成立74周年，为营造隆重热烈、喜庆祥和的氛围，天安门广场及长安街沿线花卉布置主题为"以中国式现代化全面推进中华民族伟大复兴"，展现全国各族人民以习近平新时代中国特色社会主义思想为指导，深入学习贯彻党的二十大精神，为全面建设社会主义现代化国家、全面推进中华民族伟大复兴而团结奋斗！国庆期间，天安门广场中心的"祝福祖国"主题花坛（图2-48），以喜庆的花篮为主景，花篮内选取了美好寓意的花卉和喜庆丰收的五谷（水稻、小麦、小米、黄米、大豆），体现花团锦簇、五谷丰登，表达了全国各族人民紧密团结在以习近平同志为核心的党中央周围，在同心共筑中国梦的伟大征途中开创更加美好的未来；建国门西北角的"万众一心"花坛（图2-49），以人民对美好生活的向往为场景，寓意了全国人民万众一心、奋勇直前，共建人口规模巨大的现代化建设之路；东单东北角的"文明华章"花坛（图2-50），以国宝文物何尊、"宅兹中国"文字、国家版本馆等为场景，寓意中华文明赋予中国式现代化以深厚底蕴，在古为今用中赓续中华文明，走向更开阔未来；东单东南角的"共同富裕"主题花坛（图2-51），以欣欣向荣的城乡融合发展为场景，描绘了中国式现代化全体人民共同富裕的美好蓝图；东单西北角的"和谐共生"花坛（图2-52），以"三北工程"绿色长城为主景，配以野马（西北）、麋鹿（华北）、白鹤（东北）、胡杨等典型物种，体现了生态治理的典范，寓意坚定不移走好人与自然和谐共生的中国式现代化之路；东单西南角的"和平发展"花坛（图2-53），以白鸽、帆船、骆驼等为主景，寓意走和平发展的中国式现代化道路，展现合作共赢的美好未来；西单东北角的"全民健身"花坛（图2-54），以丰富多彩的全民健身为题材，配以篮球、羽毛球、跑步、滑雪等运动场景，寓意全民健身共享美好生活；西单东南角的"幸福之路"花坛（图 2-55），以中欧班列、货轮及海豚为主景，寓意共同把"一带一路"这条造福世界的幸福之路铺得更宽更远；西单西北角的"花好月圆"花坛（图 2-56），以一家人中秋团聚的温馨画面为场景，体现了花好月圆下的百姓幸福生活；西单西南角的"美好家园"花坛（图 2-57），以京城胡同百姓的幸福生活为场景，配以放风筝的少年、柿子树、花架、中轴景观等生机盎然的景象，书写了人民幸福生活的新图景；复兴门东北角的"筑梦未来"花坛（图 2-58），以中国航天员、空间站为主景，寓意航天强国建设蓬勃发展，助力中国梦早日实现，全面推进中华民族伟大复兴，谱写新时代中国特色社会主义更加绚丽的华章。

图 2-48　"祝福祖国"主题花坛

图 2-49　"万众一心"花坛

图 2-50　"文明华章"花坛

图 2-51　"共同富裕"主题花坛

图 2-52　"和谐共生"花坛

图 2-53　"和平发展"花坛

图 2-54　"全民健身"花坛

图 2-55　"幸福之路"花坛

图 2-56　"花好月圆"花坛

图 2-57　"美好家园"花坛

图 2-58　"筑梦未来"花坛

　　而 2023 年国庆花坛的设计，也是技术团队持续改良立体花坛新型专用基质，提升基质透水性，通过采用"新型基质＋插穗直插"的方式，使 2023 年的小尺度造型更加精巧、植物表达更加细致。同时，进一步扩大立体花坛信息模型技术的应用，将三维建模与结构设计、结构安全计算、植物设计、灌溉系统和照明系统设计一体化整合，有效应用到花坛制作中，立体造型的精准度和加工效率实现了大幅提升。

（二）花境

1. 花境的概念

花境起源于英国古老而传统的私人别墅花园，它没有规范的形式，主人选择自己喜爱、管理简便、可露地越冬的宿根和球根花卉，随意种植在自家庭院。这种种植形式在19世纪风靡英国，19世纪中后期逐渐形成一种欣赏植物自然美的新形式，称为宿根花卉的边境，即古典的花境。随着时代的变迁，花境的形式和内容也在不断变化和拓宽，艺术性不断提高，但基本的设计形式和种植方式仍被保留下来，并且在西方国家得到了广泛应用。

20世纪70年代后期，花境这种在西方国家广为流传的花卉种植形式漂洋过海来到中国。随着人们对生态的关注，对自然的崇尚，一些大中城市，以南方城市为多，尤其上海、杭州，北方城市如北京，开始有一些应用。形式上大多为单面观赏花境，北方多采用一二年生花卉为主的混合花境，南方则多采用露地宿根花卉为主的混合花境，上海也开始尝试一些专类花境，如观赏草花境。

图 2-59　花境

总之，花境是指利用露地生长的宿根花卉、球根花卉及一二年生花卉，模拟自然界林地边缘野生花卉自然交错生长的状态，加以艺术的提炼，从而应用于园林的一种花卉造景形式。花境适合在各种环境中使用，既可作主景，也可作配景，不仅能增添自然情趣，还具有分隔空间和组织游览路线的作用（图 2-59～图 2-62）。

图 2-60　道路拐角处花境

图 2-61　道路边花境 1

图 2-62　道路边花境 2

2. 花境的特点

（1）种类丰富，季相明显。花境的植物材料以露地宿根花卉为主，搭配少量的一二年生花卉、球根花卉、花灌木、观叶植物、观赏草等，种类丰富，一年中三季有花，四季有景，呈现出动态的季相变化。

（2）立面丰富，景观多样化。花境的基本设计形式是沿长轴方向演进的带状连续构图，基本种植单位是一簇单纯花丛。平面上是不规则的块状混植，立面上则是高低错落，通过各种植物不同的株形、花色、花序、叶形、叶色、质地等，创造丰富的层次结构和优美的立面景观。

（3）生态配置的理念。花境作为一种自然式到半自然式的花卉应用形式，既表现了植物个体生长的自然美，又展示了植物自然组合的群落美，更符合现代人回归自然的追求，也符合生态城市建设对植物多样性的要求。同时，配以精心管理可以多年观赏，经济方便。

3. 花境的位置

花境多设于公园、风景区、街心绿地、家庭花园及林荫路旁。因其多呈带状布置，故可在小环境中充分利用边角、条带等地段，是林缘、墙基、草坪边界、路边坡地、挡土墙等的常见装饰方式，可以营造出较大的空间氛围，并起到分隔空间、引导游览路线的功能。在不同的环境和场合，布置花境时要满足不同的要求。

（1）建筑物和道路之间的带状空地。在建筑物和道路之间的带状空地上布置花境作为基础装饰，可使建筑与地面的强烈对比得到缓和，以柔化规则式建筑物的硬角，增加环境的曲线美和色彩美。但是，若建筑物过高，则不宜采用花境装饰，因为比例过大会显得很不相称。作为建筑物基础栽植的花境，应采用单面观赏的形式。

（2）道路上布置花境。一是在道路中央布置的两面观赏花境，可以是简单的草地和行道树，也可以是简单的植篱和行道树。二是在道路两侧，每边布置一列单面观赏的花境，这两列花境，必须成为一个整体构图。三是在道路中央布置一列双面观赏的花境，道路两侧应布置单面观赏花境。

（3）规则式园林中的绿篱前方。绿篱前方布置花境最为动人，可以装饰绿篱单调的基部。同时，绿篱又是花境的背景，两者交相辉映。配置在绿篱前的花境均为单面的观赏花境。花境前宜配置园路，以供游人欣赏。

（4）游廊、花架旁边。沿着游廊和花架台基的立面前方可以布置花境，花境外布置园路。这样，游廊内的游人可欣赏两侧的花境，园路上的人又可欣赏到有花境装饰的花架和台基，能够大大提高园林风景的观赏效果。

（5）挡土墙、围墙、厕所等处。在挡土墙、围墙、厕所等处布置单面观赏的花境，以墙为花境的背景，可以起遮挡作用或使背景变得更加美观。

（6）大片绿地前。可在大面积的空旷绿地前布置花镜，烘托氛围，供游人欣赏。

（7）特定环境中。水边、河畔一带常是充满田园诗意的地方，特别是夏天，在这些特定的环境中可以布置花境。水边环境能够滋生许多在其他地方不能繁茂生长的植物，水岸边翩翩起舞的香蒲，长着细长茎的鸢尾植物和灯心草等都提供了很好的衬托。在沼泽地、湿地，也可根据环境选择一些观叶植物与花卉搭配。在旱地，则可以选择直茎飘扬的狗尾草、针茅等。

4. 花境的分类

（1）从设计手法上分类。

1）单面观赏花境是传统的花境形式，多临道路设置，花境常以建筑物、矮墙、树丛、绿篱等为背景，前面为低矮的植物，整体前低后高，形成一个面向道路的观赏面。

2）双面观赏花境没有背景，多设置在草坪上或树丛间，植物种植是中间高两侧低，供双面观赏。

3）多面观赏花境也称为独立花境，平面轮廓不再局限于传统的带状，可设置在园路交叉口、草坪、花架台基，或与景石小品搭配进行点缀，既活泼又自然。

（2）从植物选材上分类。

1）草本花境全部由一二年生花卉组成或根据需要适当点缀其他植物（观赏性更强，更能体现花境的特点），观赏期短，季节性强，主要用于节庆的临时装点，也可以及时更换花材以延长观赏期。

2）宿根花境全部由可露地越冬的宿根花卉组成。

3）混合花境以可露地越冬的宿根花卉为主，搭配少量的一二年生花卉、球根花卉、花灌木、观叶植物、观赏草等，季相分明，色彩鲜艳，为创造四季观赏和富有想象力的植物组合提供更大的可能。

4）专类花境选择同属不同种类或同种不同品种的露地宿根花卉，要求花期、株型、花色等有丰富的变化以体现花境的特点，如百合类花境、鸢尾类花境、菊花类花境等。近几年出现的观赏草花境也属于一种新型的专类花境。

5. 花境的设计

花境的形式应因地制宜。两面观赏的花境不需要背景，只有单面观赏的花境需要有背景，背景可以是装饰性的围墙，也可以是格子篱。色彩可以是绿色，也可以是白色。最理想的是修剪好的常绿绿篱或树墙。花境与背景之间可以有一定的距离，也可以没有距离。在一些旅游景点，常依游人视线的方向设立单面观赏的花境，以树丛、绿篱、墙垣或建筑物为背景，靠近游人一侧应低矮一些。

花境的种植床形状可以是规则的，也可以是不规则的。花境的边缘可以是直线的，也可以是某种几何轨迹的曲线，线条是连续不断的，但两边的边线必须是平行的。种植床应高于地面 7～10 cm，土壤厚度为 30～50 cm，并施有底肥；排水坡度一般为 2%～4%。单面观赏的花境宽度以 4 m 为宜，最少为 3 m，两面观赏的花境宽度多为 4～8 m。

绘制花境的位置图、平面图和立面效果图，编制说明书等，其要求同花坛。

花境花卉选择的原则是以能在当地露地越冬的多年生花卉为主，少量选用一二年生花卉；要求花卉植物的抗逆性强，管理粗放，容易成活；最好选用花期长、观赏价值高的品种。选择花卉植物时，首先要排除有毒的植物，它们的浆果和种子吸引游人的同时也会给人们带来伤害，如瑞香、龙葵、鼠李等。近几年过敏症患者增多，所以在设计时，还要避免使用会引起花粉症、呼吸道疾病和皮炎的植物，如天竺葵、夜来香等。要多利用香草植物，那样在嗅觉上可以提升整个花境的欣赏价值。宜少用容易吸引害虫的植物，多选用吸引益虫的植物，如向日葵、艾菊、甘菊。需要特别注意的是，绝对不可以选用自身繁衍迅速而破坏其他植物生长的植物，如一枝黄花等。

6. 花境的配置

花境中各种花卉在配置时既要考虑到同一季节中彼此的色彩、姿态、体型、数量的调和与对比，花境的整体构图也必须是完整的，同时，还要求在一年之中随着季节的变换而呈现不同的季相特征。可使用宿根、球根花卉，还可采用一些生长低矮、色彩艳丽的花灌木或观叶植物。其中既有观花的，也有观叶的，甚至还有观果的。特别是宿根和球根花卉能较好地满足花境的要求，并且维护起来省时省力。由于花境布置后可多年生长，因此不需要经常更换。若想获得理想的四季景观，必须在种植规划时深入了解和掌握各种花卉的生态习性、外观表现及花期、花色等，对所选用的植物材料具有较强的感性认识，并能预见配植后产生的景观效果，只有这样才能合理安排、巧妙配植，体现出花境的景观效果。为使花境美丽漂亮、观赏期长，配植花卉时要注意以下几个原则：

（1）植物不是单株而是由 3 ～ 5 株组成团块，每种组成不规则团块。

（2）每个团块相接，相互支持、依赖并作为前者的背景。

（3）花朵之外叶片及全株的形态都有集体美可观赏。

（4）植株开花后凋萎或死亡，旁边的枝叶会长过来掩遮地面。

（5）背景要连续而隽永，用一种植物当背景会形成完整统一性，因此，前面的植物应该选取许多种，在花境中才可呈不规则的重复出现，相互混合，使花期不断，十分自然。

（6）花境前面的边缘应该选用最矮的装缘植物，并且自春至秋都有花可赏。

（7）花境的长度不限，根据环境情况 10 ～ 100 m 均可。

郁金香、风信子、荷包牡丹及耧斗菜类仅在上半年生长，在炎热的夏季即进入休眠，花境中应用这些花卉时，就需要在株丛间配植一些夏花产生时序感。适合布置花境的植物材料有很多，既包括一年生的，也包括秋季生长茂盛而春至夏初又不影响其生长与观赏的其他花卉，这样，整个花境就不至于出现衰败的景象。花境的边缘即花境种植的界限，不仅确定了花境的种植范围，也便于周围草坪的修剪和周边的整理清扫。依据花境所处的环境不同，边缘可以是自然曲线，也可以采用直线。高床的边缘可用石头、砖头等垒砌而成，平床多用低矮致密的植物镶边，也可用草坪带镶边。常用镶边花卉有矮生金鱼草、四季海棠、过路黄、垫状香草、中国石竹、观赏辣椒、三色堇、赛亚麻、马齿苋、何氏凤仙、美女樱等。

7. 花境的管理和养护

按设计方案进行育苗，然后栽入花境，栽植密度以植株成年后不露土面为度。若苗子较小，可适当密植，开花前适当疏苗，栽植后保持土壤湿润直至成活。

花境作为一种人工植物群落，一般可保持 3 ～ 5 年的景观效果，但必须配合精心的养护和管理。植物种植后，随时间推移可能会局部过密或稀疏，要及时调整以保证效果，使用球根或一二年生花卉要注意材料的轮换。早春、晚秋可更新植物（分株或补栽），并把覆盖地面的落叶及经过腐熟的堆肥施入土壤。要注意灌溉和中耕除草，混合式花境中的灌木要及时修剪，花期过后要及时去除残花等。

（三）花丛、花群

应用花丛和花群是指将自然风景中散生于草坡的景观应用于城市园林，从而增加园林绿化的趣味性和观赏性。花丛和花群布置简单、应用灵活，株少为丛，丛连成群，繁简均宜。花卉选择高矮不限，但以茎干挺直、不易倒伏、花朵繁密、株形丰满整齐者为佳。花丛和花群常常布置于开阔的草坪周围，使林缘、树丛、树群与草坪之间有一个联系的纽带和过渡的桥梁，也可以布置在道路的转折处，或点缀于院落之中，均能产生较好的观赏效果。同时，花丛和花群还可布置于河边、山坡、石旁，以体现野趣（图 2-63 ～图 2-65）。

图 2-63　花丛　　　　　　图 2-64　花群 1　　　　　　图 2-65　花群 2

（四）花池、花台

花池，是在边缘用砖石围护起来的种植床，其内灵活自然地种植花卉、灌木或小乔木，有时还配合置石以供观赏。花池内的土面高度一般与地面标高相差甚少，最高在 40 cm 左右。若高度超过 40 cm，甚至脱离地面被其他物体所支撑就称之为花台（图 2-66），但最高不宜超过 1 m。

花池和花台是花卉造景设计中最能体现中国传统特色的花卉应用形式，在中国各类古典园林中都比较常见，是花木配植方式及其种植床的统称，面积一般不大，是在表现整体神韵的同时也着重突出单株花木和置石的微型种植形式。尤其花台，其距离地面较高，缩短了观赏时的视线距离，最易获得清晰、明朗的观赏效果，便于人们仔细

图 2-66　花台

观赏花木、山石的形态和色彩，品味花香等。花池和花台内的植物首选小巧低矮、枝密叶微、树干古拙、形态别致，被赋予某种寓意的传统花木，点缀置石如笋石、斧劈石、钟乳石等，以创造诗情画意。

花池台座的外形轮廓通常自由灵活，变化有致，多采用自然山石叠砌而成，在我国古典园林中最为常见，常用的材料有湖石、黄石、宜石、英石等，还可与假山、墙垣、水池等结合。花台台座的外形轮廓通常为规则的几何形，古代多用块石干砌，显得自然粗犷或典雅大方，现代多用砖砌，然后用水泥砂浆粉刷，也可用水磨石、马赛克、大理石、花岗石、贴面砖等进行装饰。需要注意的是，虽然花池和花台的台座相比花坛的种植床要精美华丽，并属于欣赏的对象，但不能喧宾夺主，偏离了花卉造景设计的主题。

（五）花钵

花钵可以说是活动的花坛，是随着现代化城市的发展，由花卉种植施工手段逐步完善而推出的花卉应用形式。花卉的种植钵造型美观大方，纹饰以简洁的灰色调、白色调为宜。从造型上看，有圆形、方形、高脚杯形，以及由数个种植钵拼组成六角形、八角形、菱形等图案，也有木制的种植箱、花车等形式，造型新颖别致，丰富多彩，钵内放置营养土用于花卉栽植。这种种植钵移动方便，里面的花卉可以随季节变换，使用方便灵活，装饰效果好，是深受欢迎的新型花卉种植形式。其主要摆放于广场、街道及建筑

物前进行装饰，施工简单，能够迅速形成景观，符合现代化城市发展的需求（图2-67）。

　　适于花钵的花卉种类十分广泛，一二年生花卉、球根花卉、宿根花卉及蔓生性植物等都可应用。选用应时花卉作为种植材料，如春季用石竹、金盏菊、雏菊、郁金香、水仙、风信子等，夏季用虞美人、美女樱、百日草、花菱草等，秋季用矮牵牛、一串红、鸡冠花、菊花等。所用花卉的形态和质感要与钵体的造型相协调，色彩上有所对比。例如，白色的种植钵与红色、橙色等暖色系花卉搭配会产生艳丽、欢快的气氛，与蓝色、紫色等冷色系花卉搭配会给人宁静素雅的感觉。

图2-67　花岗石花钵

（六）篱垣、棚架

　　蔓性花卉可以绿化、美化篱垣、棚架等，还可点缀门楣、窗格和围墙。草本蔓性花卉茎十分纤细，花果艳丽，装饰性强，其垂直绿化、美化效果可以超过藤本植物。可用钢管、木材作骨架，使草本蔓性花卉攀缘生长，形成大型的动物形象，如长颈鹿、金鱼、大象，或形成太阳伞等，待蔓性花草布满篱架后，繁花点点，甚为生动有趣，适宜设置在儿童活动场所。草本蔓性花卉有牵牛、茑萝、香豌豆、风船葛、小葫芦等，这类花卉质轻，不会将篱架压歪压倒。有些棚架和透空花廊，可考虑用木本攀缘花卉来布置，如紫藤、凌霄、络石、蔷薇、木香、猕猴桃、葡萄等，它们经多年生长后能布满棚架，有良好的观赏和庇荫效果（图2-68、图2-69）。

图2-68　藤本月季点缀围墙　　　　　　图2-69　凌霄棚架

（七）水面绿化

　　水生花卉可以绿化、美化池塘、湖泊等水域，也可装点小型水池，有些还适宜栽植于沼泽地或低湿地。水生花卉使园林景色更加丰富多彩，同时，还有净化水质、保持水面洁净、控制有害藻类生长等作用。沼泽地和低湿地带常栽培千屈菜、香蒲、石菖蒲等；处于静水状态的池塘宜栽植睡莲（图2-70）、王莲等；水深1 m左右水流缓慢的地方可栽植荷花；水深超过1 m的湖塘多栽植萍蓬草、凤眼莲等。

图2-70　睡莲

二、园林花卉的室内应用

（一）盆花装饰

1. 盆花装饰的特点

盆花装饰是指利用盆花及其艺术造型对室内和建筑物环境进行的美化布置。这种装饰形式不仅包括盆花本身，还包括通过艺术手段对盆花进行的设计和布置，以达到美化环境的目的。

盆花装饰的特点明显。一是大多只作短期的装饰，但通过轮换可达到相对长期的效果；二是适于装饰的地点或场所不受限制，既可室内，也可室外；三是可供选择的花卉种类范围较宽，可以根据不同摆放地点、不同摆放观赏的部位要求，尤其是在不适观赏花期需要摆放观花时，可以体现促成、抑制栽培的技术成果；四是便于精细管理，达到特殊造型上的美学要求等。

2. 室内盆花装饰的基本原则

（1）生态适应原则。不同的花卉对于光照和温度的要求都不同。喜光的花卉，要尽量摆放在室内光线最好的位置，如南边的窗户下面。喜高温的花卉，要摆放在朝南、空间较小、只有一个出入口的房间。

（2）空间协调原则。空间协调原则是指室内盆花装饰应与建筑式样、室内布置整体风格、情调及家具的色彩、式样等相协调。不同的房间，既有形状、面积、高度的不同，又有装修、布置带来的色彩、质感的差别，采用盆花进行装饰时应注意气氛的统一、协调。例如，中式建筑和家具陈设环境，室内盆饰可用松、竹、梅、兰、牡丹、南天竹、万年青等，再配以几架，就显得十分相称。若是现代化建筑和家具陈设环境，常配以棕竹、散尾葵、朱蕉、绿萝、垂吊花卉等，更有高雅、舒适感。

（3）综合功能原则。盆花在室内的摆放除具有美化、装饰的效果外，还能进行空间的分割，如用高大的盆花或吊盆将大厅划分为客厅和餐厅两个功能区，也能进行私密空间的营造、不良视野的遮挡。

（4）主要功能原则。不同的房间有各自不同的功能，盆花装饰必须符合功能要求。例如：客厅是会客和一家人交流、活动最多的场所，盆花装饰可略显热烈、豪华；厨房中摆放盆花，主要是为了实用，其次是为了装饰。

（5）空间美学原则。经过整形加工的花卉植株，配以素雅的墙面，可自成一景，布置窗台，可以形成框景，装饰墙角，可以软化建筑线条。利用其形体大小，以透视角度摆放，可以控制景观，加强景深，显示优美的远景；利用其色彩可调和室内的气氛，增加艺术魅力。

（6）气氛一致性原则。隆重的会场要求严肃庄重的气氛，宜选用形态端庄而整齐、体量较大的盆花组成规则线作为主体，不宜色彩太繁杂。一般居室要创造舒适、轻松、宁静的气氛，摆花不宜过多，色彩宜淡雅。在体量和数量上，要与环境成比例才协调。在色彩上，深色家具或较暗的室内需用明亮的花盆和花色；反之，浅色家具和明亮的室内可用色彩稍深、鲜艳的盆花。

（7）激发情感的原则。盆花的自然美配合室内装饰与家具的人工美及两者的对比，使各自的特点更加突出，使人与自然保持联系，享受自然界的色、味之乐趣，唤起人们热爱生活、发奋学习和工作的信念。

（8）实用性原则。除科学性、艺术性外，室内盆花装饰还应兼顾实用性。火热夏季里摆放可以利用枝蔓布满阳台的盆花，能够减缓阳光直射导致的增温，达到消暑、降温、增湿的目的，使人感到清心凉爽。厨房阳台摆放的香草，既可香化环境，还能用作芳香料理，增加生活的馨香。

3.室内盆花的选择原则

根据室内绿化装饰场所的光照特点选择耐阴性程度与之相适应的植物。例如：光线较强的明厅、大堂、卧室等，可选择喜阳植物；光线稍差的走廊、中庭，可选择较耐阴的植物；光线较差的包房或会议室，可选择耐阴性强的植物；在大堂入口处，选择大中型有气派的植物；会议室可选择有明快、简洁效果的植物；晚上有人的地方可选择仙人掌类植物，还可选择对人体有益的植物；等等。

根据装饰场所及家具的颜色特点选择盆花。浅色家具和墙壁宜选择叶色较深的植物，如橡皮树（图 2-71）、龟背竹（图 2-72）、绿巨人等；深色家具和墙壁宜配上色彩明快的植物，如花叶万年青、虎尾兰（图 2-73）等。

图 2-71　橡皮树　　　　图 2-72　龟背竹　　　　图 2-73　虎尾兰

根据不同室内场所类型选择盆花。例如：老人卧室宜突出清新、淡雅的特点；儿童、青少年卧室宜突出活泼、亮丽的特点等；书房宜突出幽静、清新的特点等。

总之，利用盆花装饰室内，在装饰布局与选材上，通过增加艺术构思与意境，可使装饰效果达到更高层次。无论是写实或抽象、大型或小型、规则或自然的艺术方式，都可用盆花的选材与布局来体现。

（二）插花艺术

插花是一门古老而又新奇的艺术。它虽来源于民间的生活习俗，但将其作为一门艺术，就应有别于民间信手拈来、随心所欲的插作，所以插花更是一种高雅的审美艺术，它与建筑、雕塑、盆景及造园等艺术形式相似，是最优美的空间造型艺术之一。伴随着人类社会的发展和文明的进步，插花的形式与内容逐渐丰富。人们将丰富多彩的文化内涵及艺术创造不断地融入插花作品之中，使其焕发生机，成为一门高雅艺术，并越来越多地走入大众生活，成为一种能够表达人们的思想情感的艺术手段，成为一种世界通用的语言。

1.插花艺术的概念

简单地说，插花艺术是将切枝、切叶、切花、果等花材插入容器中所形成的花卉艺术品。但是随着插花技艺的不断创新和发展，人们将新颖的创作理念和丰富多彩的插花材料应用于插花创作之中，这样就使插花艺术涵盖的内容越来越广泛。例如：插花所使用的花材不再局限于传统的植物材料，干燥花、人造花、玻璃、塑料、金属等非植物性材料也被广泛地应用于插花创作之中；插花容器的使用也变得宽泛，容器的类型不断变化，传统意义上的花器已不再成为插花作品构成的必需器物；在现代插花作品创作中，插花的体量日趋大型化，更多注重装饰效果与时代感（图2-74～图2-77）。

图 2-74　2019 年世界花艺大赛作品 1　　图 2-75　2019 年世界花艺大赛作品 2　　图 2-76　2019 年世界花艺大赛作品 3　　图 2-77　2019 年世界花艺大赛作品 4

　　狭义来讲，插花艺术是指以切花花材（植物材料）为主要素材，通过艺术构思和适当的修剪整形及摆插来表现其活力与自然美的造型艺术。插花艺术又有别于其他的造型创作，它不仅追求形式美，更注重追求意境美，它是无声的诗、立体的画。作者通过所插制的作品来表达一个主题，传递一种情感，暗示一种哲理，使人观之赏心悦目，从而获得身心的愉悦。

　　2. 插花艺术的特点

　　插花艺术虽与雕塑、盆景、造园、建筑等学科同属于造型艺术范畴，在创作原理上有很多相似之处，但作为一门在民间广为流传的技艺，其深受人们的喜爱，有独有的特点。

　　（1）具有生命力。插花是以活的植物材料作为创作的主要素材。插制的作品具有自然花材的色彩、姿韵和芳香，春天的嫩芽、盛夏的绿叶、金秋的硕果、严冬的枯枝，无不让人感受到自然的脉动，令人赏心悦目，这是其他造型艺术无法与之相比的。

　　（2）具有操作性。插花作品装饰性强，具有立竿见影的美化效果。花是自然界最美好的产物，集众花之美的造型、随环境需要而陈设的插花作品，更是美不胜收，其艺术魅力是其他造型艺术所不能及的。

　　（3）具有创造性。插花艺术在选材、造型、陈设应用上，都表现了极大的创造性和灵活性。花材种类可多可少，品质档次可高可低，即使是其貌不扬的干枯植物，经精心插作，也会展示出生命的震撼力，令人回味无穷。构图形式多种多样，可简可繁。摆放作品可随环境需要随时调整更换。作者精心构思可以创造出丰富多彩、形式各异的插花作品。

　　（4）具有时效性。插花属于瞬时性艺术创作和艺术欣赏活动，时效性强。花材脱离母体后，失去了根压，难以很好地吸收水分，加之其他因素的影响，使花材寿命相应缩短，少则1～2天，多则10天或1个月，所以，一方面要加强鲜花插花作品的保鲜，另一方面要考虑展览的最佳观赏期。

3. 插花艺术的分类

（1）按地区民族风格分类。插花艺术的表现在很大程度上受到地区、民族、习惯及历史背景的影响，东西方的插花各具特色，形成世界上风格迥异的两大插花流派，即东方式插花和西方式插花。

知识拓展：2023年全国职业院校技能大赛

1）东方式插花。东方式插花主要是指中国传统插花和日本的花道。中国传统插花具有明显的艺术特色，主要体现在三个方面：第一，把花材视为有生命、有个性的有机体，因而喜用素雅高洁的花材。中国传统的文人插花，特别喜欢将花材"人格化"，利用各种传统花材的象征寓意，寄托思想，舒展情怀，创造意象。第二，认为插花与书画、音乐有异曲同工之妙。枝叶抑扬顿挫的韵律可以显示花木生命的脉动和自然界的节奏。在构图上，利用不多的花枝。通过宾主、虚实、刚柔、疏密的对比与配合，求得不对称的平衡，体现出大自然中固有的和谐美，悉心追求诗情画意。第三，将花器视为插花作品整体生命的一部分，如冬春宜用铜器，夏秋宜用瓷器，牡丹不插竹筒，枯藤不用铜瓶。花有品第，瓶也有性情，必须与时令、节气、花材、环境相配合。日本式插花虽然流派颇多，但其基本插法是以3个主枝为骨干，分别代表天、地、人，且各主枝的长度有严格规定。利用这三个主枝的高、低、俯、仰，构成了各种各样的形式，如直立形、倾斜形、下垂形、平面形等。倘感花枝疏少孤寂，可加上其他花朵枝叶作适当的衬托。那些作为衬托的物品，称为"从枝"或"役枝"，使整个构图达到完美的境界。日本式插花所用的花枝数量虽然不多，却构图自然，蕴含着其传统文化精神。

总之，以中国、日本两国传统插花为代表的东方式插花，其显著特点是花枝较少，选材时重视花枝的美妙姿态和精神风韵，造型时讲究线条飘逸自然，构图多为不对称的均衡，轻描淡写，清雅绝俗，追求艺术意境，注重自然美的创造（图2-78、图2-79）。

2）西方式插花。西方式插花一般是指欧美各国传统的插花艺术方式，也称为"西洋式插花"。它以花多为特点，万紫千红，人见人爱，喜作大堆头插法或线条插法，更有规则图案的基本形式，如圆形、球面形、三角形、椭圆形等。花材多选用草本花卉，花朵丰满硕大，色彩鲜艳，插花繁密，多姿多彩，注重整体和色彩效果，颜色调和，角度明朗，花枝型样均衡，花器与背景相称，适应环境，花枝与花器有适宜的高度比例等，充满新鲜艳丽的感觉。构图多作规则的几何型或以对称均衡为主，极富装饰性和图案美，意在表现人工美或几何美（图2-80）。

图2-78　中国传统插花　　图2-79　日本花道　　图2-80　西方式插花

（2）按时代特点分类。插花艺术随着时代的进步，不断得以发展和完善，可以说它从一个侧面也能反映出时代的特点。按其发展的不同时期可将插花艺术分为传统插花和现代插花两种风格。

1）传统插花。中国插花艺术历史悠久，中国人在1 500年前已透过花卉之美，将人文思想结果在花器上展现寰宇人间的第二生命奥秘，之间经过历代文人的倡导，形成了一项风格各异、至为优美的古典艺术，对日本、韩国影响甚大。中国古典花艺从历史演变历程上看自成系统，但从横向看，众相杂陈，形色缤纷，尤其经整理归类后，更能显示其系统与属性，而各类间形成不可分割的互动关系。例如：以花器分有瓶花、盘花、缸花（图2-81）、碗花、筒花（图2-82）、篮花（图2-83）；以创作心态分有理念花、写景花、心象花、造型花；以环境属性分有殿堂花、堂花、室花、斋花、茶花、禅花；以作者身份或生活应用分有宫廷插花、宗教插花、文人插花、民间插花；以主花的比例结构分有盘主体、高踞体、高兀体等。若将各类的内容进行细分，更可以看出其精微之处，体系庞大而富有深度。

图 2-81　缸花　　　　图 2-82　筒花　　　　图 2-83　篮花

2）现代插花。现代插花尊重个人创作意念，只要有想象力，任何花材和物体都可用来创作作品。现代插花需要丰富的想象力，花材、花器的选择及造型设计，都随意，大胆，有创意。现代插花融合了东西方插花艺术的精华，形式趋于自由，表现力更为丰富，在继承传统插花的基础上，吸收了现代雕塑、绘画、建筑等艺术造型的原理，使之更能表现现代人的情感，更具时代美（图2-84、图2-85）。

图 2-84　现代花艺 1　　　　图 2-85　现代花艺 2

（3）按艺术表现手法分类。

1）写景式插花。写景式插花是用模拟的手法来表现植物自然生长状态的一种特殊的艺术插花的创作形式。它不是自然美景的翻版，模拟中要去粗存精，对美景做夸张的描写，集自然与艺术于一体。

2）写意式插花。写意式插花是借用花材属性和象征意义，表现特定意境的艺术插花的创作形式。恰当的选材，能够很好地表达主题，选材时可利用植物的名称、色彩、形态及其象征意义与创作主题相联系。

3）抽象式插花。抽象式插花是运用夸张和虚拟的手法来表现客观事物的一种插花的创作形式。可以拟人，也可以拟物。选材时，注重材料的个别形象与主题的联系，根据作者的想象，达到成为抽象意念创作的目的。

（4）按插花用途分类。

1）礼仪插花。礼仪插花主要用于喜庆迎送、敬老祝寿、开业典礼、演出成功、社交等礼仪活动，以表达敬重、团结、友爱、欢庆等快乐气氛。因此，要求插花造型简洁整齐，色彩鲜艳，体形较大，多以花篮（图2-86）、花束（图2-87）、花钵、桌花（图2-88）、瓶花（图2-89）等形式出现，应用于宾馆、饭店和其他公共场所的礼堂、餐厅、会议室及晚会上的献花。制作礼仪插花时，首先熟悉对方的民族风格，恰当地选用宾客喜爱的花材，使他们感到亲切和敬重。例如，欧洲一些国家非常喜爱红色的郁金香和红玫瑰，欧美国家的白种人却喜欢白色花朵，如白色百合、乳白色马蹄莲等，法国人则喜欢粉红色和蓝色的花，荷兰人更偏爱橙色和蓝色。我国在祝寿时，常用水仙表示吉祥如意，用百合花表示百事如意，用万年青和君子兰表示安详长寿，用牡丹表示富有显贵等。除此之外，还应了解各国忌用的花材，以免引起误解和不愉快。

图2-86　花篮

图2-87　花束

图2-88　桌花

图2-89　瓶花

2）艺术插花。艺术插花是以美化装饰环境和陈设在各展览会上供艺术欣赏、活跃文化娱乐活动为主要目的的插花。艺术插花在选材、构思、造型与布局等方面都有较高的要求，强调每种花材的色调、姿态和神韵，造型主题突出，注重意境，充满诗情画意。因此，艺术插花造型不拘形式，在符合构图法则、顺乎自然的基础上尽情发挥，构图造型自由活泼，多姿多态，充分表现作者的情感和意趣（图 2-90～图 2-93）。

图 2-90　山西省职业技能大赛作品 - 新娘花饰　　图 2-91　山西省职业技能大赛作品 - 新娘花饰　　图 2-92　山西省职业技能大赛作品 - 花束　　图 2-93　山西省职业技能大赛作品 - 主题花艺

（5）按插花花材的性质分类。

1）鲜花插花艺术。

2）干燥花插花艺术。

3）人造花插花艺术。

4. 插花的基本构图形式

构图形式是指插花作品外部形态轮廓的典型式样。其与插花作品的主题相一致。例如，表现崇高、景仰、节操高洁、蒸蒸日上、顶天立地之类主题，常采用直立形的构图，表现奋勇向前、归心似箭、风吹浪打之类主题，则多用倾斜式的构图，表现大自然优美景色，常用盆景式的构图等。

（1）根据形态轮廓分类。

1）对称式构图形式。对称式构图形式其形态轮廓丰满，圆整对称，多为规则的圆形、半圆形、长圆形、扇形、尖塔形、三角形和圆柱形等几何形状。使用花材种类多，数量大，要求色彩华丽，花材插置匀称，视觉中心在作品竖向轴线下部。作品给人以热烈华美、端庄大方的感染力，对环境有强烈的烘托、渲染作用。

2）不对称式构图形式。不对称式构图形式其形态轮廓变化有致，主从分明，高低错落，俯仰得体，动势呼应，刚柔相济，曲折虚实各得自然之妙。作品清新自然，秀丽多姿，寓意深远，耐人品味。一般花材用量少，取材广泛，注重花枝的美妙姿态和神韵，讲求线条美和意境美。

（2）根据主枝在容器中的位置和姿态分类。

1）直立式。第一主枝近乎垂直地插入容器中，第二主枝和第三主枝成一定角度斜插于第一主枝侧面。这种构图形式刚健有力，有挺拔向上的动势，常用以表现具有强烈的尊严感和崇敬感的主题，一般选用竹、苇、水葱、唐菖蒲、银芽柳等线型花材构图。

2）倾斜式。第一主枝倾斜插入容器中，第二主枝、第三主枝插于其侧面。这种构图形式生动活泼，自然舒展，有一种向倾斜方向伸展的动势。花材多用造型优美的木本枝条，如榆叶梅、连翘、梅花、碧桃、松、柏等。

3）水平式。第一主枝近于水平，第二主枝、第三主枝斜插容器中。这种构图形式适于表现行云流水、恬静安适、柔情蜜意等主题，给人以舒展、优美的感受。

4）下垂式。第一主枝向下悬垂，第二主枝、第三主枝斜插。这种构图形式主要表现第一主枝飘逸流畅的线条美，适于表现悬崖瀑布、近水溅落等主题。多选用蔓性、半蔓性及枝条修长易于弯曲造型的花材，如南蛇藤、常春藤、紫藤、连翘等。

6. 插花创作的基本步骤

（1）立意构思。插花是具有生命力的艺术品，在进行艺术创作的过程中，立意构思对造型极为重要，对创作一件完美的作品具有决定性的意义。立意就是确定目的和主题，构思就是根据创作动机，围绕立意主题，结合材料的特点，进行精心组织，形成未来作品的形象。立意构思可以从插花的用途、摆设的环境及作品所要表达的内容和情趣等方面考虑。

（2）选材。

1）花材的分类。花材多种多样，依花材外部形态可分为以下4类：

①线状花材。线状花材外形呈长条状或拱曲斜伸，如唐菖蒲、蛇鞭菊、竹、银芽柳、连翘、迎春等。线状花材在插花构图中常起骨架作用，构成插花作品的基本轮廓。

②团状花材。团状花材外形呈圆状、块状，如菊花、月季、康乃馨、非洲菊、鸡冠花、八仙花等。团状花材是构图中的主要花材，常插于作品的视觉中心，形成造型丰满的各种造型。

③散状花材。散状花材外形疏松轻盈，细小，繁星点点，如补血草类、霞草类、珍珠梅等。常插于主要花材的上面或空隙处，起烘托、渲染、填充作用，有如覆盖一层轻纱、迷雾，若隐若现，增加作品的层次感、朦胧感。

④异形花材。异形花材的花形不规整，外形奇特别致，有人称之为特殊形花材，如火鸟蕉、鹤望兰、花烛、兜兰等，都是极为美丽的高档切花。在作品构图中常置于视觉中心部位。

2）花材的选择。花材是创作成败的关键。选择花材应遵循以下基本原则。

①根据环境及花器选择花材。客厅摆放的插花应表现出热烈的气氛，有利于创造一种温暖、热情、轻松舒畅的环境，宜选用色彩鲜艳而又不过于刺激、比较柔和的花材；卧室中的插花宜素雅大方、古朴清新，应选用色彩淡雅的花材；书房的环境幽雅娴静，插花宜小巧雅致；喜庆宴会上的插花，为体现热烈欢快的气氛，应选择花繁、色艳、叶茂的花材；咖啡屋及小型聚餐，单枝独花更具风韵；大型会场，为表现严肃、庄重的气氛，宜选用具有古朴芳姿的传统花木，如梅、松、竹、蜡梅等。此外，选择花材时，还必须考虑花器的形态、颜色等。

②根据季节选择花材。不同花卉有着不同的生长特性，其姿色的最佳期也不同。春季宜选择桃花、梅花、玉兰、迎春、牡丹、丁香、水仙、石竹、金鱼草、香石竹等；初夏可选择百合、美人蕉、月季、鸡冠花、非洲菊等；盛夏天气炎热，花材种类较少，宜选用清淡素雅的花材，使人感觉比较清爽；秋季，为表现秋色及丰收景象，宜用色叶树种的枝叶

或果穗、果枝等花材进行插花造型，如红枫、火棘、菊花等；冬季，宜选用水仙、梅花、香石竹、火棘、南天竹、一品红、蜡梅等。

③根据花材的形质特点、寓意选择花材。人们凭借植物的形质特点、习性气质，赋予它们美好的象征意义，用以表达人们的情感和意趣。例如：牡丹，花大色艳，雍容华贵，是富贵吉祥、繁荣幸福的象征；梅花，凌寒傲雪，具有坚韧不拔的斗争精神；荷花，"出淤泥而不染"，纯洁、高雅，比喻为品德高尚，清静无为；兰花，象征忠诚的友情、高雅的情操。

（3）造型。花材选好后，即可开始插花造型。造型时应精心插作，边插边看，捕捉花材的特点与情感，务求从最完美的角度表现出来。为了使主体突出，应设法将人们的注意力引导到想要表达的主体上，让主体花材位于显眼之处，使插花作品获得共鸣。造型完成之后，还应进行必要的修饰，对整体构图造型进行细心的检查，上下四周仔细观察，直到完全满意。

（4）命名。命名是作品创作的组成部分，对作品有画龙点睛之妙。好的名称可以加强主题表现，传达意境，在作者和观赏者之间架起桥梁，引起共鸣。

 任务实施

认真观察周围的花卉应用形式，学生分组介绍其应用形式、植物种类及配植要点，教师评价总结，引导学生依次观察、识别。

 考核评价

评价项目	评价内容	配分	得分
知识考核	能够熟练说出花卉应用的基本形式	20	
	能够准确判断花卉应用的形式	15	
	能够准确说出花卉应用的种类	20	
技能考核	调查报告撰写：内容全面、条理清晰	10	
	调查水平：正确识别花卉应用形式，准确描述花卉的种类及配植要点	20	
	能使用专业术语描述	5	
素质考核	调查态度：积极主动，有团队精神	5	
	调查过程中注重方法及创新	5	
	总分	100	

思考与练习

1. 花坛按表现手法和特点可分为哪几类？

2. 试述花坛的施工与养护要点。

3. 简述花境的概念，并说明花境设计时在选择花材上与花坛有什么不同。

4. 简述室内盆花装饰的特点和选择的原则。

5. 插花艺术的分类有哪些？

项目三 园林树木的识别与应用

🎯 学习目标

➤ 知识目标

1. 掌握常见园林植物及其主要变种的识别特征。
2. 掌握常见园林植物在园林中的用途并进行运用。
3. 理解并掌握常见园林植物的分布、习性和繁殖方法。

➤ 技能目标

1. 能够正确识别常见园林植物及其变种。
2. 能够用形态术语正确描述园林植物的形态。
3. 能够根据园林植物的观赏特性、习性及结合实际绿地的性质合理选择园林树种，并进行配植。

➤ 素质目标

1. 树立学生职业理想信念，树立正确世界观、人生观、价值观，树立和践行"绿水青山就是金山银山"的发展理念。培养学生的爱国情怀和民族自豪感。
2. 培养学生坚定的文化自信、生态文明和社会公德规范。
3. 培养学生热爱园林事业，善于沟通、吃苦耐劳和团队合作精神，对岗位工作的强烈责任感。

任务一 **独赏树种的识别与应用**

任务描述

　　作为庭院或园林局部的中心景物，独赏树不仅要独具特色，而且能体现此种树木的形体美，可以独立成景供人观赏。

　　调查当地城市主要街道、居民区、公园等园林绿地的独赏树种及应用情况，内容包括独赏树种名录、主要特征、习性及其观赏特点、应用及配植方式等，完成独赏树种调查报告。

任务分析

　　独赏树种应用广泛，不同独赏树种有着各自的形态特征和园林绿化特点，因此，在园林应用中除考虑自身的形态特征外，还应考虑各树种的生态习性、经济价值、景观效果及周围环境的特点。

　　完成该学习任务：一要掌握相关独赏树种的识别特征，能正确识别独赏树种；二要能全面分析和准确描述独赏树种的主要习性、观赏特点和园林应用特点等；三要善于观察独赏树种与其他树种的搭配效果；四要分析独赏树种对其周围生态环境的要求。在完成该学习任务时，要注意选择观赏效果较好的绿地，并依据树种的形态特征、主要习性、配植效果等要素，准确地识别该景点的独赏树种，完成任务总结。

知识准备

一、独赏树种的概念

　　独赏树又称为孤植树，是指为表现树木的个体美，可以独立成为景观供人观赏的树种。

二、独赏树种的选择要求

　　（1）树形巨大，轮廓富于变化，姿态优美，花繁果硕，色彩鲜艳，具有浓郁的芳香，有特殊的观赏价值。

　　（2）树干通直，无臭味，无毒，无刺激，叶、花、果可观赏，无污染。

　　（3）繁殖容易，根系发达，生长迅速，寿命长，大苗好移植，栽植成活率高。

　　（4）抗逆性强，抗污染，抗强风、大雪，深根系，耐高温，也耐低温，对有害气体的抗性强，病虫害少。

　　（5）能够适应当地环境条件，耐修剪，养护管理容易。

三、独赏树种的配置要求

　　独赏树一般采用单独种植的形式，也可 2 ～ 3 株合栽成一个整体树冠。定植的地点以大草坪或广场中心、道路交叉口或坡路转角处为宜。其周围应有开阔的空间，最好是以草坪为基底、以天空为背景的地段。

四、常见独赏树种

1. 雪松

【别名】喜马拉雅松

【学名】*Cedrus deodara*（Roxb.）G. Don

【科属】松科雪松属植物

【产地及分布】产于亚洲西部、喜马拉雅山西部和非洲、地中海沿岸，自 1920 年起引种于南京中山陵，现在全国各地广泛栽培。

【形态特征】常绿乔木，树冠呈塔形，大枝平展，小枝略下垂；树皮灰色；叶在长枝上互生，在短枝上簇生，针形，灰绿色或银灰色；雌雄异株；雄球花呈椭圆状卵形；雌球花呈卵圆形；球果呈椭圆状卵圆形，较大，次年成熟；种子近三角状，种鳞木质，成熟时与种子同落。花期在每年的 10—11 月，果实成熟期在次年的 10—11 月。

【栽培品种】

"银梢"雪松：小枝顶梢呈绿白色。

"密丛"雪松：树冠呈塔形，紧密，高仅为数米；枝密集弯曲，小枝下垂。

"粗壮"雪松：树冠呈塔形，树干粗壮，高为 20 m；枝呈不规则散展，弯曲；小枝粗而曲；叶多数暗灰蓝色。

【生态习性】属阳性树，浅根性树种。但有一定的耐阴性，喜温凉气候，有一定的耐寒力；生长速度较快，速生性树种；寿命长；不耐烟尘，对氟化氢、二氧化硫反应极为敏感。

【繁殖要点】播种、扦插、嫁接繁殖。

【园林用途】其树体高大，树形优美，是世界著名的庭园观赏树种之一，与巨杉、日本金松、南洋松、金钱松一起被称为"世界五大园林树种"。该品种最适宜孤植于草坪中央、建筑前庭的中心、广场中心或主要建筑物的两旁及园门的入口等处。此外，其列植于园路的两旁，形成甬道，亦极为壮观（图 3-1、图 3-2）。

图 3-1　雪松　　　　　图 3-2　雪松的球花

2. 马尾松

【别名】青松、山松、枞松（广东、广西）

【**学名**】*Pinus massoniana Lamb.*

【**科属**】松科松属植物

【**产地及分布**】分布极广。长江下游海拔 600～700 m 以下、中游海拔 1 100～1 200 m 以下、上游 1 500 m 以下均有分布。

【**形态特征**】乔木，高达 45 m，胸径 1.5 m；树冠在壮年期呈狭圆锥形，在老年期则开张如伞状；树皮红褐色；冬芽卵状圆柱形，褐色；针叶 2 针一束，稀 3 针一束；雄球花淡红褐色，圆柱形，弯垂；雌球花单生，淡紫红色。球果卵圆形，有短梗，下垂，成熟前绿色，熟时栗褐色，种子长卵圆形。花期在每年的 1—5 月，球果在第二年 10—12 月成熟。

【**类型及品种**】主要变种、变型、品种有雅加松等。

雅加松（变种）：树皮红褐色，裂成不规则薄片脱落；枝条平展，小枝斜上伸展；球果卵状圆柱形。

【**生态习性**】属强喜光树种，喜温暖湿润气候；耐寒性差，对土壤要求不严，但喜微酸性黏质壤土。

【**繁殖要点**】种子繁殖。

【**园林用途**】其根系深广，枝叶繁多并有菌根共生，故能生于瘠薄的荒山及砾岩地区，是荒山绿化的先锋树种。马尾松又因其高大雄伟，姿态古奇，抗风力强，耐烟尘，能耐水，适宜山涧、谷中、岩际、池畔、道旁配植和山地造林，也适合在庭前、亭旁、假山旁孤植（图 3-3、图 3-4）。

图 3-3 马尾松　　　　图 3-4 马尾松的球花

3. 白皮松

【**别名**】白骨松、三针松

【**学名**】*Pinus bungeana Zucc.*

【**科属**】松科松属植物

【**产地及分布**】中国特有树种，也是东亚唯一的三针松，生于海拔 500～1 800 m 的地带。现全国各地均有栽植。

【**形态特征**】常绿乔木，高可达 30 m；有明显的主干；树冠卵形或圆头形；一年生枝条灰绿色；冬芽红褐色，卵圆形；针叶 3 针一束，先端尖；雄球花卵圆形，多数聚生于新枝基部成穗状。球果通常单生，初直立，后下垂，成熟前淡绿色，熟时淡黄褐色，卵圆形或圆锥状卵圆形；种子灰褐色，近倒卵圆形；子叶 9～11 枚，针形，初生叶窄条形。花期在每年的 4—5 月，球果在第二年 10—11 月成熟。

【生态习性】阳性树，稍耐阴，喜光树种，耐寒性不如油松，深根性树种，寿命长，对土壤要求不严，喜生于排水良好且适当湿润的土壤。

【繁殖要点】播种繁殖。

【园林用途】我国的珍贵特产树种，自古以来配植于宫廷、寺院及名园之中。其树姿优美，树皮奇特，可供观赏。可以孤植、列植，也可丛植成林或作行道树，均能获得良好效果。干皮斑驳美观，针叶短粗亮丽，是一个不错的历史园林绿化传统树种，又是一个适应范围广泛、能在钙质土壤和轻度盐碱地生长良好的常绿针叶树种。孤植、列植均具高度观赏价值（图 3-5、图 3-6）。

图 3-5　白皮松的树皮　　　图 3-6　白皮松

4. 华北落叶松

【学名】*Larix principis-rupprechtii* Mayr

【科属】松科落叶松属

【产地及分布】中国特产，为华北地区高山针叶林带中的主要森林树种。分布于华北各高山地区；常与白杆、青杆、黑桦、白桦、红桦、山杨及山柳等针阔叶树种混生，或成小面积单纯林。

【形态特征】落叶乔木，高达 30 m；树冠呈圆锥形；树皮暗灰褐色，不规则纵裂；大枝平展，小枝下垂；一年生长枝有毛，后脱落；叶条形；球果长卵形或卵圆形；种子斜倒卵状椭圆形，灰白色，具褐色斑纹，有长翅；子叶 5～7 枚，针形，长约 1 cm，下面无气孔线。花期在每年的 4—5 月，球果在 10 月成熟。

【生态习性】强阳性树种，极耐寒，对土壤适应性强，但以深厚肥沃湿润而排水良好的酸性或中性土壤为宜；有一定的耐湿、耐旱和耐瘠薄能力；寿命长，可达 200 年以上；根系发达，可塑性极强，又具有较强的发生不定根的能力；生长迅速；有一定的萌芽能力，抗风力较强。

【繁殖要点】播种繁殖。

【园林用途】树形高大雄伟，株形俏丽挺拔，叶簇状如金钱，尤其秋霜过后，树叶全变为金黄色，颜色一直可以保持到球果成熟前。在风景林的设计中，可与一些常绿针叶树如油松等及落叶的秋色叶树成片配植，秋季时可以展现出美丽的宜人风景；也可在公园里孤植或与其他常绿针、阔叶树配植，以供游人观赏。在大力提倡生态城市建设和增加园林中生物多样性的今天，华北落叶松正逐步从高山走向平原，向人们展示它的迷人风采（图 3-7、图 3-8）。

图 3-7 华北落叶松的球果　图 3-8 华北落叶松的叶片

5. 青杆

【别名】华北云杉

【学名】*Picea wilsonii* Mast.

【科属】松科云杉属

【产地及分布】中国特有树种，分布于内蒙古、河北、山西、甘肃、山东等地区。在高山区有纯林。

【形态特征】常绿乔木，高达 50 m；树皮灰色或暗灰色，裂成不规则鳞状块片脱落；树冠呈塔形，老年树冠呈不规则状；枝条近平展，一年生枝淡黄绿色或淡黄灰色，二、三年生枝淡灰色；冬芽卵圆形；叶线形，坚硬，先端尖，横断面为菱形；球果卵状圆柱形，成熟前绿色，成熟时黄褐色或淡褐色；中部种鳞倒卵形，先端圆或呈钝三角形，或具凸起截形的尖头，基部宽楔形，鳞背露出部分无明显的槽纹，较平滑；种子倒卵圆形，种翅倒宽披针形；子叶条状钻形。花期在每年的 4 月，球果在 10 月成熟。

【生态习性】属长寿树种，生长缓慢，在适宜条件下树龄可达 200 年以上，稍耐阴，耐寒，忌高温干旱、水涝及盐碱地。根系浅，抗风性差，不宜修剪。喜生于排水良好且微酸性、中性土壤。

【繁殖要点】播种繁殖。

【园林用途】树冠整齐，幼时从地面分枝呈阔圆锥形，在适宜的生长环境下可保持此形状 50 年之久，是优良的常绿园林观姿树种；中年树下部叶干枯，凸显挺拔主干，树姿美观，胜于红皮云杉，树冠茂密翠绿，已成为北方地区"四旁"绿化、园林绿化、庭院绿化树种的佼佼者（图 3-9）。

图 3-9 青杆

6. 白杆

【别名】罗汉松

【学名】*Picea meyeri* Rehd. et Wils.

【科属】松科云杉属

【**产地及分布**】中国特有树种，分布于内蒙古、河北、山西、甘肃、山东等地区。生长于海拔 1 600 ～ 2 700 m 的地区，常生于山坡云杉林中或阴坡。

【**形态特征**】常绿乔木，高达 30 m；树皮灰褐色，裂成不规则的薄块片脱落；大枝近平展，树冠呈塔形；冬芽圆锥形；叶线形，螺旋状排列在小枝上，先端钝尖，横切面菱形；球果卵圆柱形，成熟前绿色，成熟时褐黄色；种子倒卵圆形，种翅淡褐色，倒宽披针形。花期在每年的 4 月，球果在 9 月下旬至 10 月上旬成熟。

【**生态习性**】寿命长，生长缓慢，属浅根性树种，稍耐阴，耐寒，喜生长在凉爽、湿润、肥沃、排水良好的微酸性沙质壤土或森林腐殖土中。忌水涝，稍耐盐碱土壤。

【**繁殖要点**】播种、扦插繁殖。

【**园林用途**】为华北地区高山上部主要的乔木树种之一。白杆宜作华北地区高山上部的造林树种，也可栽培作庭园树，北京庭园多有栽培，生长很慢（图 3-10、图 3-11）。

图 3-10　白杆的果实　　　　　图 3-11　白杆

7. 侧柏

【**别名**】黄柏、扁柏

【**学名**】*Platycladus orientalis*（L.）Franco

【**科属**】柏科侧柏属

【**产地及分布**】中国特有树种，河北兴隆、山西太行山区、陕西秦岭以北渭河流域及云南澜沧江流域山谷中有天然森林。淮河以北、华北地区石炭岩山地、阳坡及平原多选用造林。

【**形态特征**】常绿乔木，高达 20 m，胸径 1 m；树皮薄，浅灰褐色，纵裂成条片；幼树树冠卵状尖塔形，老树树冠则呈广圆形；叶鳞形，先端微钝，小枝呈倒卵状菱形。雄球花黄色，卵圆形；雌球花近球形，蓝绿色，被白粉。球果近卵圆形；中间两对种鳞倒卵形或椭圆形，鳞背顶端的下方有一向外弯曲的尖头。种子卵圆形或近椭圆形，顶端微尖，灰褐色或紫褐色，稍有棱脊，无翅。花期在每年的 3—4 月，球果在 10 月成熟。

【**生态习性**】喜光，属浅根性树种，但侧根发达，萌芽性强，耐修剪，寿命长，稍耐阴，适应性强，对土壤要求不严，耐强太阳光照射，耐高温，抗风能力较弱。喜生于湿润肥沃、排水良好的钙质土壤。抗盐碱力较强。

【**繁殖要点**】播种、扦插繁殖。

【**园林用途**】抗烟尘，抗二氧化硫、氯化氢等有害气体，有很强的耐力，在路旁种植生长良好，吸附尘土，净化空气；夏绿冬青，不遮光线，不碍视野，在雪中更显生机，植于行道、亭园、大门两侧、绿地周围、路边花坛及墙垣内外，均极美观。也可配植于草坪、花坛、山石、林下，增加绿化层次，丰富观赏美感。侧柏也是绿化道路、绿化荒山的首选苗木之一（图3-12、图3-13）。

图 3-12　侧柏

图 3-13　侧柏的树皮

8. 榔榆

【别名】小叶榆

【学名】*Ulmus parvifolia* Jacq.

【科属】榆科榆属

【产地及分布】生于平原、丘陵、山坡及谷地。现全国各省均有栽培。

【形态特征】落叶乔木，高达25 m；树冠广圆形，树干基部有时呈板状根，树皮灰色或灰褐，裂成不规则鳞状薄片剥落，露出红褐色内皮；小枝有毛，侧芽卵形，单生或2枚并生；叶质地厚，披针状卵形或窄椭圆形；叶缘有整齐而钝的单锯齿，聚伞花序；翅果椭圆形，两侧的翅比果核窄，果核部分位于翅果的中上部。花果期在每年的8—10月。

【生态习性】喜光，耐干旱，对土壤适应性强，但以气候温暖、土壤肥沃、排水良好的中性土壤为最适宜的生境。

【繁殖要点】播种、扦插繁殖。

【园林用途】树皮斑驳，干略弯，小枝婉垂，秋季叶色变红，常孤植成景，榔榆适宜种植于池畔、亭榭附近，也可配于山石之间。因萌芽力强，可用来制作盆景；又因它对有毒气体、烟尘有较强的抗性，因此可用作工厂绿化、四旁绿化树种（图3-14、图3-15）。

图 3-14　榔榆的枝干

图 3-15　榔榆的根系

9. 水杉

【别名】水桫

【学名】*Metasequoia glyptostroboides* Hu & W. C. Cheng

【科属】杉科水杉属

【产地及分布】产于四川石柱县、湖北利川县磨刀溪、水杉坝一带及湖南西北部龙山及桑植等地海拔 750～1 500 m、气候温和的沿河酸性土沟谷中。60 年来，我国南北各地及 50 个国家引种栽培。

【形态特征】落叶乔木；树皮灰褐色，幼树裂成薄片脱落，大树裂成长条状脱落；幼树树冠尖塔形，老树树冠广圆形；叶条形，交互对生，在绿色脱落的侧生小枝上排裂成羽状二裂，线形，柔软，几乎无柄；侧生小枝排成羽状；主枝上的冬芽卵圆形或椭圆形，顶端钝，边缘薄而色浅，背面有纵脊。雌雄同株，球果下垂，当年成熟，果蓝色，可食用；种子扁平，倒卵形，周围有翅，先端有凹缺。花期 2 月下旬，球果当年 11 月成熟。

【生态习性】速生树种，一般条件下 10 年开始见花，15～20 年成材，40～60 年大量结果；喜光和温暖湿润气候，对环境条件的适应性较强。具有一定的抗寒性，在北方可露地越冬；喜深厚肥沃、排水良好的酸性土壤。

【繁殖要点】播种、扦插繁殖为主。

【园林用途】树冠呈圆锥形，姿态优美，叶色秀丽，秋叶转棕褐色，在园林中最适于列植，也可丛植、片植。可用于堤岸、湖滨、池畔、庭院等绿化，也可盆栽，也可成片栽植营造风景林，并适配常绿地被植物，还可栽于建筑物前或用作行道树。又因其对二氧化硫有一定的抵抗能力，是工矿区绿化的优良树种。水杉属于古老的孑遗植物，早在一亿多年前的中生代白垩纪及新生代，水杉的祖先就诞生了。在新生代第四纪冰期之后，水杉几乎全部绝灭，中国中部地区零星分布的"山地冰川"是少数植物的"避难所"，使水杉在第四纪冰川灾难中得以存活，成为植物中的活化石，因此水杉又被称为"活化石"树种（图 3-16～图 3-18）。

图 3-16　水杉的根

图 3-17　水杉

图 3-18　水杉的叶片

10. 苏铁

【别名】凤尾蕉、凤尾铁

【学名】*Cycas revoluta* Thunb.

【科属】苏铁科苏铁属

【产地及分布】原产于中国南部，生于山坡疏林或灌木丛中，目前全国各地均有栽培。

在北方地区多见分栽，温室越冬。

【形态特征】常绿棕榈状木本植物，茎高达 5 m；羽状叶集生于干顶，羽片呈 V 形伸展，裂片条形，边缘显著地向下反卷；雄球花圆柱形，有短梗；雌球花略呈扁球形，大孢子叶宽卵形，有羽状叶裂；种子卵形而微扁，红褐色或橘红色。花期 6—8 月，种子 10 月成熟。

【生态习性】生长速度缓慢，寿命长达 200 年之久；喜温暖湿润气候，不耐寒，在温度低于 0 ℃易受害。俗传"铁树 60 年开一次花"，实则十余年以上的植株在南方每年均可开花，在北方偶见开花。

【繁殖要点】分蘖繁殖、埋插繁殖、播种繁殖。

【园林用途】体型优美，有反映热带风光的观赏效果，常布置于花坛的中心或盆栽布置于大型会场内供装饰用；树形古雅，主干粗壮，坚硬如铁；羽叶洁滑光亮，四季常青，苏铁为珍贵观赏树种。北方宜采用此树作大型盆栽，布置庭院屋廊及厅室，殊为美观（图 3-19～图 3-21）。

图 3-19　苏铁　　　　图 3-20　苏铁的花　　图 3-21　苏铁的球果

11. 银杏

【别名】白果，公孙树

【学名】*Ginkgo biloba* L.

【科属】银杏科银杏属

【产地及分布】银杏为中生代孑遗的稀有物种，是我国特产，浙江天目山有野生树种，现全国各地均有栽培。

【形态特征】落叶大乔木，胸径可达 4 m；树冠广卵形；大树树皮灰褐色，不规则纵裂；有长枝与短枝之分。叶在长枝上为单叶互生，在短枝上簇生；叶扇形，叶脉为"二歧状分叉叶脉"；雌雄异株，单性，生于短枝顶端的鳞片状叶的腋内，呈簇生状；种子核果状，具长梗，下垂，卵圆形或近圆球形；外种皮肉质，被白粉，成熟时淡黄色或橙黄色；中种皮白色，骨质；内种皮膜质，因此又称"白果"；花期在每年的 4—5 月，种子在 10 月成熟。

【生态习性】阳性及深根性树种，喜光，喜适当湿润、排水良好的深厚沙质壤土，不耐积水，较耐旱，耐寒；寿命长，可达 1 000 年以上；初期生长较慢，萌蘖性强。

【繁殖要点】播种、嫁接繁殖较多。

【园林用途】银杏是公认的绿化、美化环境和具观赏价值的经济林木。银杏树姿雄伟壮丽，叶形秀美，寿命较长，病虫害少，最适宜作庭荫树、行道树或独赏树，具有良好的观赏价值。银杏用作行道树时应选择雄株，以免种实污染行人衣物。大面积用银杏绿化时，可多用雌株，并将雄株植于上风带，以利于籽实的采收（图3-22、图3-23）。

图3-22　银杏　　　　　　　图3-23　银杏的叶片和果实

12. 五角枫

【别名】色木

【学名】*Acer mono* Maxim.

【科属】槭树科槭树属

【产地及分布】广泛分布于东北、华北及长江流域各省，是我国槭树科中分布最广的一种。

【形态特征】落叶乔木，高达20 m；冬芽紫褐色，有短柄；叶掌状5裂，先端常渐尖，全缘，网状脉两面明显隆起；花杂性同株，黄绿色，顶生伞房花序；果核扁平，果翅展开成钝角。花期在每年的4—5月，果期在9—10月。

【生态习性】弱阳性，稍耐荫，喜温凉湿润气候，对土壤要求不严，但在土层深厚、肥沃及湿润之地生长最好，生长速度中等，深根性，病虫害很少。

【繁殖要点】播种繁殖。

【园林用途】树形优美，叶、果秀丽，入秋变为红色或黄色，五角枫宜作山地及庭园绿化树种，与其他秋色树或常绿树配植，彼此衬托掩映，可增加秋景色彩，也可作庭荫树、行道树或防护林（图3-24、图3-25）。

图3-24　五角枫　　　　　　图3-25　五角枫的叶片

13. 元宝枫

【别名】平基槭、元宝树、枫香树

【学名】*Acer truncatum* Bunge

【科属】槭树科槭树属

【产地及分布】是我国的特有树种。广布于东北、华北，西至陕西、四川、湖北，南达浙江、江西、安徽等省，多生于海拔 800 m 以下的低山丘陵和平地，在山西南部海拔高达 1 500 m 的地方也有分布。

【形态特征】落叶乔木，高达 10 m；树冠伞形；树皮灰黄色，小枝浅黄色，光滑无毛；单叶对生，掌状 5 裂，裂片先端渐尖，叶基通常截形，最下部两裂片有时向下开展。花小而黄绿色，花序为顶生聚伞花序；雄花与两性花同株；翅果扁平，两翅展开成钝角，翅较宽而略长于果核，形似元宝。4 月花与叶同放，果 9 月成熟。

【生态习性】深根性树种，萌蘖性强，有抗风雪能力，寿命较长；较喜光，稍耐荫，适温凉湿润气候，较耐寒，但过于干冷对生长不利，在炎热地区也如此。耐旱，不耐涝。对土壤要求不高，但在湿润、肥沃、土层深厚的土壤中生长最好。生长速度中等，病虫害较少。对二氧化硫、氟化氢的抗性较强，吸附粉尘的能力也较强。

【繁殖要点】播种繁殖。

【园林用途】元宝枫嫩叶红色，秋叶黄色、红色或紫红色，树姿优美，叶形秀丽，为优良的观叶树种。宜作庭荫树、行道树或风景林树种。现多用于道路绿化。元宝枫耐阴，喜温凉湿润气候，耐寒性强，对土壤要求不严，在酸性土、中性土及石灰性土中均能生长，对二氧化硫、氟化氢的抗性较强，吸附粉尘的能力也较强，是优良的防护林、用材林、工矿区绿化树种（图 3-26）。

图 3-26　元宝枫

14. 黄栌

【别名】红叶、红叶黄栌、黄道栌、黄溜子、黄龙头

【学名】*Cotinus coggygria* Scop.

【科属】漆树科黄栌属

【产地及分布】原产于中国西南、华北和浙江；南欧、叙利亚、伊朗、巴基斯坦及印度北部亦产。

【形态特征】落叶小乔木或灌木，树冠圆形，高可达 3～5 m，木质部黄色，树汁有异味；单叶互生，叶片全缘或具齿，叶柄细，无托叶，叶倒卵形或卵圆形。圆锥花序疏松、顶生，花小、杂性，仅少数发育；不育花的花梗花后伸长，被羽状长柔毛，宿存；苞片披针形，早落；花萼 5 裂，宿存，裂片披针形；花瓣 5 枚，长卵圆形或卵状披针形，核果小，干燥，肾形扁平，绿色，侧面中部具残存花柱；外果皮薄，具脉纹，不开裂；内果皮角质；种子肾形，无胚乳。花期在每年的 5—6 月，果期在 7—8 月。

【生态习性】黄栌性喜光，也耐半荫；耐寒，耐干旱瘠薄和碱性土壤，不耐水湿，宜植于土层深厚、肥沃而排水良好的沙质土壤中。生长快，根系发达，萌蘖性强。黄栌对二氧化硫有较强抗性。秋季，当昼夜温差大于 10 ℃时，叶色变红。

【繁殖要点】以播种繁殖为主，分株和根插也可。

【园林用途】黄栌是中国重要的观赏树种，树姿优美，茎、叶、花都有较高的观赏价值，特别是深秋，叶片经霜变，色彩鲜艳，美丽壮观；其果形别致，成熟果实色鲜红，艳丽夺目。在园林中适宜丛植于草坪、土丘或山坡。黄栌花后久留不落的不孕花的花梗呈粉红色羽毛状，在枝头形成似云似雾的景观，远远望去，宛如万缕罗纱缭绕树间，历来被文人墨客比作"叠翠烟罗寻旧梦"和"雾中之花"，故黄栌又有"烟树"之称。黄栌夏可赏"紫烟"，秋可观红叶，加之其具有极其耐瘠薄的特性，因而成为石灰岩山地营建水土保持林和生态景观林的首选树种（图3-27、图3-28）。

图 3-27　黄栌　　　　　　　　图 3-28　黄栌的叶

15. 火炬树

【别名】鹿角漆、火炬漆、加拿大盐肤木

【学名】*Rhus Typhina* Nutt

【科属】漆树科盐肤木属

【产地及分布】分布在中国的东北南部，华北、西北北部暖温带落叶阔叶林区、温带草原区。

【形态特征】火炬树属落叶灌木或小乔木，高可达10 m。分枝少，小枝粗壮并密生褐色茸毛，奇数羽状复叶。小叶有9～27片，长圆形至披针形，长5～15 cm，缘有锯齿，先端长，渐尖，基部圆形或宽楔形，上面深绿色，下面苍白色，两面有茸毛，老时脱落，叶轴无翅。圆锥花序顶生，密生茸毛，花淡绿色，雌花花柱有红色刺毛。核果深红色，密生绒毛，花柱宿存，密集成火炬形。花期在每年的5—7月，果期在9—11月。雌雄异株，顶生直立圆锥花序，雌花序及果穗鲜红色，形同火炬。

【生态习性】喜光，耐寒，对土壤适应性强，耐干旱瘠薄，耐水湿，耐盐碱。根系发达，萌蘗性强，4年内可萌发30～50萌蘗株。浅根性，生长快，寿命短。

【繁殖要点】以播种繁殖为主，叶插和根插也可。

【园林用途】火炬树果穗红艳似火炬，夏、秋缀于枝头，秋叶鲜红色，是优良的秋景树种。火炬树宜丛植于坡地、公园角落，也是良好的护坡、固堤、固沙的水土保持和薪炭林树种（图3-29、图3-30）。

图3-29　火炬树的果穗　　　　图3-30　火炬树

16.桑树

【别名】家桑、蚕桑

【学名】*Morus alba* Linn. Sp.

【科属】桑科桑属

【产地及分布】原产我国中部，有约四千年的栽培史，栽培范围广泛，以长江中下游地区栽培最多。大多垂直分布于海拔1 200 m以下的山区和平原。

【形态特征】落叶乔木，高16 m，胸径1 m。树冠倒卵圆形。叶卵形或宽卵形，先端尖或渐短尖，基部圆形或心形，锯齿粗钝。幼树之叶常有浅裂、深裂，上面无毛，下面沿叶脉疏生毛，脉腋簇生毛。聚花果（桑葚，桑果）紫黑色、淡红色或白色，多汁味甜。花期在每年的4月，果熟在5—7月。

【生态习性】喜光，对气候、土壤适应性都很强。耐寒，可耐-40 ℃的低温，耐旱，耐水湿。也可在温暖湿润的环境生长。喜深厚疏松肥沃的土壤，能耐轻度盐碱（0.2%）。抗风，耐烟尘，抗有毒气体。根系发达，生长快，萌芽力强，耐修剪，寿命长，一般可达数百年，个别可达数千年。

【繁殖要点】播种、扦插、分根、嫁接繁殖皆可。

【园林用途】桑树树冠丰满，枝叶茂密，秋叶金黄，适应性强，管理容易，为城市绿化的先锋树种。桑树宜孤植作庭荫树，也可与喜阴花灌木配置树坛、树丛，或与其他树种混植，构成风景林。果能吸引鸟类，宜构成鸟语花香的自然景观。居民新村、厂矿绿地都可以用，是农村四旁绿化的主要树种。我国古代人民有在房前屋后栽种桑树和梓树的传统，所以常用桑梓代表故乡（图3-31、图3-32）。

图3-31　桑树　　　　　　图3-32　桑树的果实

17. 核桃

【别名】胡桃

【学名】*Juglans regia*

【科属】胡桃科胡桃属

【产地及分布】中国是世界上核桃起源中心之一，是世界核桃生产第一大国，拥有最大的种植面积和产量。各地广泛栽培，品种很多。

【形态特征】树皮灰白色，老时则灰白色而纵向浅裂，小枝无毛，羽状复叶，小叶5～9个，稀有13个，椭圆状卵形至椭圆形，基部圆或楔形，有时为心脏形，全缘或有不明显钝齿。小叶柄极短或无，有些外壳坚硬，有些比较软。侧脉11～15对，腋内具簇短柔毛，侧生小叶具极短的小叶柄或近无柄，生于下端者较小。雄花为柔荑花序，雌花顶生成穗状花序。核果球形；果核稍具皱曲，有2条纵棱，顶端具短尖头。核桃壳是内果皮，外果皮和内果皮在未成熟时为青色，成熟后脱落。新核桃种皮甚苦。

【生态习性】喜光，耐寒，抗旱、抗病能力强，适应多种土壤生长，喜肥沃湿润的沙质壤土，喜水、肥，喜阳，同时对水肥要求不严，落叶后至发芽前不宜剪枝，易产生伤流。大部分土地适合其生长。喜石灰性土壤，常见于山区河谷两旁土层深厚的地方。

【繁殖要点】播种繁殖。

【园林用途】核桃树冠庞大雄伟，枝叶茂密，绿荫覆地，加之具有灰白洁净的树干，可作为良好的庭院树种。孤植、丛植于草地或园中隙地都很合适，也可成林栽植于风景疗养区等（图3-33、图3-34）。

图 3-33　核桃果实　　　　　　　图 3-34　核桃

18. 垂柳

【别名】垂枝柳、倒挂柳

【学名】*Salix babylonica*

【科属】杨柳科柳属

【产地及分布】全国各地均有分布或栽培，主要分布于长江流域及以南各省，华北和东北也有分布，是平原水边的常见树种。

【形态特征】落叶乔木，树冠倒广卵形。小枝细长下垂，淡褐色、淡褐黄色或带紫色，无毛。芽线形，先端急尖。叶狭披针形或线状披针形，长9～16 cm，先端长渐尖，基部楔形，两面无毛或微有毛，上面绿色，下面色较淡，锯齿缘；叶柄长5～10 mm，托叶扩镰形，早落。雌雄异株。花期在每年的3—4月，果期在4—5月。

【生态习性】喜光，喜温暖湿润气候及潮湿深厚之酸性及中性土壤。较耐寒，特耐水湿，但亦能生于土层深厚之高燥地区。垂柳萌芽力强，根系发达，生长迅速，15 年生树高达 13 m，胸径 24 cm，但某些虫害比较严重，寿命较短，树干易老化，30 年后渐趋衰老，根系发达，对有毒气体有一定的抗性，并能吸收二氧化硫。

【繁殖要点】以扦插为主，也可用种子繁殖。

【园林用途】枝条细长，生长迅速，自古以来深受中国人民热爱。垂柳最宜配植在水边，与桃花间植可形成桃红柳绿之景，是江南园林春景的特色配植方式之一，也可作庭荫树、行道树、公路树，也适用于工厂绿化，还是固堤护岸的重要树种（图 3-35）。

图 3-35　垂柳

19. 七叶树

【别名】梭椤树

【学名】*Aesculus chinensis* Bunge

【科属】七叶树科七叶树属

【产地及分布】河北南部、山西南部、河南北部、陕西南部均有栽培，仅秦岭有野生植株。

【形态特征】落叶乔木，高达 25 m，树皮深褐色或灰褐色。小枝圆柱形，黄褐色或灰褐色，无毛或嫩时有微柔毛，有圆形或椭圆形淡黄色的皮孔。冬芽大形，有树脂。掌状复叶，由 5～7 个小叶组成，叶柄长 10～12 cm，有灰色微柔毛；小叶纸质，长圆披针形至长圆倒披针形，先端短锐尖，基部楔形或阔楔形，边缘有钝尖形的细锯齿，小枝粗壮，在上面微显著，在下面显著。花序圆筒形，花序总轴有微柔毛，平斜向伸展，雄花与两性花同株，裂片钝形，边缘有短纤毛，果实球形或倒卵圆形，顶部短尖或钝圆而中部略凹下，直径在 3～4 cm，黄褐色，无刺，具很密的斑点。花期在每年的 4—5 月，果期在 10 月。

【生态习性】喜光，稍耐荫；喜温暖气候，也能耐寒；喜深厚、肥沃、湿润而排水良好的土壤。深根性，萌芽力不强；生长速度中等偏慢，寿命长。七叶树适应能力较弱，在瘠薄及积水地生长不良，不耐干热气候，在炎热的夏季叶子易遭日灼。

【繁殖要点】以播种繁殖为主。

【园林用途】七叶树树干耸直，冠大荫浓，初夏繁花满树，硕大的白色花序又似一盏华丽的烛台，蔚然可观，是优良的行道树和园林观赏植物，可作人行步道、公园、广场绿化树种，既可孤植也可群植，或与常绿树和阔叶树混种，花开之时风景十分美丽（图 3-36、图 3-37）。

图 3-36　七叶树

图 3-37　七叶树的花序

20. 龙爪槐

【别名】垂槐、盘槐

【学名】*Sophora japonica*

【科属】豆科槐属

【产地及分布】原产中国，现南北各省区广泛栽培，华北和黄土高原地区尤为多见。

【形态特征】落叶乔木，高达 25 m；树皮灰褐色，具纵裂纹。羽状复叶，叶柄基部膨大，包裹着芽；托叶形状多变，有时呈卵形，叶状，有时线形或钻状，早落；小叶 4～7 对，对生或近互生，纸质，卵状披针形或卵状长圆形，小托叶 2 枚，钻状。圆锥花序顶生，常呈金字塔形，雄蕊近分离，宿存。荚果串珠状，具肉质果皮，成熟后不开裂，具种子 1～6 粒；种子卵球形，淡黄绿色，干后黑褐色。花期在每年的 7—8 月，果期在 8—10 月。

【生态习性】喜光，稍耐荫，能适应干冷气候。喜生于土层深厚、湿润肥沃、排水良好的沙质土壤。深根性，根系发达，抗风力强，萌芽力亦强，寿命长。该树种对二氧化硫、氟化氢、氯气等有毒气体及烟尘有一定抗性。

【繁殖要点】以嫁接繁殖为主。

【园林用途】龙爪槐姿态优美，是优良的园林树种，宜孤植、对植、列植。龙爪槐寿命长，适应性强，对土壤要求不严，较耐瘠薄，观赏价值高，故园林绿化应用较多，常作为门庭及道旁树，或作庭荫树，或置于草坪中作观赏树。节日期间，若在树上配挂彩灯，则更显得富丽堂皇；若采用矮干盆栽观赏，使人感觉柔和潇洒。开花季节，米黄花序布满枝头，似黄伞蔽日，则更加美丽可爱（图 3-38、图 3-39）。

图 3-38　龙爪槐　　　　　　　图 3-39　龙爪槐的花序

21. 皂荚

【别名】皂荚树、皂角

【学名】*Gleditsia sinensis* Lam.

【科属】豆科皂荚属

【产地及分布】原产中国长江流域，现我国北部至南部及西南均有分布，多生长于山坡林中或谷地、路旁，海拔自平地至 2 500 m。

【形态特征】落叶乔木，高可达 25 m；枝灰色至深褐色；刺粗壮，圆柱形，常分枝，多呈圆锥状。偶数羽状复叶互生，边缘具细锯齿；小叶柄被短柔毛；总状花序腋生或顶生，花杂性，黄白色；雄花花瓣长圆形。荚果带状，劲直或扭曲，果肉稍厚，两面膨起，弯曲作新月形，内无种子；果瓣革质，褐棕色或红褐色，常被白色粉霜；种子多颗，棕色，光亮。花期在每年的 4—5 月，果期在 10 月。

【**生态习性**】深根性树种，喜光，稍耐荫，对土壤适应性强，但喜深厚、肥沃、适当湿润的土壤；寿命长，可达 600 年之久。

【**繁殖要点**】以种子繁殖为主。

【**园林用途**】冠大荫浓，寿命较长，常孤植于庭院内，亦可作四旁绿化树种（图 3-40、图 3-41）。

图 3-40　皂荚叶片　　　　　　图 3-41　荚果

22. 柿树

【**别名**】朱果、猴枣

【**学名**】*Diospyros*

【**科属**】柿树科柿树属

【**产地及分布**】中国特有树种，北自长城、南至长江流域以南各地均有栽培。分布广，栽培历史悠久。

【**栽培品种**】

（1）磨盘柿（盖柿）：果形扁圆，体大，脱涩后甜而多汁，品质极佳。树势强健耐寒，寿长而丰产。主要分布于冀、鲁、陕等省。

（2）高桩柿：果实纵横径相近，果形较小，果肉较紧实，品质上等。树势强健耐寒，丰产。多见于华北低山区及园林中。

（3）镜面柿：果圆形，萼洼深，果橘红色，汁多而甜，品质极佳，宜生食及制柿饼。树势强，树冠开展。主产于山东菏泽。著名的曹州"耿饼"就是用本品种的果实制成的。

（4）尖柿：果实呈圆锥形，呈橙红色，果顶尖形，果汁浓而味甜。树势强健，寿长而丰产，抗逆性强，不易落果。尖柿主产于陕西富平县。著名的"合儿柿饼"即该品种果实制成的。

（5）鸡心黄：果呈圆锥形，果顶钝尖，橙黄色，甜而多汁。树性强健，寿长，丰产。果实脱涩后果肉硬实而不软，是著名品种之一，主产于陕西省三原县。

【**形态特征**】落叶乔木，高达 20 m；树皮暗灰色，小方块状开裂；冬芽三角状卵形，先端钝；枝较粗；叶椭圆状卵形至宽椭圆形；花萼钟状，两面有毛；花冠钟状，黄白色；果球形，基部常有棱，成熟后橙黄色；果肉柔软多汁，有数粒发育或败育种子；种子褐色。花期在每年的 5—6 月，果期在 9—10 月。

【**生态习性**】属深根性植物；喜光，喜温暖湿润气候，对土壤适应性强，但以深厚、肥沃、排水良好的壤土为宜；寿命长，在良好的管理条件下，树龄可达 300 年以上。

【繁殖要点】以嫁接繁殖为主。

【园林用途】树冠优美，叶大荫浓，秋叶变红，果实成熟后呈橙黄色，极富观赏价值，可孤植，也可作为防护林的绿化树种进行栽植（图 3-42 ～图 3-45）。

图 3-42　柿子

图 3-43　高桩柿

图 3-44　尖柿

图 3-45　镜面柿

23. 杏树

【别名】杏、北梅

【学名】*Armeniaca vulgaris* Lam.

【科属】蔷薇科杏属

【产地及分布】分布于全国各地，尤以华北、西北和华东地区种植较多，少数地区也有野生杏林，新疆伊犁一带有野生的纯杏林，也有野杏与野苹果的混交林，海拔可达 3 000 m。

【栽培品种】

山杏：叶基部楔形至宽卵形，花常 2 朵，果实近球形，红色；核卵圆形，表面粗糙而有网纹。产于河北、山西等地区。

【形态特征】乔木，高为 5 ～ 8 m；树冠开展，叶阔卵形或圆卵形，深绿色，边缘有锯齿；树皮灰褐色，纵裂；近叶柄顶端有二腺体；花单生，粉红色，先于叶开放；花梗短，被短柔毛；花萼紫绿色；萼筒圆筒形，外面基部被短柔毛；花瓣圆形至倒卵形，多为玉白色或稍带红晕，具短爪；短枝每节上生一个或两个果实，果实球形，白色、黄色至黄红色，常具红晕，微被短柔毛；果肉多汁；核卵形或椭圆形，两侧扁平，顶端圆钝；种仁味苦或甜。花期在每年的 3—4 月，果期在 6—7 月。

【生态习性】阳性树种，深根性，适应性强，对土壤适应性强，根系发达，耐干旱，怕涝，对温度适应性也较强。

【繁殖要点】以种子繁殖为主。

【园林用途】早春开花，先花后叶，可与苍松、翠柏配植于池旁湖畔或植于山石崖边，或孤植于庭院堂前，具有极高观赏性（图 3-46、图 3-47）。

图 3-46　杏　　　　图 3-47　山杏

24. 碧桃

【别名】粉红碧桃、千叶桃花

【学名】*Amygdalus persica* L. var. *persica f.duplex* Rehd.

【科属】蔷薇科李属

【产地及分布】原产于中国，现世界各国均已引种栽培。

【栽培品种】

（1）寿星碧桃：寿星桃植株矮小，小型花复瓣，白色、红色；披着五彩缤纷的衣裳，吸引无数人的眼球，很是可爱。

（2）垂枝碧桃：枝条柔软下垂，花重瓣，有浓红色、纯白色、粉红色等花色，观赏价值也很高。

（3）五色碧桃：洒金碧桃或鸳鸯碧桃，一棵植株上能开不同颜色的花，有时同一朵花也有两种不同的颜色，一半白一半红。

【形态特征】落叶小乔木，高可达 8 m；树冠宽广而平展，小枝细长，红褐色或绿色，表面光滑，无毛；叶圆披针形，先端渐尖，基部宽楔形，叶边具细锯齿或粗锯齿，齿端具腺体或无腺体；花单生，先于叶开放；花梗极短或几无梗；萼筒钟形，被短柔毛，稀几无毛，绿色而具红色斑点；花瓣长圆状椭圆形，粉红色，罕为白色；果实形状和大小均有变异，卵形、宽椭圆形或扁圆形，长几与宽相等，色泽变化由淡绿白色至橙黄色，常在向阳面具红晕，外面密被短柔毛，稀无毛，腹缝明显，果梗短而深入果洼；果肉色彩丰富，多汁有香味，甜或酸甜；核大，离核或粘核，椭圆形或近圆形，两侧扁平，顶端渐尖，表面具纵、横沟纹和孔穴；种仁味苦，稀味甜。花期在每年的 3—4 月，果实成熟期在 8—9 月。

【生态习性】喜光，耐旱，但不耐水涝，对土壤适应性较强，但以土壤肥沃、排水良好的沙质壤土为宜。

【繁殖要点】以嫁接繁殖为主。

【园林用途】树姿婀娜，花朵妖媚，是北方园林中早春不可缺少的观赏树种，可孤植或丛植于庭院、公园中（图 3-48 ～图 3-51）。

图 3-48 碧桃　　　图 3-49 垂枝碧桃　　　图 3-50 五色碧桃　　　图 3-51 寿星桃

25. 紫叶碧桃

【学名】Amygdalus persica L.var. persica f. atropurpurea

【科属】蔷薇科桃属

【产地及分布】产于中国，各省区广泛栽培，世界各地均有栽植。

【形态特征】落叶乔木，高达 8 m；树冠宽广而平展；树皮暗红褐色，老时粗糙呈鳞片状；小枝细长，绿色，向阳处转变成红色，中间为叶芽，两侧为花芽；叶片长圆披针形，先端渐尖，基部宽楔形，叶边具细锯齿或粗锯齿，齿端具腺体或无腺体；花单生，先于叶开放；花瓣长圆状椭圆形至宽倒卵形，粉红色，罕为白色；果实形状和大小均有变异，卵形、宽椭圆形或扁圆形，色泽变化由淡绿白色至橙黄色，常在向阳面具红晕，外面密被短柔毛，腹缝明显；果肉白色、浅绿白色、黄色、橙黄色或红色，多汁，有香味，甜或酸甜；核大，离核或粘核，椭圆形或近圆形，两侧扁平，顶端渐尖，表面具纵、横沟纹和孔穴；种仁味苦，稀味甜。花期在每年的 3—4 月，果实成熟期在 8—9 月。

【生态习性】喜光，耐旱，耐寒，喜肥沃而排水良好之土壤，不耐水湿。耐寒性特别突出，生长速度快。

【繁殖要点】以嫁接繁殖为主。

【园林用途】3 月份先花后叶，花色鲜艳美丽，绿化效果突出，在园林绿化中，山坡、水畔、石旁、墙际、庭院、草坪边俱宜栽植，也可盆栽、切花或作桩景（图 3-52）。

图 3-52　紫叶碧桃

26. 梨

【学名】*Pyrus sorotina*

【科属】蔷薇科梨属

【产地及分布】中国梨栽培面积和产量仅次于苹果。河北、山东、辽宁三省是中国梨的集中产区，栽培面积约占全国的一半，产量占全国的 60%，其中，河北省年产量约占全国的 1/3。

【栽培品种】

（1）鸭梨：叶片广卵圆形，先端渐尖或凸尖，基部圆形或广圆形，果实倒卵圆形，近梗处有鸭头状凸起，果面绿黄色，近梗处有锈斑。肉质极细，酥脆，清香多汁，味甜微酸，丰产性好。

（2）雪花梨：河北省土特名产之一，果肉洁白如玉，似雪如霜，故称其为雪花梨。果肉细脆而嫩，汁多味甜，可用来加工成梨罐头、梨脯、梨汁等各具风味的工业食品和饮料。

（3）砀山白酥梨：安徽省砀山县特产，中国国家地理标志产品，是白梨和沙梨的天然杂交品种，果实近圆柱形，果皮绿黄色，储藏之后渐渐变为黄色，果点小而密，散布在果皮上。果心小，果肉白，口味酥脆爽口，弹指即破，入口即酥，落地无渣。

【形态特征】落叶乔木；冬芽具有覆瓦状鳞片，花芽较肥圆，呈棕红色或红褐色，稍有亮光，一般为混合芽；有些种具枝刺；单叶互生；有托叶，花先叶开放或同时开放，伞形总状花序，两性花；花瓣近圆形或宽椭圆形；果肉多汁，富含石细胞，内果皮软骨质；种子黑或黑褐色。

【生态习性】喜光，喜温，对土壤的适应性强，土层深厚、土质疏松、透水和保水性能好、地下水水位低的沙质壤土最为适宜；需水量较大。

【繁殖要点】以嫁接繁殖为主。

【园林用途】树姿优美，花色丰富，既可观赏又可结合生产，因此常用来孤植于庭院、公园或池畔边，观赏价值较高，也可进行丛植或群植，是春季观花的好树种（图 3-53 ～图 3-56）。

图 3-53　梨树

图 3-54　鸭梨

图 3-55　雪花梨

图 3-56　砀山白酥梨

27. 流苏树

【别名】牛筋子、四月雪

【学名】*Chionanthus retusus*

【科属】木樨科流苏树属

【产地及分布】产于中国，各省区广泛栽培。多生于海拔 1 000 m 以上的向阳山坡。

【形态特征】落叶灌木或乔木，高可达 20 m；小枝灰褐色或黑灰色，圆柱形，开展，无毛，幼枝淡黄色或褐色，疏被或密被短柔毛；叶片革质，长圆形、椭圆形或圆形，先端圆钝，有时凹入或锐尖，基部圆或宽楔形至楔形，全缘或有小锯齿，叶缘稍反卷；叶柄密被黄色卷曲柔毛；聚伞状圆锥花序顶生，近无毛；花单性，雌雄异株或为两性花；花冠白色，裂片线状倒披针形；核果椭圆形，被白粉，呈蓝黑色或黑色。花期在每年的 4—5 月，果期在 8—10 月。

【生态习性】喜光，不耐荫蔽，耐寒，耐旱，忌积水，生长速度较慢，寿命长，耐瘠薄，对土壤适应性强，但在肥沃、通透性好的沙质壤土中生长最好，有一定的耐盐碱能力。

【繁殖要点】播种、扦插、嫁接繁殖。

【园林用途】成年树植株高大优美，枝叶繁茂，花期如雪压树，且花形纤细，秀丽可爱，气味芳香，是优良的园林观赏树种，既可于草坪中数株丛植，也宜于路旁、林缘、水畔、建筑物周围散植。因其生长缓慢，尺度宜人，培养成单干苗，作小路的行道树，效果也不错；若以常绿树作背景衬托，效果更好。盆景爱好者还可以进行盆栽，制作盆景（图 3-57）。

28. 凤尾兰

【别名】菠萝花，厚叶丝兰

【学名】*Yucca gloriosa* L.

【科属】龙舌兰科丝兰属

图 3-57　流苏树

【产地及分布】原产北美东部及东南部，现长江流域各地普遍栽植。

【形态特征】小乔木，茎悬垂；叶二列，着生于茎的全长，稍肉质，狭披针形，先端急尖，基部具抱茎的鞘；总状花序很短，沿茎上的各个节上对叶而生，具 3～6 朵花；叶浓绿，表面有蜡质层，坚硬似剑；花瓣镰刀状倒披针形，先端稍急尖；唇瓣厚肉质；侧裂片紫色，直立，三角形，很小，先端钝；夏秋从叶基部抽出粗壮的花茎，圆锥花序，每个花序着花 200～400 朵，从下至上逐渐开放，乳白色，杯状，下垂。

【生态习性】喜温暖湿润和阳光充足的环境，性强健，耐瘠薄、耐寒、耐荫、耐旱、耐湿，对土壤要求并不高，对肥料要求也不高。喜排水好的沙质壤土，瘠薄多石砾的堆土废地亦能适应。喜光照，抗污染，萌芽力强，易产生不定芽。

【繁殖要点】播种、扦插繁殖。

【园林用途】常年浓绿，花、叶皆美，树态奇特，数株成丛，高低不同，叶形如剑，开花时花茎高耸挺立，花色洁白，繁多的白花下垂如铃，姿态优美，花期持久，幽香宜人，既是良好的庭园观赏树木，也是良好的鲜切花材料。凤尾兰常植于花坛中央、建筑前、草坪中、池畔、台坡、建筑物、路旁或作为绿篱植物（图 3-58）。

图 3-58　凤尾兰

29. 楝树

【学名】*Melia azedarach* L.

【科属】楝科楝属

【产地及分布】分布很广，黄河流域以南、长江流域各地都能生长，多生于低山丘陵地区或平原地区。

【形态特征】落叶乔木，高达 30 m；幼树树皮光滑，皮孔多而明显，老时浅纵裂；叶为奇数羽状复叶；小叶对生，卵形、椭圆形至披针形，顶生一片通常略大，先端短渐尖，基部楔形或宽楔形，多少偏斜，边缘有钝锯齿，幼时被星状毛，后两面均无毛；花朵很小，花瓣白中透紫；花蕊呈紫色棒状，花蕊头似喇叭口，周围呈紫色，蕊心呈黄色；圆锥花序；花芳香；核果球形至椭圆形，内果皮木质；种子椭圆形。花期在每年的 4—5 月，果期在 10—11 月。

【生态习性】喜温暖、湿润气候，喜光，不耐庇荫，较耐寒，华北地区幼树易受冻害。对土壤要求不严，但在深厚、肥沃、湿润的壤土中生长较好，幼树生长迅速。

【繁殖要点】播种、扦插繁殖。

【园林用途】楝树与其他树种混栽，对树木虫害有防治作用。在草坪中孤植、丛植或配置于建筑物旁都很合适，也可种植于水边、山坡、墙角等处，而且其耐烟尘，抗二氧化硫能力强，并能杀菌，因此也适宜作庭荫树和行道树，是良好的城市及矿区绿化树种（图 3-59）。

图 3-59　楝树

 任务实施

一、任务布置

（1）发放任务清单。

（2）收集资料。

（3）线上学习。

二、现场识别与调查独赏树

（1）以小组为单位，对当地常见独赏树进行识别与调查，并填写记录表（表3-1）。

表3-1　独赏树调查记录表

班级 ＿＿＿＿＿＿＿＿＿＿　　　　　　小组成员 ＿＿＿＿＿＿＿＿＿＿　　　　　调查时间 ＿＿＿＿＿＿＿＿＿＿

调查地点：			植物图片
树种：　　　科：　　　属：			
形态特征：（落叶或常绿）			
性状：　　　　树冠：　　　　树皮：　　　　枝条：			
叶形：　　　　叶序：　　　　叶脉：　　　　叶缘：			
花：　　　　　花色：　　　　花序：　　　　花期：			
果实：　　　　种子：			
生长环境：			
生长状况：			
配植方式：			
观赏特性：			
园林用途：			
备注：			

（2）调查区域独赏树应用分析。

 ## 考核评价

评价项目	评价内容	配分	得分
知识考核	能够熟练说出10种常见独赏树的名称	20	
	能够描述常见独赏树的识别要点	15	
	能够准确表达出独赏树的观赏特性	20	
技能考核	调查报告撰写：内容全面，条理清晰	10	
	调查水平：准备识别种类、特征	20	
	使用专业术语描述	5	
素质考核	调查态度：积极主动，有团队精神	5	
	调查过程中注重方法及创新	5	
	总分	100	

思考与练习

1.简述选择作为独赏树木应具备的条件。

2.总结雌雄银杏的区分点。

3.总结柿树常见的栽培品种及特性。

任务二　　庭荫树种的识别与应用

任务描述

在园林中，庭荫树多植于路旁、池边、廊、亭前后或与山石建筑相配，形成有自然之趣的布置，也可在规整的有轴线布局的地区进行规则式配植。

调查当地城市居民区、公园等园林绿地的庭荫树种及应用情况，内容包括庭荫树种名录、主要特征、习性及其观赏特点、应用及配植方式等，完成庭荫树种调查报告。

任务分析

庭荫树种在园林中占有很大的比重，在配植应用上应细加考究，充分发挥各种庭荫树的观赏特性；常绿树及落叶树的配植比例应避免千篇一律，在树种选择上应在不同的景区侧重应用不同的树种。

完成该学习任务：一要掌握相关庭荫树的识别特征，能正确识别庭荫树种；二要在选择树种时以观赏效果为主，结合遮荫的功能来考虑；三要综合考虑观赏效果进行配植，但注意不宜选用易污染衣物的种类，并完成任务总结。

知识准备

一、庭荫树种的概念

庭荫树又称绿荫树，是指栽植在庭院或公园中，以形成绿荫供游人纳凉为主要目的的树种。

微课：庭院绿化

二、庭荫树种的选择要求

（1）树冠开阔，姿态优美，叶片较大，叶柄较短，有一定的观赏价值，北方以落叶乔木为宜。

（2）树干通直，无臭味，无毒，无刺激，不易掉落污染物。

（3）繁殖容易，根系发达，生长迅速，寿命长，栽植成活率高。

（4）抗逆性强，深根系，耐高温，也耐低温，病虫害较少。

（5）能够适应当地环境条件，耐修剪，养护管理容易。

三、庭荫树种的配置要求

庭荫树一般采用孤植或对植形式。定植的地点以广场中心、公园或庭院为宜，其周围应有开阔的空间。

四、常见庭荫树种

1. 法桐

【别名】三球悬铃木、悬铃木

【学名】*Platanus orientalis* Linn.

【科属】悬铃木科悬铃木属

【产地及分布】原产欧洲东南部及亚洲西部，久经栽培，我国也有栽培。

【形态特征】落叶大乔木。高达 30 m。树皮薄片状脱落，一年生枝"之"字形曲折，灰绿色或褐色。叶大，轮廓阔卵形，基部浅三角状心形，或近十平截；单叶互生，有星状毛；叶掌状，5～7 裂，叶缘有齿芽。花 4 数；雄性球状花序无柄，基部有长绒毛；雌性球状花序常有柄。果枝长 10～15 cm，有圆球形头状果序 3～5 个，稀为 2 个；头状果序直径为 2～2.5 cm，宿存花柱凸出呈刺状，小坚果之间有黄色绒毛，凸出头状果序外。花期在每年的 4—5 月，果实在 9—10 月成熟。

【生态习性】喜光，喜湿润温暖气候，较耐寒。对土壤要求不严，但适生于微酸性或中性、排水良好的土壤，在微碱性土壤中虽能生长，但易发生黄化。根系分布较浅。抗空气污染能力较强，叶片具有吸收有毒气体和滞积灰尘的作用。

【繁殖要点】播种、扦插繁殖。

【园林用途】树形雄伟端庄，叶大荫浓，干皮光滑，适应性强，各地广为栽培，是世界著名的优良庭荫树和行道树。适应性强，又耐修剪整形，是优良的行道树种，广泛应用于城市绿化，在园林中孤植于草坪或旷地，列植于甬道两旁，尤为雄伟壮观。又因其对多种有毒气体抗性较强，并能吸收有害气体，对夏季降温、滞尘、降噪声、吸收有害气体、提高空气相对湿度、调节二氧化碳与氧气的平衡、改进大气质量效果显著。法桐用于街道、厂矿绿化颇为合适，有"行道树之王"的美称（图 3-60、图 3-61）。

图 3-60　法桐的花　　　　　图 3-61　法桐的果实

2. 榆树

【别名】家榆、榆钱、白榆、春榆

【学名】*Ulmus pumila* L.

【科属】榆科榆属

【产地及分布】分布于中国东北、华北、西北及西南各省区，长江下游各省有栽培。

【形态特征】落叶乔木，高达 25 m，胸径 1 m，在干瘠之地长成灌木状；幼树树皮平滑，灰褐色或浅灰色，大树之皮暗灰色，不规则深纵裂，粗糙；叶椭圆状卵形、长卵形、椭圆状披针形或卵状披针形，长为 2 ～ 8 cm，宽为 1.2 ～ 3.5 cm，先端渐尖或长渐尖，基部偏斜或近对称，一侧楔形至圆形，另一侧圆形至半心脏形，叶面平滑无毛，叶背幼时有短柔毛，后变无毛或部分脉腋有簇生毛，边缘具重锯齿或单锯齿。花先叶开放，在去年生老枝上的叶腋成簇生状。翅果近圆形，稀倒卵状圆形，果核部分位于翅果的中部，上端不接近或接近缺口，成熟前后其色与果翅相同，初淡绿色，后白黄色，宿存花被无毛。花果期在每年的 3—6 月。

【生态习性】阳性树种，喜光，耐旱，耐寒，耐瘠薄，不择土壤，适应性很强。根系发达，抗风力，保土力强。萌芽力强，耐修剪。生长快，寿命长。能耐干冷气候及中度盐碱，但不耐水湿。具抗污染性，叶面滞尘能力强。

【繁殖要点】主要为播种繁殖。

【园林用途】树干通直，树形高大，绿荫较浓，适应性强，生长快，可作为行道树、庭荫树，是城市绿化、工厂绿化、营造防护林的重要树种。在干瘠、严寒之地常呈灌木状，有用作绿篱者，又因其老茎残根萌芽力强，可自野外掘取制作盆景。在林业上，也是营造防风林、水土保持林和盐碱地造林的主要树种之一（图 3-62、图 3-63）。

图 3-62　榆树的叶片

图 3-63　榆树的芽

3. 国槐

【别名】槐树、家槐

【学名】*Styphnolobium japonicum* (L.) *Schott*

【科属】豆科槐属

【产地及分布】槐树原产于中国，北自辽宁、河北，南至广东、台湾，东自山东，西至甘肃、四川、云南。在华北平原及黄土高原海拔 1 000 m 的地带均能生长，甚至在山区水少的地方都可以成活得很好，其分布于中国东北、华北、西北及西南各省区。长江下游各省也有栽培。

【栽培品种】

（1）龙爪槐：树冠如伞，状态优美，枝和小枝均下垂，并向不同方向弯曲盘旋，形似龙爪，园林中多有栽培。

（2）紫花槐：小叶 15 ～ 17 枚，叶被蓝灰色丝状短柔毛，花的翼瓣和龙骨瓣常带紫色，花期最迟。

（3）金枝槐：又称黄金槐，发芽早，侧生小叶下部常有大裂片，叶背有毛，2 年生的树体呈金黄色。幼芽及嫩叶淡黄色，每年 5—8 月开花，8—10 月结果。

（4）金叶槐：春季萌发的新叶及后期长出的新叶，在生长期的前 4 个月，均呈金黄色，在生长后期及树冠下部，见光少的老叶呈现淡黄色。所以，其树冠在 8 月前呈现全黄色，在 8 月后上半部为金黄色，下半部呈现淡黄色。

【**形态特征**】落叶乔木，高 6 ～ 25 m，奇数羽状复叶；叶轴有毛，基部膨大；小叶卵状长圆形，顶端渐尖而有细凸尖，基部阔楔形，下面灰白色，疏生短柔毛。圆锥花序顶生；花冠乳白色，旗瓣阔心形，有短爪，并有紫脉，翼瓣、龙骨瓣边缘稍带紫色，荚果肉质，串珠状，熟后不裂；种子肾形。冬季落叶后叶痕互生，V 形或三角形，有托叶痕。

【**生态习性**】性耐寒，喜阳光，稍耐荫，不耐阴湿而抗旱，在低洼积水处生长不良，深根，对土壤要求不严，较耐瘠薄，在石灰及轻度盐碱地（含盐量 0.15% 左右）上也能正常生长。但在湿润、肥沃、深厚、排水良好的沙质土壤中生长最佳。生长速度中等，根系发达，为深根性树种，萌芽力强，寿命极长。

【**繁殖要点**】主要为播种繁殖。

【**园林用途**】庭院常用的特色树种。树冠宽广，枝叶繁茂，寿命长而又耐城市环境，是良好的行道树和庭荫树，也是夏季重要的蜜源植物。速生性较强，是防风固沙、用材及经济林兼用的树种（图 3-64、图 3-65）。

图 3-64　国槐的叶片　　　　图 3-65　龙爪槐

4. 刺槐

【**别名**】洋槐

【**学名**】*Robinia pseudoacacia* Linn.

【**科属**】豆科刺槐属

【**产地及分布**】原产美国，17 世纪传入欧洲及非洲。中国于 18 世纪末从欧洲引入青岛栽培，现于中国各地广泛栽植。

【**栽培品种**】

（1）香花槐：原产于西班牙，总状花序，花红色，芳香，在北方 5 月和 7 月开花，在南方每年开 3 ～ 4 次花。叶繁枝茂，树冠开阔，树干笔直，树态苍劲挺拔，观赏价值极高。

（2）球槐：树冠呈球状至卵圆形，分支细密，近于无刺或刺极小而软；小乔木；不开花或开花极少。

（3）柱状刺槐：侧枝细，树冠呈圆柱状，花白色。

【形态特征】落叶乔木，高 10～25 m；树皮灰褐色至黑褐色，浅裂至深纵裂，稀光滑。小枝灰褐色，幼时有棱脊，微被毛，后无毛；羽状复叶，叶轴上面具沟槽；荚果褐色，或具红褐色斑纹，线状长圆形，扁平，先端上弯，具尖头，果颈短，沿腹缝线具狭翅；花萼宿存；种子褐色至黑褐色，微具光泽，有时具斑纹，近肾形，种脐圆形，偏于一端。花期在每年的 4—6 月，果期在 8—9 月。

【生态习性】属强阳性树种。其生长快，干形通直圆满。抗风性差，有一定的抗旱能力。对土壤适应性较强，喜光，不耐庇荫。浅根，侧根发达，萌芽力和根蘖性都很强。

【繁殖要点】主要为播种繁殖。

【园林用途】刺槐根系浅而发达，易风倒，适应性强，为优良固沙保土树种。华北平原的黄淮流域有较多的成片造林，其他地区多为四旁绿化和零星栽植，习见为行道树。刺槐树冠高大，叶色鲜绿，每当开花季节绿白相映，素雅而芳香，可作为行道树，庭荫树。工矿区绿化及荒山荒地绿化的先锋树种。对二氧化硫、氯气、光化学烟雾等的抗性都较强，还有较强的吸收铅蒸气的能力（图 3-66、图 3-67）。

图 3-66　香花槐　　　　图 3-67　刺槐的叶

5. 合欢

【别名】绒花树、马缨花

【学名】*Albizia julibrissin* Durazz.

【科属】豆科合欢属

【产地及分布】产于亚洲及非洲，广泛分布于我国东北南部至华南地区。

【形态特征】落叶乔木，高可达 16 m。树干灰黑色；嫩枝、花序和叶轴被绒毛或短柔毛。合欢托叶线状披针形，较小叶小，早落；二回羽状复叶，互生；头状花序，多数排成伞房状，花黄绿色，花丝粉红色；雄蕊多数，基部合生。荚果带状，嫩荚有柔毛，老荚无毛。花期在每年的 6—7 月，果期在 8—10 月。

【生态习性】合欢喜温暖湿润和阳光充足的环境，对气候和土壤适应性强，宜在排水良好、肥沃土壤中生长，耐瘠薄土壤和干旱气候，但不耐水涝。生长迅速，枝条开展，树冠常偏斜，分枝点较低。

【繁殖要点】主要为播种繁殖。

【园林用途】合欢树姿优美，叶形雅致，盛夏绒花满树，有色有香，可用作园景树、行道树、风景区造景树、滨水绿化树、工厂绿化树和生态保护树等（图3-68、图3-69）。

图3-68 合欢　　　　　　　　　图3-69 合欢的花

6. 枫杨

【别名】麻柳、蜈蚣柳

【学名】*Pterocarya stenoptera* C. DC.

【科属】胡桃科枫杨属

【产地及分布】产于中国陕西、河南、山东等各省，在长江流域和淮河流域最为常见，华北和东北仅有栽培。生于海拔1 500 m以下的沿溪涧河滩、阴湿山坡地的林中。

【形态特征】大乔木，高达30 m，胸径达1 m；树皮深纵裂；叶多为偶数或稀奇数羽状复叶；小叶对生或稀近对生，长椭圆形，基部歪斜，边缘有向内弯的细锯齿；雄性荑葇花序轴常有稀疏的星芒状毛；雌性荑葇花序顶生。果实长椭圆形；果翅狭，条形或阔条形，具近于平行的脉。花期在每年的4—6月，果熟期在8—10月。

【生态习性】喜深厚、肥沃、湿润的土壤，喜光，不耐庇荫。耐湿性强，属深根性树种，侧根发达。萌芽力很强，生长很快。枫杨初期生长较慢，后期生长速度加快。树体常偏斜，分枝点较低。

【繁殖要点】主要为播种繁殖。

【园林用途】枫杨树冠广展，枝叶茂密，生长快速，根系发达，绿荫覆地，加上灰白洁净的树干也很宜人，是良好的庭院树种。枫杨常用作河床两岸低洼湿地的良好绿化树种，可防止水土流失。枫杨既可以作为行道树，也可成片种植或孤植于草坪及坡地，形成一定景观（图3-70、图3-71）。

图3-70 枫杨的叶片　　　　　　图3-71 枫杨的树干

7. 白玉兰

【**别名**】望春花，玉兰花

【**学名**】*Michelia alba* DC.

【**科属**】木兰科玉兰属

【**产地及分布**】原产印度尼西亚爪哇，现广植于东南亚。中国福建、广东、广西、云南等省区栽培极盛，长江流域各省区多盆栽。庐山、黄山、峨眉山、巨石山等地尚有野生白玉兰。

【**形态特征**】落叶乔木，高达 17 m，枝广展，呈阔伞形树冠；胸径 50 cm；树皮灰色；揉枝叶有芳香；嫩枝及芽密被淡黄白色微柔毛，老时毛渐脱落。叶薄革质，长椭圆形或披针状椭圆形，先端长渐尖或尾状渐尖，基部楔形，上面无毛，下面疏生微柔毛，干时两面网脉均很明显；叶柄疏被微柔毛；托叶痕几达叶柄中部。花白色，极香；雄蕊的药隔伸出长尖头；雌蕊群被微柔毛；心皮多数，通常部分不发育，成熟时随着花托的延伸，形成蓇葖疏生的聚合果；蓇葖熟时鲜红色。花期 4—9 月，夏季盛开，通常不结实。

【**生态习性**】适宜生长于温暖湿润气候和肥沃疏松的土壤，喜光。不耐干旱，也不耐水涝，根部受水淹 2～3 天即枯死。对二氧化硫、氯气等有毒气体比较敏感，抗性强。生长速度较慢。

【**繁殖要点**】以嫁接和压条繁殖为主。

【**园林用途**】白玉兰先花后叶，花洁白、美丽且清香，早春开花时犹如雪涛云海，蔚为壮观。古时常在住宅的厅前院后配植，名为"玉兰堂"，也可在庭园路边、草坪角隅、亭台前后或漏窗内外、洞门两旁等处种植，孤植、对植、丛植或群植均可（图 3-72）。

图 3-72　白玉兰

8. 紫玉兰

【**别名**】木兰，辛夷

【**学名**】*Yulania liliiflora* Desr.

【**科属**】木兰科木兰属

【**产地及分布**】中国特有植物，分布在中国云南、福建、湖北、四川等地区，一般生长在山坡林缘。该种为中国两千多年的传统花卉和中药，列入《世界自然保护联盟》（IUCN）ver 3.2：2009 年植物红色名录，不易移植和养护，是非常珍贵的花木。

【**形态特征**】属落叶灌木，高达 3 m，常丛生，树皮灰褐色，小枝绿紫色或淡褐紫色。叶椭圆状倒卵形或倒卵形，先端急尖或渐尖，基部渐狭沿叶柄下延至托叶痕，上面深绿色，幼嫩时疏生短柔毛，下面灰绿色，沿脉有短柔毛；托叶痕约为叶柄长之半。花蕾卵圆形，被淡黄色绢毛；花叶同时开放，瓶形，直立于粗壮、被毛的花梗上，稍有香气；花被片 9～12 片，外轮 3 片萼片状，紫绿色，披针形，常早落，内两轮肉质，外面紫色或紫红色，内面带白色，花瓣状，椭圆状倒卵形；雄蕊紫红色，花药侧向开裂，药隔伸出成短尖头；雌蕊群淡紫色，无毛。聚合果深紫褐色，变褐色，圆柱形；成熟蓇葖近圆球形，顶端具短喙。花期在每年的 3—4 月，果期在 8—9 月。

【**生态习性**】喜温暖、湿润和阳光充足环境，较耐寒，但不耐旱和盐碱，怕水淹，要求肥沃、排水好的沙壤土。

【**繁殖要点**】以分株和压条繁殖为主。

【**园林用途**】紫玉兰花朵艳丽怡人，芳香淡雅，孤植或丛植都很美观，树形婀娜，枝繁花茂，是优良的庭园、街道绿化植物（图3-73、图3-74）。

图3-73 紫玉兰的花   图3-74 紫玉兰

9. 二乔玉兰

【**别名**】朱砂玉兰，紫砂玉兰

【**学名**】*Yulania × soulangeana*（Soul.-Bod.）D. L. Fu

【**科属**】木兰科玉兰属

【**产地及分布**】华北、华中及江苏、陕西、四川、云南等地区均栽培。

【**形态特征**】为玉兰和木兰的杂交种，落叶小乔木；小枝无毛；叶片互生，有时呈螺旋状，宽倒卵形至倒卵形，先端圆宽，平截或微凹，具短凸尖，中部以下渐狭，楔形，全缘。表面有光泽，背面叶脉上有柔毛，淡绿色。叶基部有托叶或附属物，托叶有两种：枝端芽末的托叶贴生于幼茎上，与叶柄分离，呈覆瓦状；叶部托叶散生，瓦刀状，粘着叶柄基部两侧，幼枝上残存环状托叶痕。花枝开展，花大，单生枝顶，钟状，花外面呈淡紫色，里面白色，花大而芳香；花瓣6，外面呈淡紫红色，内面白色，萼片3，花瓣状，稍短。聚合果圆筒状，红色或淡红褐色，果成熟后裂开，种子具鲜红色肉质状外种皮。花芽窄卵形，密被灰黄绿色长绢毛。花期在每年的2—3月，果期在9—10月。

【**生态习性**】性喜阳光和温暖湿润的气候，对温度很敏感，能在 -20 ℃条件下安全越冬。肉质根不耐积水，低洼地与地下水水位高的地区都不宜种植。

【**繁殖要点**】以分株和压条繁殖为主。

【**园林用途**】二乔玉兰是早春色、香俱全的观花树种，宜配植于庭院前或丛植于草地边缘（图3-75）。

10. 毛泡桐

【**别名**】紫花桐，日本泡桐

【**学名**】*Paulownia tomentosa*（Thunb.）Steud.

【**科属**】泡桐科泡桐属

【**产地及分布**】分布于中国辽宁南部、河北、河南、山东、江苏、安徽、湖北、江西等地

图3-75 二乔玉兰

区，通常在这些地区进行栽培。西部地区有野生毛泡桐分布。生长于海拔可达 1 800 m 的地带。

【**形态特征**】落叶乔木，高达 20 m，树冠宽大伞形，树皮褐灰色。小枝有明显皮孔，幼时常具黏质短腺毛。叶片心脏形，顶端锐尖头，全缘或波状浅裂，上面毛稀疏，下面毛密或较疏；叶柄常有黏质短腺毛。花序枝的侧枝不发达，长约中央主枝之半或稍短，故花序呈金字塔形或狭圆锥形；萼浅钟形；花冠紫色，漏斗状钟形；子房卵圆形，有腺毛，花柱短于雄蕊。蒴果卵圆形，先端锐尖，外果皮革质。花期在每年的 4—5 月，果期在 8—9 月。

【**生态习性**】属强阳性树种，抗性很强，适应性强，较耐干旱与瘠薄，在北方较寒冷和干旱地区尤为适宜。主干低矮，生长速度较慢。根系发达，分布较深。

【**繁殖要点**】以根插、播种和留根繁殖为主。

【**园林用途**】毛泡桐树干端直，树冠宽大，叶大荫浓，花大而美，宜作行道树、庭荫树，同时叶片被毛，分泌一种黏性物质，能吸附大量烟尘及有毒气体，是城镇绿化及营造防护林的优良树种（图 3-76、图 3-77）。

图 3-76　毛泡桐　　　　　　　图 3-77　毛泡桐的花

 **任务实施**

一、任务布置

（1）发放任务清单。

（2）收集资料。

（3）线上学习。

二、现场庭荫树识别与调查

（1）以小组为单位，对当地常见庭荫树木进行识别与调查，并填写记录表（表 3-2）。

表 3-2　庭荫树调查记录表

班级 _____　　　小组成员 _____　　　调查时间 _____

调查地点：	植物图片
树种：　　科：　　属：	
形态特征：（落叶或常绿）	

续表

性状：	树冠：	树皮：	枝条：
叶形：	叶序：	叶脉：	叶缘：
花：	花色：	花序：	花期：
果实：	种子：		
生长环境：			
生长状况：			
配植方式：			
观赏特性：			
园林用途：			
备注：			

（2）调查区域庭荫树应用分析。

考核评价

评价项目	评价内容	配分	得分
知识考核	能够熟练说出常见8种庭荫树的名称	20	
	能够描述常见庭荫树的识别要点	15	
	能够准确表达出庭荫树的观赏特性	20	
技能考核	调查报告撰写：内容全面，条理清晰	10	
	调查水平；准备识别种类、特征	20	
	使用专业术语描述	5	
素质考核	调查态度：积极主动，有团队精神	5	
	调查过程中注重方法及创新	5	
	总分	100	

思考与练习

1. 从形态特征角度出发，如何区分国槐和刺槐、玉兰和二乔玉兰、法桐和毛泡桐。
2. 总结当地常见庭荫树的种类与观赏特性。

任务三　行道树种的识别与应用

城市道路植物景观面貌如何，主要取决于行道树的形态与具体搭配，行道树植于道路两边和分车带中，以美化、遮荫和防护为目的并形成景观。其应用对于完善道路服务体系、提高道路服务质量、改善生态环境具有十分重要的意义。

✈ 任务描述

作为种植在道路两旁的树种，它们一萌发出嫩芽就注定了扎根于充斥着噪声、粉尘污染的地方，但是如果给它们一个选择的机会，它们仍将选择在道路两旁茁壮生长。这不仅是一种无私奉献的精神，更是一种扎根于革命底层，做一颗牢固的螺丝钉的雷锋精神。

调查当地城市主要街道、居民区、公园等园林绿地的行道树种及应用情况，内容包括行道树种名录、主要特征、习性及其观赏特点、应用及配植方式等，完成行道树种调查报告。

任务分析

行道树种应用广泛，不同行道树种有着各自的形态特征和园林绿化特点，因此，在园林应用中除考虑自身的形态特征外，还应考虑各树种的生态习性、经济价值、景观效果及周围环境的特点。

完成该学习任务：一要掌握行道树的识别特征，能正确识别行道树种；二要能全面分析和准确描述行道树种的主要习性、观赏特点和园林应用特点等；三要善于观察行道树种与其他树种的搭配效果；四要分析行道树种对其周围生态环境的要求。在完成该学习任务时，要注意选择观赏效果较好的绿地，并依据树种的形态特征、主要习性、配植效果等要素，准确地识别该景点的行道树种，完成任务总结。

知识准备

一、行道树种的概念

行道树是指种植在道路两旁及分车带，给车辆和行人遮荫并构成街景的树种。

行道树种代表一个区域或一个城市的气候特点及文化内涵，任何植物的生长都与周围环境条件有密切的联系，因此，选择行道树种时，一定要考虑本地区的环境特点与植物的适应性，避免行道树栽植的盲目性。

二、行道树种的选择要求

（1）树形整齐，枝叶茂盛，树冠优美，冠幅大，夏季荫浓，发叶早，落叶迟，冬态树形美。

（2）树干通直，分枝点 1.8 m 以上，无臭味，无毒，无刺激，叶、花、果可观赏，无污染。

（3）繁殖容易，根系发达，生长迅速，寿命长，大苗好移植，栽植成活率高。

（4）抗逆性强，抗污染，抗强风、大雪，深根系，耐高温，也耐低温，对有害气体的抗性强，病虫害少。

（5）能够适应当地环境条件，耐修剪，养护管理容易。

三、行道树种的作用

（1）保护和改善城市环境。其主要表现在遮阳降温、吸滞粉尘、制造氧气、净化空气、增加空气湿度、减弱噪声、杀菌、防风等。

1）行道树种在城市环境中起遮阳降温的作用。树冠能吸收和反射部分阳光，阳光不能透过树冠，因此形成绿荫。绿荫处的辐射热较少，温度自然有所降低。此外，植物的蒸腾作用向空气释放了大量的水蒸气，同时散发了热量，并增加了空气湿度。

2）树木对粉尘有明显的阻挡、过滤和吸附作用。树冠相当于一个大型空气过滤器。树木滞尘作用的大小主要与其枝叶的表面特征有关，例如，枝叶表面的粗糙程度、是否有毛，枝叶的浓密和茂盛程度，以及叶片的质地和大小等都能影响树木的滞尘量。一般常绿树种比落叶树种减尘效果明显，如松柏类因有树脂而滞尘能力相当大。

3）行道树有制造氧气、净化空气的作用。林木可以进行光合作用，吸收二氧化碳，放出氧气，而且林木的叶面可以粘着及截留浮尘，并能防止沉积污染物被风吹扬，故有净化空气的作用。研究指出，每公顷树木每年叶沉积浮游尘的量可达 30～68 吨，可减轻空气污染。

4）行道树有降低噪声的作用。道路机动车辆所产生的噪声问题日益严重。合理种植行道树种，能减小噪声。树木对声波的振动有减弱和吸收的作用。一般枝叶细密的树种减噪效果高于枝叶稀疏树种；常绿树种减噪效果优于落叶树种；混合树种减噪效果比单一树种的减噪效果明显。因此。应当因地制宜，针对不同的路况，选择适宜的树种和高度及合理的种植密度和位置。

5）行道树种具有一定的防风作用。结合道路两旁的防护林，合理建设防风林带，对于城市及周边环境都会产生良好的防护与改善作用。

（2）组织交通，诱导交通方间，保障行车安全。行道树种可以自然地将道路划分为机动车道、非机动车道及人行道，使车辆与行人各行其道；在重要的路口及车辆行人比较集中的地方，可以用行道树种来诱导行车方向。这样，不但提高了道路的美观程度与绿化面积，也提高了道路的利用率，且能有效地减少甚至防止交通事故的发生。

（3）美化市容，装饰街景，烘托城市建筑。行道树种的美化作用十分明显。行道树是展示城市形象的一个"窗口"。绿色给人以平和、宁静、舒适之感，无论是驾驶员还是行人，在绿色环境中都会感到舒适和安全，且不易疲劳。合理布局行道树种，适当选择非绿色的树种，可把道路映衬得生动而艳丽。对一些有地方特色的城市来说，行道树种还可以起到突出城市的个性或民族特色的作用。

（4）遮荫。炎炎夏日里，行道树可遮阻烈日辐射，使行人免受日晒之苦。

（5）成为珍贵的乡土文化资产。历经数十年漫长岁月培育才能蔚然有成的林荫大道，是饱经风霜、走过时间、走过历史的"见证人"，与人类社会的发展、生活密切相关，其种植背景、事迹与地方特色更是宝贵的乡土文化的一部分。

四、行道树种的配置要求

行道树一般采用规则式配植，其中又分为对称式和非对称式。多数情况下道路两侧的立地条件相同，宜采用对称式；当两侧的条件不同时，可采用非对称式。最常见的行道树形式为同一树种、统一规格、同一株行距的行列式栽植，构成一街一景的独特风景，这样，不仅能体现大自然的季节变化，美化城市道路，还能起到城市交通导向作用。

五、常见行道树种

1.油松

【别名】短叶马尾松、红叶松、短叶松

【学名】*Pinus tabuliformis* Carrière

【科属】松科松属

【产地及分布】我国特有树种，产于吉林南部、辽宁、河北、河南、山东、山西、内蒙古、陕西、甘肃、宁夏、青海及四川等省区，生长于海拔 100～2 600 m 的地带，多组成单纯林。其垂直分布由东到西、由北到南逐渐增高。辽宁、山东、河北、山西、陕西等省有人工林。

【形态特征】常绿乔木，高达 25 m；树皮灰褐色或红褐色，裂成不规则较厚的鳞状块片，裂缝及上部树皮红褐色；大枝平展或斜向上，老树树冠平顶，小枝较粗，褐黄色，无毛，幼时微被白粉；冬芽矩圆形，顶端尖，微具树脂，芽鳞红褐色，边缘有丝状缺裂。针叶 2 针一束，深绿色，粗硬，边缘有细锯齿，两面具气孔线；叶鞘初呈淡褐色，后呈淡黑褐色。雄球花圆柱形，在新枝下部聚生成穗状。球果卵形或圆卵形，有短梗，向下弯垂，成熟前绿色，熟时淡黄色或淡褐黄色，常宿存树上近数年之久；种子卵圆形或长卵圆形，淡褐色有斑纹；初生叶窄条形，先端尖，边缘有细锯齿。花期在每年的 4—5 月，球果在第二年 10 月成熟。

【生态习性】阳性树种，深根性树种，抗瘠薄，抗风，喜干冷气候，在土层深厚、排水良好的酸性、中性或钙质黄土上均能生长良好。

【繁殖要点】播种、扦插、嫁接繁殖。

【园林用途】松树树干挺拔苍劲，四季常春，不畏风雪严寒，有庄严肃静、雄伟宏博的气势，象征坚贞不屈、不畏严寒的气质，除适于独植、丛植、纯林群植外，也宜行混交种植（图 3-78、图 3-79）。

图 3-78　油松

图 3-79　油松的叶

2.梧桐

【别名】青桐

【学名】*Firmiana Simplex* Marsili

【科属】梧桐科梧桐属

【产地及分布】原产地中国，华北至华南、西南广泛栽培，尤以长江流域为多。

【形态特征】落叶乔木，高达 16 m；树干通直，光滑或稀纵裂，幼年树皮青绿色，老时灰绿色或灰色。叶心形，掌状 3～5 裂，裂片三角形，顶端渐尖，基部心形。圆锥花序顶生，花淡黄绿色；萼 5 深裂几至基部，萼片条形，向外卷曲，外面被淡黄色短柔毛，内面仅在基部被柔毛；雄花的雌雄蕊柄与萼等长，下半部较粗，无毛，花药 15 个不规则地聚集在雌雄蕊柄的顶端，退化子房梨形且甚小；雌花的子房圆球形，被毛。蓇葖果膜质，有柄，成熟前开裂成叶状，外面被短茸毛或几无毛；种子圆球形；花期在每年的 6—7 月，果实成熟期在 9—10 月。

【生态习性】阳性树种，喜温暖湿润的气候，耐严寒，耐干旱及瘠薄，适生于肥沃、湿润的沙质壤土，喜碱。根肉质，不耐水渍，深根性，植根粗壮；萌芽力弱，一般不宜修剪。生长尚快，寿命较长，能活百年以上。

【繁殖要点】以播种繁殖为主。

【园林用途】中国梧桐也是一种优美的观赏植物，可作为行道树及庭园绿化观赏树，也可点缀于庭院、宅前（图 3-80、图 3-81）。

图 3-80　梧桐的叶　　　　图 3-81　梧桐树

3. 毛白杨

【学名】*Populus tomentosa* Carr

【科属】杨柳科杨属

【产地及分布】中国特产，分布广泛，以黄河流域中、下游为中心分布区。

【栽培品种】

（1）截叶毛白杨：树冠浓密，树皮灰绿色，光滑，皮孔菱形且小，多为 2 个以上横向连生，呈线形；短枝叶基部通常为截形，发叶较早，生长较原变种快。

（2）抱头毛白杨：主干明显，树冠狭长，侧枝紧抱主干。生长较快，二三年生树高 20 m，胸径 30 cm，根深冠窄不胁地，适于农田林网及四旁绿化栽培。

【形态特征】落叶乔木，高达 30 m。树皮幼时暗灰色，壮时灰绿色，渐变为灰白色，老时基部黑灰色，纵裂，粗糙，干直或微弯；树冠圆锥形至圆形。侧枝开展，雄株斜上，老树枝下垂；小枝（嫩枝）初被灰毡毛，后光滑。芽卵形，微被毡毛。长枝叶阔卵形或三角状卵形，先端短渐尖，基部心形或截形，边缘深齿牙缘或波状齿牙缘，上面暗绿色，光滑，下面密生毡毛，后渐脱落；短枝叶通常较小，卵形或三角状卵形，先端渐尖，具深波状齿牙缘；叶柄稍短于叶片，侧扁，先端无腺点。子房长椭圆形，粉红色。蒴果圆锥形或长卵形，2 瓣裂。花期在每年的 3—4 月，果期在 5—6 月。

【生态习性】喜光，要求凉爽和较湿润气候，对土壤要求不严，一般前 20 年为生长旺盛期，而后加粗，生长变快，寿命为杨属中最长的树种。

【繁殖要点】以播种繁殖为主。

【园林用途】毛白杨树干灰白，端直，树形高大广阔，颇具雄伟气概。深绿色的大型叶片在微风吹拂时能发出欢快的响声，给人以豪爽之感，在园林绿地中很适宜作行道树或庭荫树。加之其生长快，也是造林绿化的树种，广泛应用于城乡绿化（图 3-82、图 3-83）。

图 3-82　毛白杨　　　　　　　图 3-83　毛白杨的花序

4. 新疆杨

【别名】白杨、加拿大杨

【学名】_Populus bolleana_ Lauche

【科属】杨柳科杨属

【产地及分布】主要分布于中亚、西亚、欧洲巴尔干地区、中国北方。

【形态特征】落叶乔木，高可达 30 m，树冠窄圆柱形或尖塔形；树皮呈灰白或青灰色，光滑少裂；萌条长枝叶掌状深裂，基部平截；短枝叶圆形，有粗缺齿，侧齿几对称，基部平截，下面绿色几无毛；叶柄侧扁或近圆柱形，被白绒毛；蒴果细圆锥形，2 瓣裂，无毛。花期在每年的 4—5 月，果期在 5 月。

【生态习性】喜光，耐干旱瘠薄及盐碱土。深根性，抗风力强，生长快。

【繁殖要点】以播种和扦插繁殖为主。

【园林用途】耐修剪，对有毒气体抗性强，是城市绿化或道路两旁栽植的树种；树型及叶形优美，在草坪、庭前孤植、丛植，或用于道路绿化、点缀山石都很合适，也可用作绿篱及基础种植树种（图 3-84、图 3-85）。

图 3-84　新疆杨的叶片　　　　　图 3-85　新疆杨

5. 山楂

【别名】山里果子、柿楂子

【学名】*Crataegus pin，natifida*

【科属】蔷薇科山楂属

【产地及分布】产于东北、华北等地区。生长于海拔为 100 ～ 1 500 m 的山坡林边或灌木丛中。

【栽培品种】

（1）甜口山楂：外表呈粉红色，个头较小，表面光滑，食之略有甜味。

（2）酸口山楂：

1）歪把红，顾名思义，在其果柄处略有凸起，看起来像是果柄歪斜，故而得名，单果比正常山楂大，市场上的冰糖葫芦主要用它作为原料。

2）大金星，单果比歪把红要大一些，成熟果实上散生红色小点，故得名大金星，口味最重，属于特别酸的一种。

3）大绵球，单果个头最大，成熟时软绵绵的，酸度适中，食用时基本不做加工，保存期短。

4）普通山楂，山楂最早的品种，个头小，果肉较硬，适合入药，市场上的山楂罐头的主要原料。

【形态特征】落叶小乔木，高达 5 m。树皮粗糙，暗灰色或灰褐色，浅纵裂，常具短枝；小枝圆柱形，当年生枝紫褐色，无毛或近于无毛，疏生皮孔，老枝灰褐色；冬芽三角卵形，先端圆钝，无毛，紫色。叶片宽卵形或三角状卵形，稀菱状卵形，先端短渐尖，基部截形至宽楔形，叶柄长 2 ～ 6 om，无毛，托叶草质，镰形，边缘有锯齿，伞房花序，花瓣倒卵形或近圆形，白色。果实近球形或梨形，深红色，有浅色斑点；小核 3 ～ 5 个，外面稍具棱，内面两侧平滑；花期在每年的 5—6 月，果期在 9—10 月。

【生态习性】适应性强，喜凉爽、湿润的环境，既耐寒又耐高温。喜光也能耐荫，耐旱；对土壤要求不严格，但在土层深厚、质地肥沃、疏松、排水良好的微酸性沙壤土中生长良好。根系发达，萌蘖性强。

【繁殖要点】以播种繁殖为主。

【园林用途】树冠整齐，叶茂花繁，果实鲜红可爱，是观花、观果的良好绿化树种。其树冠整齐，分枝点基本一致，也可作为城市行道树的选择树种之一，也可作庭荫树、绿篱（图 3-86）。

图 3-86　山楂

6. 栾树

【别名】木栾、栾华、灯笼树

【学名】*Koelreuteria paniculata* Laxm.

【科属】无患子科栾树属

【产地及分布】产于中国北部及中部大部分省区，以华中、华东较为常见，生于海拔 1 500 m 以下的山地、山谷和平原地区，适生于石灰岩山地，常和青檀、黄连木等混生成林。世界各地有栽培。

【**形态特征**】落叶乔木或灌木；树皮厚，灰褐色至灰黑色，老时纵裂；叶为一回、不完全二回或偶有二回羽状复叶；小叶对生或互生，纸质，卵形、阔卵形至卵状披针形；聚伞圆锥花序；蒴果圆锥形，顶端渐尖，果瓣卵形，外面有网纹，内面平滑且略有光泽；种子近球形。花期在每年的 6—9 月，果期在 8—10 月。

【**生态习性**】喜光，耐旱，耐寒，不耐水淹，耐干旱和瘠薄，对环境的适应性强，喜欢生长于石灰质土壤中，耐盐渍及短期水涝。具有深根性，萌蘖力强，生长速度中等，幼树生长较慢，以后渐快，有较强的抗烟尘能力。

【**繁殖要点**】以播种、扦插繁殖为主。

【**园林用途**】栾树适应性强，季相明显；春季嫩叶红艳，夏季满树黄花绽放，入秋叶色变黄，果实紫红，形似灯笼，十分美丽，是理想的绿化观叶树种。栾树宜作庭荫树、行道树及园景树，也可作为居民区、工厂区及四旁绿化树种（图 3-87、图 3-88）。

图 3-87 栾树

图 3-88 栾树的果实

7. 圆柏

【**别名**】桧柏、刺柏

【**学名**】*Sabina chinensis*（Linn.）Ant.

【**科属**】柏科圆柏属

【**产地及分布**】原产于中国东北南部及华北等地区，野生的较少，多为栽培的。

【**栽培品种**】

（1）球桧：丛生圆球形或扁球形灌木，叶多为鳞叶，小枝密生。矮型丛生圆球形灌木，枝密生，叶鳞形，间有刺叶。

（2）龙柏：树形不规整，枝交错生长，少数大枝斜向扭转，小枝紧密。叶多为鳞状叶，有时基部萌生蘖枝上有刺形叶。树冠圆柱状或柱状塔形；枝条向上直展，常有扭转上升之势，小枝密，在枝端成几个等长的密簇；鳞叶排列紧密，幼嫩时淡黄绿色，后呈翠绿色；球果蓝色，微被白粉。

【**形态特征**】常绿乔木，高达 20 m；树冠尖塔形或圆锥形；树皮深灰色，纵裂，裂成不规则的薄片脱落；小枝近圆柱形或方形；叶二型，即刺叶及鳞叶，幼树之叶全为刺形，老树之叶刺形或鳞形或二者兼有；雌雄异株，稀同株；球果近圆球形，种鳞合生，肉质，种鳞与苞鳞合生，仅苞鳞尖端分离，熟时不开裂。花期在每年的 3—4 月，球果成熟期在翌年的 4—9 月。

【生态习性】喜光树种，较耐荫，喜温凉、温暖气候及湿润土壤。忌积水，耐修剪，易整形。耐寒，耐热，对土壤要求不严，但在中性、深厚而排水良好的土壤中生长最佳。深根性，侧根也很发达。寿命极长。

【繁殖要点】以播种、扦插繁殖为主。

【园林用途】其树形优美，青年期呈整齐的圆锥形，老树则干枝扭曲，古庭院、古寺庙等风景名胜区多有千年古柏，"清""奇""古""怪"，各具幽趣。可以群植草坪边缘作背景，可以丛植片林，镶嵌树丛的边缘、建筑附近，也可作绿篱、行道树，还可以作为桩景、盆景材料。各地普遍栽植于庭院观赏（图 3-89、图 3-90）。

图 3-89　圆柏　　　　　　　　图 3-90　圆柏的球果

8. 白蜡

【别名】青榔木、白荆树

【学名】*Fraxinus chinensis* Roxb.

【科属】木樨科白蜡属

【产地及分布】产于中国南北各省区。多为栽培树种。

【形态特征】落叶乔木，高达 12 m；树皮灰褐色，纵裂。芽阔卵形或圆锥形，被棕色柔毛或腺毛。小枝黄褐色，粗糙，无毛；奇数羽状复叶，对生；小叶 5～9 枚，卵形、倒卵状长圆形至披针形，长 3～10 cm，先端锐尖至渐尖，基部钝圆或楔形，叶缘具整齐锯齿；圆锥花序顶生或腋生枝梢；雌雄异株；翅果倒披针形，果翅下延，坚果圆柱形。花期在每年的 3—5 月，果期在 9—10 月。

【生态习性】阳性树种，喜光，稍耐荫，喜温暖湿润气候，对土壤的适应性较强，抗烟尘，对 SO_2、Cl_2 有较强的抗性。萌蘖力强，耐修剪，生产快，寿命长。

【繁殖要点】以播种繁殖为主。

【园林用途】为中国重要经济树种。树形整齐，枝叶茂密，春叶鲜绿，秋叶橙黄，是优良的庭荫树、孤植树和行道树（图 3-91、图 3-92）。

9. 女贞

【别名】蜡树、桢木

【学名】*Ligustrum lucidum* Ait.

图 3-91　白蜡的叶　　　　　　图 3-92　白蜡

【科属】木樨科女贞属

【产地及分布】产于长江流域及以南各地，多生长于阳坡、丘陵、山麓或疏林中。

【形态特征】常绿乔木，高可达 20 m，全株无毛；树皮灰褐色，光滑不裂；枝开展；叶片革质，卵形、长卵形至宽椭圆形，先端锐尖至渐尖或钝，基部圆形或近圆形，有时宽楔形或渐狭，叶缘平坦；圆锥花序顶生；花白色，梗极短，花冠筒与花冠裂片近等长；果肾形或近肾形，深蓝黑色，成熟时呈红黑色，被白粉；花期 5—7 月，果期 7 月至翌年 5 月。

【生态习性】深根性树种，须根发达，生长快，萌芽力强，耐修剪，但不耐瘠薄；耐寒性好，耐水湿，喜温暖湿润气候，喜光，耐荫；对土壤要求不严，以沙质壤土或黏质壤土栽培为宜。

【繁殖要点】以播种繁殖为主。

【园林用途】园林中常用的观赏树种，四季婆娑，枝叶茂密，夏季白花满树，又适应城市的气候环境，可于庭院中种植，也是行道树中常见的树种。加之其适应性强，生长快且耐修剪，也用于绿篱。一般经过 3 ～ 4 年即可以成型，以达到隔离的效果（图 3-93、图 3-94）。

图 3-93　女贞的花　　　　　图 3-94　女贞

10. 杜仲

【别名】胶树、丝棉皮

【学名】*Eucommia ulmoides* Oliver

【科属】杜仲科杜仲属

【产地及分布】中国的特有树种。原产于中国中部及西部，现于各地广泛栽培，是国家二级珍贵保护植物。

【形态特征】落叶乔木，高可达 20 m，胸径约 50 cm；树冠圆球形。植物体各部具白色胶丝。小枝光滑，无顶芽，具片状髓，老枝有明显皮孔；叶椭圆形、卵形或矩圆形，薄革质；基部圆形或阔楔形，先端渐尖；上面暗绿色，初时有褐色柔毛，不久变秃净，老叶略有皱纹，下面淡绿，初时有褐毛，以后仅在脉上有毛；花生于当年枝基部；苞片倒卵状匙形，顶端圆形，边缘有睫毛，早落；雌花单生，苞片倒卵形；翅果扁平，长椭圆形，基部楔形，周围具薄翅。坚果位于中央，稍凸起，与果梗相接处有关节；种子 1 枚，扁平，线形，两端圆形。花期在每年的 3—4 月，叶前开放或与叶同放；果实成熟期在 10—11 月。

【生态习性】属中生性树种。喜光，喜温暖湿润气候，不耐庇荫；酸性、中性、钙质或轻盐土壤均能生长。适应性强，有相当强的耐寒力，并有一定的耐盐碱性，但在过湿、过干或过于贫瘠的土上生长不良。根系较浅且侧根发达，萌蘖性强。

【繁殖要点】以播种繁殖为主。

【园林用途】树干端直，枝叶茂密，叶色深绿，树形整齐优美，抗虫性能好，是良好的庭荫树及行道树，也可作一般的绿化造林树种（图3-95）。

图3-95　杜仲

11. 臭椿

【别名】臭椿皮、大果臭椿

【学名】*Ailanthus altissima*（Mill.）Swingle in Journ.

【科属】苦木科臭椿属

【产地及分布】分布于中国北部、东部及西南部，以黄河流域为分布中心。世界各地广为栽培。

【形态特征】落叶乔木，高可达20余米，胸径达1 m；树皮较平滑而有直纹；叶为奇数羽状复叶；有小叶，小叶对生或近对生，纸质，卵状披针形；叶面深绿色，背面灰绿色，稍有白粉，无毛或沿中脉有毛；花杂性异株，成圆锥花序；花淡绿色，有味；翅果长椭圆形，成熟时淡褐色或淡红褐色，翅扭曲，脉纹显著；种子位于翅的中间，扁圆形。花期在每年的4—5月，果期在8—10月。

【生态习性】阳性树种，适应性强，喜光，耐寒，能耐-35 ℃的低温，不耐荫。对土壤要求不严，除黏土外，各种土壤和中性土、酸性土及钙质土都能生长，但适生于深厚、肥沃、湿润的沙质土壤。具有深根性，根系深，萌芽力强，生长快，1年生苗高达1～1.5 m，前10年每年可增高约0.7 m，10余年后可成材，20年后生长渐慢。对氯气抗性中等，对氟化氢及二氧化硫抗性强。

【繁殖要点】以播种繁殖为主，还可用分蘖及根插繁殖。

【园林用途】树干通直高大，树冠圆整如半球状，颇为壮观。春季嫩叶紫红色，秋季红果满树，其叶及花散发臭味但并不严重，故仍是良好的观赏树和行道树。印度、英国、法国、德国、意大利、美国等常常将其作为行道树，臭椿因其美丽的外观和强大的生命力而被誉为天堂树。因它具有较强的抗烟能力，可孤植、丛植或与其他树种混栽，是工矿区绿化的良好树种。又因其适应性强，萌蘖力强，故为山地造林的先锋树种，也是盐碱地的水土保持和土壤改良的常用树种，适合用于工厂、矿区等绿化（图3-96、图3-97）。

图3-96　臭椿的叶

图3-97　臭椿的花

12. 鹅掌楸

【别名】马褂木、双飘树

【学名】*Liriodendron chinense*（Hemsl.）Sarg.

【科属】木兰科鹅掌楸属

【产地及分布】分布于长江以南及西南地区，生于海拔 900～1 000 m 的山地林中。越南北部也有分布。

【形态特征】落叶乔木，高达 40 m，胸径 1 m 以上，树冠圆锥状。小枝灰色或灰褐色。叶马褂状，各边 1 裂，向中腰部缩入，老叶背部有白色乳状凸点；花黄绿色，外面绿色较多而里面黄色较多。聚合果，长为 7～9 cm，翅状小坚果，顶端钝或钝尖，具种子 1～2 颗。花期在每年的 5 月，果期在 9—10 月。

【生态习性】喜光，喜温暖湿润气候，有一定的耐寒性。在 -20 ℃低温条件下短期内不受冻害。对土壤适应性强，生长速度快，在长江流域适宜的地方，一年生苗可达 40 cm。对空气中的二氧化硫气体有中等程度的抗性。

【繁殖要点】多采用播种繁殖方式。

【园林用途】因冠形端正，叶形奇特，是优良的庭荫树和林荫道树种。花杯状，心皮黄绿色，如金盏，美而不艳，古雅别致，最宜植于园林中的安静休息区的草坪上。秋叶呈黄色，很美丽，可独栽或群植，在江南自然风景区中可与木荷、山核桃、板栗等行混交林式种植。世界珍有树种之一，木材结构细，不变形，叶和树皮可药用，为国家二级保护树种（图 3-98）。

图 3-98　鹅掌楸

13. 梓树

【别名】木桐、臭梧桐、黄金树

【学名】*Catalpa ovata* G. Don.

【科属】紫葳科梓属

【产地及分布】分布很广，东北、华北、华南等地区均有，以黄河中下游为分布中心。

【形态特征】落叶乔木，一般高为 6 m，最高可达 15 m。树冠伞形，树皮暗灰色或灰褐色，浅纵裂；圆锥花序顶生；单叶对生或 3 枚轮生，叶宽卵形至卵圆形，通常 3～5 浅裂，掌状五出脉，背面沿脉有柔毛，基部脉腋有紫斑；蒴果细长如筷；种子长椭圆形，两端密生长柔毛，背部略隆起；子房上位，棒状。花柱丝形，柱头 2 裂。花期在每年的 6—7 月，果期在 8—10 月。

【生态习性】深根性树种，喜光，喜温暖湿润土壤，适生于温带地区，对氯气、二氧化硫和烟尘的抗性均强。

【繁殖要点】种子或根蘖繁殖

【园林用途】树体宽大，可作行道树、庭荫树、工厂绿化树种和四旁绿化树种。树体端正，冠幅开展，叶大荫浓，春夏满树白花，秋冬荚果悬挂，形似挂着的蒜苔一样，因此也称为蒜苔树，是具有一定观赏价值的树种（图 3-99）。

图 3-99　梓树

14. 楸树

【别名】金丝楸、水桐

【学名】*Catalpabungei* C.A.Mey

【科属】紫葳科梓树属

【产地及分布】原产于中国，主产黄河流域和长江流域，北京、河北、内蒙古、安徽、浙江等地区也有分布。

【形态特征】落叶乔木，树冠狭长，呈倒卵形。叶三角状卵形或卵状长圆形，先端渐长尖。总状花序呈伞房状排列，顶生。花冠浅粉紫色，内有紫红色斑点。异花传粉。种子扁平，具长毛。花期在每年的4—5月，果实成熟期在8—10月。

【生态习性】生长迅速，主根明显，粗壮，侧根深入土中40 cm以下；根蘖和萌芽力都较强；喜光，温暖气候；适于生长在年均温度为10～15 ℃环境下，喜肥沃、疏松的中性土壤、微酸土壤和钙性土；对二氧化硫和氯气有抗性，吸滞灰尘、粉尘能力强。

【繁殖要点】播种、分蘖或埋根繁殖。

【园林用途】珍贵的用材树种。其树姿挺拔，干直荫浓，花紫白相间，宜作庭荫树及行道树，也可孤植于草坪中；该树种与建筑配植时可显示出古朴、苍劲的树势（图3-100）。

图3-100　楸树

15. 构树

【别名】构乳树、褚树

【学名】*Broussonetia papyrifera*

【科属】桑科构属

【产地及分布】分布于中国黄河、长江和珠江流域地区，常野生或栽于村庄附近的荒地、田园及沟旁。

【形态特征】落叶乔木，树冠开张，卵形；树皮平滑，浅灰色，不易裂，具紫色斑块；单叶互生，有时近对生，广卵形至长椭圆状卵形，先端渐尖，基部心形，两侧常不相等，边缘具粗锯齿；花雌雄异株；雄花序为柔荑花序，粗壮；雌花序球形头状，苞片棍棒状，顶端被毛；瘦果具有与果柄等长的结构，表面有小瘤，龙骨双层，外果皮壳质。花期在每年的4—5月，果期在6—7月。

【生态习性】根系浅，侧根分布很广，生长速度快，萌芽力和分蘖力强；强阳性树种，适应性特强，耐干旱瘠薄，耐修剪，抗污染性强。

【繁殖要点】播种或扦插繁殖

【园林用途】枝叶茂密，树冠整齐，可用作行道树。能抗二氧化硫、氟化氢和氯气等有毒气体，可作为荒滩、偏僻地带及污染严重的工厂的绿化树种（图3-101）。

图3-101　构树

16. 丝棉木

【别名】白杜、华北卫矛

【学名】*Euonymus bungeanus*

【科属】卫矛科卫矛属

【产地及分布】北起黑龙江，南至长江南岸各省区，西至甘肃，除陕西、西南和两广未见野生外，其他各省区均有，但以长江以南栽培为主。

【形态特征】落叶小乔木或灌木，高达 8 m；树冠圆形与卵圆形，幼时树皮呈灰褐色，平滑，老树纵状沟裂；小枝细长，无毛，绿色，近四棱形；聚伞花序 3 花至多花，花序梗略扁；蒴果倒圆锥形，果皮粉红色；种子具红色假种皮。花期在每年的 5—6 月，果实成熟期在 9—10 月。

【生态习性】根系深而发达，能抗风；根蘖萌发力强，生长速度中等偏慢；喜光，稍耐荫；耐寒，对土壤要求不严，耐干旱，也耐水湿，在肥沃、湿润而排水良好的土壤中生长最好；对二氧化硫的抗性中等。

【繁殖要点】播种繁殖。

【园林用途】枝叶秀丽，红果密集，可长久悬挂枝头，到了秋季，红绿相映，煞是美丽，丝棉木宜植于林缘、草坪、路旁、湖边等，也可用作防护林或工厂绿化树种，同时，也是园林绿化的优美观赏树种（图 3-102、图 3-103）。

图 3-102　丝棉木的果实

图 3-103　丝棉木

17. 复叶槭

【别名】糖槭

【学名】*Acer negundo* L.

【科属】槭树科槭属

【产地及分布】原产北美洲。近百年内始引种于我国，在辽宁、内蒙古、河北、山东、河南、陕西、甘肃、新疆、江苏、浙江、江西、湖北等省区的各主要城市都有栽培。在东北和华北生长较好。

【形态特征】落叶乔木，最高达 20 m；树皮黄褐色或灰褐色；小枝圆柱形，无毛；羽状复叶；小叶纸质，卵形或椭圆状披针形，先端渐尖，基部钝形或阔楔形，边缘常有 3—5 个粗锯齿，稀全缘；叶柄嫩时有稀疏的短柔毛；花单性异株，总状花序，花无花瓣和花盘，花药紫色；翅果果翅展开为锐角，花期在每年的 4—5 月，果期在 9 月。

【生态习性】喜光。喜干冷气候，耐干冷，喜深厚、肥沃、湿润土壤，稍耐水湿，生长较快，寿命较短。

【繁殖要点】播种、嫁接繁殖。

【园林用途】早春开花，生长迅速，树冠广阔，夏季遮荫条件良好，可作行道树或庭园树，用以绿化城市或厂矿。其因具有生长势强、树冠优美、耐寒、耐旱等特点，被广泛应用于我国北方林木的防护、用材、绿化（图 3-104）。

图 3-104　复叶槭

 **任务实施**

一、任务布置

（1）发放任务清单。

（2）收集资料。

（3）线上学习。

二、现场识别与调查行道树木

（1）以小组为单位，对当地常见行道树进行识别与调查，并填写记录表（表3-3）。

表3-3　行道树调查记录表

班级 _____　小组成员 _____　调查时间 _____

调查地点：			植物图片
树种：　　科：　　属：			
形态特征：（落叶或常绿）			
性状：　　　　　树冠：　　　　　树皮：　　　　　枝条：			
叶形：　　　　　叶序：　　　　　叶脉：　　　　　叶缘：			
花：　　　　　　花色：　　　　　花序：　　　　　花期：			
果实：　　　　　种子：			
生长环境：			
生长状况：			
配植方式：			
观赏特性：			
园林用途：			
备注：			

（2）调查区域行道树应用分析。

考核评价

评价项目	评价内容	配分	得分
知识考核	能够熟练说出常见5种行道树的名称	20	
	能够描述常见行道树的识别要点	15	
	能够准确表达出行道树的观赏特性	20	
技能考核	调查报告撰写：内容全面，条理清晰	10	
	调查水平：准备识别种类、特征	20	
	使用专业术语描述	5	
素质考核	调查态度：积极主动，有团队精神	5	
	调查过程中注重方法及创新	5	
	总分	100	

思考与练习

1. 区分新疆杨和毛白杨、圆柏和龙柏、臭椿和香椿的异同点。
2. 总结山楂的常见栽培品种与特性。
3. 简述选择行道树的树种要求并举例说明。

任务四　　花灌木树种的识别与应用

花灌木类植物以美化和改善环境为主导作用，是构成园景的主要素材。其应用体现的不仅是植物的自然美、个体美，而且通过人工修剪造型的方法体现了植物的修剪美、群体美。

任务描述

花灌木类植物既是城市园林绿地系统的重要组成部分，也是城市文明的重要标志之一。花灌木不仅可以美化街景，而且可以净化空气、减弱噪声、减尘、改善小气候、防风、保护路面等，也会带来一定的经济效益和社会效益。

调查当地城市园林绿地或公共场所中常用的花灌木树种及应用情况，内容包括花灌木名录、主要特征、习性及其观赏特点、应用及配植方式等，完成调查报告。

任务分析

完成该学习任务：一要掌握花灌木树种的识别特征并能正确识别；二要能全面分析和准确描述花灌木树种的主要习性、观赏特点和园林应用特点等；三要善于观察与其他树种的搭配效果。在完成该学习任务时，要注意选择观赏效果较好的绿地，并依据树种的形态特征、主要习性、配植效果等要素，准确地识别并应用该地区的花灌木树种，完成任务总结。

知识准备

一、花灌木树种的概念

花灌木树种以观花为主。花灌木没有明显的主干，树体相对于乔木较小，冠幅也小，从根部生长的侧枝多。花灌木是指具有美丽的花朵或花序，具花形、花色或芳香气味且有观赏价值的乔木或灌木，亦可称作观花树或花木。每年气候变暖时，花灌木开始生长、开花，还伴有香味，繁殖、移植都较容易。

二、花灌木树种的选择要求

（1）枝叶茂盛，树冠优美，无臭味，无毒，无刺激，叶、花、果可观赏，无污染。

（2）花期长，抗病虫害能力强，花大色艳。

（3）适应性强，喜光或稍耐荫，耐高温，也耐低温，能耐干旱瘠薄土壤，抗污染、抗病虫害能力强，对土壤要求不严。

（4）能够适应当地环境条件，耐修剪，养护管理容易。

二、花灌木树种的配植要求

有些花灌木可作园景树兼庭荫树，有些也可作为行道树，在配植应用的方式上多种多样，可以独植、对植、丛植、列植或修剪整形成棚架用树种。它在园林中不但能独立成景而且可与各种地形及设施物相配合，从而发挥烘托、对比、陪衬等作用，例如，它可以植于路旁、坡面、道路转角等处，或与建筑相配作基础种植。花灌木类又可依其特色布置成各种专类花园，亦可依花色的不同配植成具有各种色调的景区，或可依开花季节的异同配植成各季花园，又可集各种香花于一堂，布置成各种芳香园等。

四、常见花灌木

1. 迎春

【别名】迎春花、黄梅

【学名】*Jasminum nudiflorum* Lindl.

【科属】木樨科素馨属

【产地及分布】产于我国北部、西部、西南各地，全国均有栽培。

【物种区别】迎春花和野迎春的区别：

（1）迎春花为落叶灌木，先花后叶，盛花期无叶。野迎春（云南黄馨）为常绿灌木，花期有绿叶。

（2）迎春花的花筒长，野迎春（云南黄馨）的花筒短。

（3）迎春花的花期比野迎春的早一个月左右。

（4）迎春花属落叶灌木，而野迎春（云南黄馨）属常绿灌木。

（5）迎春花先开花后长叶，而野迎春（云南黄馨）的花叶同时出现。

（6）迎春花原产于我国北方及中部各省，在华北地区栽培极为普遍，因而又有"北迎春"之称。而云南黄馨原产于我国华南和西南的亚热带地区，在南方栽培极为普遍，习惯称"南迎春"。

【形态特征】落叶灌木，直立生长，小枝绿色，细长，上部直立生长，下部下垂。叶对生，三出复叶，小枝基部具单叶，椭圆形或卵形；花单生于上年生小枝的叶腋，稀生于小枝顶端；苞片小叶状，披针形、卵形或椭圆形；花萼绿色，窄披针形，先端锐尖；花冠黄色，花期在每年的2—4月，可持续50天左右。

【生态习性】根部萌蘖力强，枝条着地部分极易生根；对土壤要求不严，但在酸性土壤中生长旺盛。喜光，喜温暖而湿润的气候，也耐干旱，但忌涝。

【繁殖要点】分株、扦插或压条繁殖。

【园林用途】枝条披垂，先花后叶，花色金黄，叶丛翠绿，宜配植在湖边、溪畔、桥头、墙隅，或栽植于草坪、林缘、坡地，房屋周围，可供早春观花。可盆栽或植作花篱，也可作水土保持树种（图3-105）。

图3-105　迎春

2. 连翘

【别名】一串金

【学名】*Forsythia suspensa*

【科属】木樨科连翘属

【产地及分布】产于中国北部、东部及东北部地区，生于山坡灌丛、林下或草丛中，现各地均有栽培。

【栽培品种】

（1）花叶连翘：叶面有黄色斑点，花深黄色；

（2）金边连翘：叶卵状，叶边呈亮丽的金黄色，其叶常年保持心为绿色，花呈金黄色，花期在每年的3—4月。

【形态特征】落叶丛生灌木。枝条开展或下垂，稍带蔓性，常着地生根，小枝土黄色，略呈四棱形；单叶或三出复叶，叶片卵形或椭圆状卵形至椭圆形，无毛，半革质，先端锐尖，基部宽楔形至楔形；花单生或数朵着生于叶腋，先于叶开放；花萼绿色；花冠黄色，裂片倒卵状长圆形或长圆形。果卵球形，先端喙状渐尖。花期在每年的3—4月，果期在7—9月。

【生态习性】根系发达，喜光，有一定的耐阴性；对土壤要求不严，怕涝；病虫害少，易管理。

【繁殖要点】以扦插或播种繁殖为主。

【园林用途】枝条拱形开展，早春花先叶开放，花色金黄，花期早，是北方常见的早春观花树种。连翘宜丛植于草坪、角隅、岩石假山下或作绿篱。其萌发力强，树冠覆盖度增加较快，能有效防止雨滴击溅地面，减少侵蚀，具有良好的水土保持作用，是国家推荐的退耕还林的优良生态树种和黄土高原防治水土流失的最佳经济作物（图3-106）。

图3-106　连翘

3. 紫丁香

【别名】丁香

【学名】*Syringa oblata* Lindl.

【科属】木樨科丁香属

【产地及分布】原产于中国华北地区，生海拔300～2 600 m的山地或山沟，现全国各地均有栽培。

【栽培品种】

（1）白丁香：花密而洁白，素雅而清香；叶较小，背面微有柔毛。

（2）紫萼丁香：花序轴和花萼紫蓝色，叶先端狭长，背面微有柔毛。

【**形态特征**】落叶小灌木，假二叉分枝，枝条粗壮无毛；单叶对生，广卵形，全缘，先端锐尖；圆锥花序，花紫色，香味；花萼钟状；蒴果长圆形，顶端尖，平滑；花期在每年的 4—6 月。

【**生态习性**】喜光，稍耐荫；耐寒性较强，对土壤要求不严，但在湿润、肥沃、排水良好的土壤中生长最宜。

【**繁殖要点**】多用播种、扦插、嫁接繁殖。

【**园林用途**】枝叶茂密，花美且香，是我国北方各省区园林中应用最普通的花灌木之一，适合庭院、公园、居民区等地栽植。又因紫丁香对二氧化硫有较强的吸收能力，因此也可栽植在厂矿及工业园的道路及园地内，也可盆栽或用作切花等（图 3-107）。

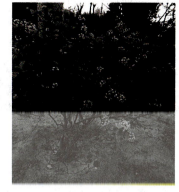

图 3-107　紫丁香

4. 北京丁香

【**别名**】山丁香

【**学名**】*Syringa pekinensis* Rupr.

【**科属**】木樨科丁香属

【**产地及分布**】产于中国内蒙古、河北、山西、河南、陕西、宁夏、甘肃、四川北部。生长于海拔 600 ~ 2 400 m 的山坡灌丛、疏林、密林、沟边及山谷或沟边林下。

【**形态特征**】大灌木或小乔木，高 2 ~ 5 m，可达 10 m；树皮褐色或灰棕色，纵裂。小枝带红褐色，细长，向外开展，具显著皮孔，萌枝被柔毛；叶片纸质，卵形、宽卵形或椭圆状卵形，先端长渐尖，基部近圆形或楔形，叶面平坦；圆锥花序生于上年生枝顶或叶腋；花冠筒短，略长于花萼或等长；雄蕊与花冠裂片等长，花丝略短于或稍长于裂片，花药黄色，长圆形；果长椭圆形至披针形，先端锐尖至长渐尖，光滑，稀疏生皮孔；花期在每年的 5—6 月，果实成熟期在 9—10 月。

【**生态习性**】性喜阳，耐寒，耐旱，但也稍耐荫。对土壤要求不严，适应性强，较耐密实度高的土壤，耐干旱。

【**繁殖要点**】以播种繁殖为主。

【**园林用途**】晚花丁香种花期在 5 月中旬至 6 月初，枝叶茂盛，是北方地区园林中初夏的优良花木。对城市环境适应性较强，可用作景观树和行道树（图 3-108）。

图 3-108　北京丁香

5. 暴马丁香

【**别名**】白丁香、荷花丁香

【**学名**】*Syringa reticulata*（Blume）H. Hara var. *amurensis*（Rupr.）J. S. Pringle

【**科属**】木樨科丁香属

【**产地及分布**】产于中国黑龙江、吉林、辽宁等地区，生长于海拔 10 ~ 1 200 m 的山坡灌丛或林边、草地、沟边，或针、阔叶混交林中。

【**形态特征**】落叶小乔木或大乔木，高 4 ~ 10 m，可达 15 m，具直立或开展枝条；树皮紫灰褐色，具细裂纹，常不开裂；枝条带紫色，有光泽，皮孔灰白色；单叶对生，叶片多宽卵形，厚纸质至革质，先端短尾尖至尾状渐尖或锐尖，基部常圆形，上面呈黄绿色，干时呈黄褐色，侧脉和细脉明显凹入使叶面皱缩，下面呈淡黄绿色；圆锥花序大而疏散，常侧生；花冠白色，花冠筒短；蒴果长椭圆形，先端常钝，外具疣状突起；种子周围有翅。花期在每年的 6—7 月，果实成熟期在 8—10 月。

【生态习性】喜温暖、湿润及阳光充足。稍耐荫，阴处或半阴处生长衰弱，开花稀少。具有一定耐寒性和较强的耐旱性。对土壤的要求不严，耐瘠薄，喜肥沃、排水良好的土壤，忌在低洼地种植，积水会引起病害，直至全株死亡。

【繁殖要点】以播种繁殖为主。

【园林用途】花序大，花期长，树姿美观，花香浓郁，花芬芳袭人，为著名的观赏花木之一。植株丰满秀丽，枝叶茂密，且具独特的芳香，广泛栽植于庭园、机关、厂矿、居民区等地。常丛植于建筑前、茶室凉亭周围，散植于园路两旁、草坪之中，或与其他种类丁香配植成专类园，形成美丽、清雅、芳香，青枝绿叶，花开不绝的景区，效果极佳；也可盆栽、促成栽培用于切花等（图 3-109、图 3-110）。

图 3-109　暴马丁香　　　　　　图 3-110　暴马丁香的花

6. 月季

【学名】*Rosa chinensis* Jacq.

【科属】蔷薇科蔷薇属

【产地及分布】中国是月季花的原产地之一。主要分布于湖北、四川和甘肃等省的山区，上海、天津和北京等市种植最多。

【栽培品种】

（1）藤本月季：蔓藤类灌木，植株较高大，攀援生长型，根系发达，抗性极强，枝条萌发迅速，长势强壮。

（2）丰花月季：扩张型长势，花头呈聚状，耐寒，耐高温，抗旱，抗涝，抗病，对环境的适应性极强。该品种广泛用于城市环境绿化、布置园林花坛、高速公路等。

（3）树状月季：通过两次以上嫁接手段达到标准的直立树干、树冠。

【形态特征】落叶灌木植物。茎棕色偏绿，有短粗的钩状皮刺。叶墨绿色，叶互生，奇数羽状复叶，小叶一般 3 ～ 5 片，椭圆或卵状长圆形，先端渐尖，基部近圆形或宽楔形，叶缘有尖锐齿。花生于枝顶，花朵常簇生，花瓣重瓣或半重瓣，色泽各异，倒卵形，有微香。果卵球形或梨形，红色，萼片脱落。花期在每年的 4—10 月，果期在 6—11 月。

【生态习性】性喜温暖、日照充足、空气流通的环境。适应性强，对土壤、气候要求不严，但疏松、肥沃、富含有机质、排水良好的壤土及气温在 22 ～ 25 ℃的生长环境最好。

【**繁殖要点**】以扦插、分株或压条繁殖为主。

【**园林用途**】花期长，观赏价值高，价格低廉，是春季主要的观赏花卉。同时，在园林绿化中，有着不可或缺的价值，是使用频率最高的一种花卉，主要用于垂直绿化，在园林街景、美化环境中具有独特的作用，也可用于园林布置花坛、花境或布置庭院，可制作月季盆景，做切花、花篮等（图3-111、图3-112）。

图3-111 月季

图3-112 藤本月季

拓展阅读：月季

7. 玫瑰

【**别名**】刺玫花

【**学名**】*Rosa rugosa* Thunb.

【**科属**】蔷薇科蔷薇属

【**产地及分布**】原产中国华北以及日本和朝鲜。中国各地均有栽培，以山东、江苏等地为多。

【**物种区别**】

（1）月季：一年多次开花，花朵大（一些微型月季、地被月季的花朵也很小）而鲜艳，枝刺较少，花朵多单生。

（2）玫瑰：大多密生枝刺，一芽多花，花枝被剪下后花朵会很快萎蔫，最长时间不会超过半小时。一年只开一次花，少数可多次开花。

（3）蔷薇：花朵小，单瓣或重瓣，多为藤本。

【**形态特征**】落叶丛生灌木，高可达2 m；小枝密被绒毛，并有针刺和腺毛；奇数羽状复叶，小叶5～9片，椭圆形或椭圆状倒卵形，边缘有尖锐锯齿；叶柄和叶轴密被绒毛和腺毛；花单生或3～6簇生，苞片卵形，边缘有腺毛，外被绒毛；花瓣倒卵形或重瓣至半重瓣，芳香，紫红色至白色；果扁球形，成熟时呈砖红色，肉质，平滑，萼片宿存。花期在每年的5—7月，果期在9—10月。

【**生态习性**】阳性植物，喜光，对土壤要求不甚严格，适应性强，在阴处生长不良，开花稀少。不耐积水，遇涝则下部叶片黄落，甚至全株死亡。萌蘖性强，生长迅速。抗风、固沙能力较强。

【**繁殖要点**】以扦插和分株繁殖为主。

【**园林用途**】在我国，因玫瑰的枝茎有刺，被赋予刺客、侠客的象征意义，适于作花篱，具有防卫功能。它也艳丽芳香，适应性强，种类繁多，繁殖容易，成为中国传统的十大名花之一，也是世界四大切花之一，素有"花中皇后"的美称。其最宜作为花境、花坛及坡地栽植材料。玫瑰也是街道、庭院、园林绿化的花卉品种，经过修剪造型，用以点缀广场草地、堤岸、花池。也可丛植、片植，构成迷人的玫瑰花丛（图3-113、图3-114）。

图 3-113　玫瑰的花　　　　　图 3-114　玫瑰

8. 海棠

【别名】海棠花

【学名】*Malus spectabilis*（Ait.）Borkh.

【科属】蔷薇科苹果属

【产地及分布】产于海拔为 50～2 000 m 的平原或山地，华北、华东最为常见。

【形态特征】落叶乔木，高可达 8 m；小枝粗壮，圆柱形，幼时具短柔毛，逐渐脱落，老时红褐色或紫褐色，无毛；冬芽卵形；叶片椭圆形至长椭圆形，基部宽楔形或近圆形，边缘有紧贴的细锯齿；花序近伞形，具柔毛；花瓣卵形，基部有短爪，白色，在芽中呈粉红色；果实近球形，黄色。花期在每年的 4—5 月，果期在 8—9 月。

【生态习性】喜光，耐寒及干旱，忌水湿。对严寒及干旱气候有较强的适应性，可以承受 -15 ℃的低温。

【繁殖要点】播种、压条、分株和嫁接等方法。

【园林用途】海棠是美好春天、美人佳丽和万事吉祥的象征，它花姿潇洒，美丽似锦，是中国北方著名的观赏树种，常植人行道两侧、亭台周围、丛林边缘、水滨池畔等。在皇家园林中常与玉兰、牡丹、桂花相配植，取"玉棠富贵"的意境。海棠花对二氧化硫有较强的抗性，可用作城市街道绿地和矿区绿化树种（图3-115、图3-116）。

图 3-115　海棠的花　　　　　图 3-116　海棠

9. 垂丝海棠

【别名】垂枝海棠

【学名】*Malus halliana* Koehne

【科属】蔷薇科苹果属

【产地及分布】生长于海拔50～1 200米的山坡丛林中或山溪边。各地均有栽培。

【形态特征】落叶小乔木，高达5 m，树冠疏散，枝开展；冬芽卵形，先端渐尖，紫色；叶片卵形或椭圆形至长椭卵形，锯齿细钝或近全缘，表面有光泽；托叶小，膜质，披针形；伞房总状花序，未开时红色，开后渐变为粉红色，多为半重瓣，也有单瓣花；萼片三角卵形；花药黄色，在每年的4—5月开放；梨果球状，略带紫色，成熟很迟，萼片脱落。花期在每年的3—4月，果期在9—10月。

【生态习性】性喜阳光，喜温暖、湿润气候，耐寒性不强，适生于阳光充足、背风之处，对土壤要求不严，但在土层深厚、疏松、肥沃、排水良好、略带黏质的土壤中生长得更好。

【繁殖要点】以嫁接为主。

【园林用途】花繁色艳，朵朵下垂，是著名的庭园观赏花木，可孤植、丛植、列植。因其对二氧化硫有较强的抗性，故也适于作为城市街道绿地和厂矿区绿化树种，它也是制作盆景的材料。在观花树丛中若以垂丝海棠作主体树种，其下配植春花灌木，其后以常绿树为背景，则尤显其绰约风姿（图3-117、图3-118）。

图3-117　垂丝海棠　　　图3-118　垂丝海棠的果实

10. 西府海棠

【别名】海红、小果海棠、子母海棠

【学名】*Malus micromalus*

【科属】蔷薇科苹果属

【产地及分布】原产我国，现全国各地均有栽培。

【形态特征】小乔木，高达2.5 m，树枝直立性强；小枝细弱，圆柱形，紫红色，具稀疏皮孔；冬芽卵形，先端急尖，暗紫色。叶片长椭圆形或椭圆形，先端急尖或渐尖，基部楔形，稀近圆形，边缘有尖锐锯齿；伞形总状花序；花瓣卵形，基部具短爪，初开放时粉红色至红色。果实近球形，红色，萼裂片宿存；果梗细长，先端较肥厚。花期在每年的4—5月，果期在8—9月。

【生态习性】喜光，耐干旱，忌湿，对土壤要求不严，最适生长于肥沃、疏松又排水良好的沙质壤土中。

【繁殖要点】以嫁接或分株繁殖为主。

【园林用途】花色艳丽，树态峭立，孤植、丛植或列植均可。一般多栽培于庭院。与玉兰、牡丹、桂花相伴，形成"玉棠富贵"之意（图3-119、图3-120）。

图 3-119　西府海棠　　图 3-120　西府海棠的树干

11.贴梗海棠

【**别名**】木瓜、贴梗木瓜

【**学名**】*Chaenomeles speciosa*（Sweet）Nakai

【**科属**】蔷薇科木瓜属

【**产地及分布**】分布于中国和缅甸，现全国各地均有栽培。

【**形态特征**】落叶灌木，高达 2 m，枝条直立开展，有刺；小枝圆柱形，微屈曲，无毛，紫褐色或黑褐色，有疏生浅褐色皮孔；叶片卵形至椭圆形，先端急尖，稀圆钝，基部楔形至宽楔形，边缘具有尖锐锯齿，齿尖开展，无毛或在萌蘖上沿下面叶脉有短柔毛，托叶大形，边缘有尖锐重锯齿，无毛；花先叶开放，3～5 朵簇生于二年生老枝上：花梗短粗；花瓣倒卵形或近圆形，基部延伸成短爪，猩红色，稀淡红色或白色；果实球形或卵球形，黄色或带黄绿色，有稀疏不显明斑点，味芳香；果梗短或近于无梗。花期在每年的3—5 月，果期在 9—10 月。

【**生态习性**】适应性强，喜光，也耐半阴，耐寒，耐旱。对土壤要求不严，在肥沃、排水良好的黏土、壤土中可正常生长，忌低洼和盐碱地。

【**繁殖要点**】以播种繁殖为主。

【**园林用途**】春季观花，夏秋赏果，淡雅俏秀，多姿多彩，使人百看不厌，可作为独特孤植观赏树或三五成丛地点缀于园林小品或园林绿地中，也可培育成独干或多干的乔灌木作片林或庭院点缀（图 3-121）。

图 3-121　贴梗海棠

12.紫叶李

【**别名**】红叶李

【**学名**】*Prunus cerasifera* Ehrhar f.

【**科属**】蔷薇科李属

【**产地及分布**】原产亚洲西南部及中国新疆天山一带，现分布于中国各地。

【**形态特征**】灌木或小乔木，高达 8 m；枝干多分枝，紫灰色，嫩芽淡红褐色，有时有棘刺；冬芽呈卵圆形，先端急尖，叶片单叶互生，椭圆形、卵形或倒卵形，常年紫红；托叶膜质，披针形，先端渐尖，边有带腺细锯齿，早落。花蕊短于花瓣，花瓣为单瓣；花

1 朵，稀 2 朵。核果近球形或椭圆形，腹缝线上微见沟纹，黄色、红色或黑色，粘核；花叶同放，花期在每年的 3—4 月，果期在 8 月，常早落。

【生态习性】耐水湿的植物。浅根性，萌蘖性强；喜光，稍耐荫，抗寒，对土壤要求不严，适应性强，但温暖湿润的气候和排水良好的沙质土壤最为有利。对有害气体有一定的抗性。

【繁殖要点】以嫁接、扦插、压条繁殖为主。

【园林用途】著名的观叶树种，其树枝广展，叶常年为红褐色，尤以春季最为鲜艳。宜于建筑物前及园路旁或草坪外栽植。孤植群植皆宜（图 3-122、图 3-123）。

图 3-122　紫叶李的叶片　　图 3-123　紫叶李

13. 紫叶矮樱

【学名】*Prunus × cistena* N. E. Hansen ex Koehne

【科属】蔷薇科李属

【产地及分布】各地均有栽培。中国华北、华中、华东、华南等地均适宜栽培，东北的辽宁、吉林南部等冬季可以安全越冬。

【形态特征】紫叶李和矮樱的杂交种。落叶灌木或小乔木，高达 2.5 m 左右；枝条幼时紫褐色，老枝有皮孔，分布整个枝条。单叶互生，叶长卵形或卵状长椭圆形，先端渐尖，叶基部广楔形，叶缘有不整齐的细钝齿，叶面红色或紫色，背面色彩更红；花单生，中等偏小，淡粉红色，花瓣 5 片，微香，花期在每年的 4—5 月。

【生态习性】喜光树种，耐寒，耐荫，喜湿润环境，忌水涝，对土壤要求不严格，但在肥沃深厚、排水良好的中性或者微酸性沙壤土中生长最好。抗病性强，耐修剪，半阴条件仍可保持紫红色。

【繁殖要点】以嫁接、扦插、压条繁殖为主。

【园林用途】因其枝条萌发力强、叶色亮丽，加之整个生长季叶均为紫红色，亮丽别致，树形紧凑，叶片稠密，整株色感表现好，因此，既可作为城市彩篱或色块整体栽植，也可单独栽植，是绿化美化城市的最佳树种之一。在盆栽应用方面，可制成中型和微型盆景（图 3-124、图 3-125）。

图 3-124　紫叶矮樱　　　　图 3-125　紫叶矮樱的叶片

14. 樱花

【别名】山樱花

【学名】*Cerasus* sp.

【科属】蔷薇科李属

【栽培品种】

日本晚樱：高约 10 m，树皮淡灰色，叶倒卵形，缘具长芒状齿；花单瓣或重瓣，下垂，粉红色或近白色，芳香，2～5 朵聚生，花期在 4 月。

【产地及分布】原产北半球温带和喜马拉雅山地区，在世界各地都有生长，生长或栽培于海拔 500～1 500 m 的山谷中。

【形态特征】乔木，高 4～16 m。树皮灰色；小枝淡紫褐色，无毛；冬芽卵圆形，无毛；叶片椭圆卵形或倒卵形，先端渐尖或骤尾尖，基部圆形，边缘有尖锐重锯齿，齿端渐尖；叶柄密被柔毛，顶端有 1～2 个腺体，有时无腺体；托叶披针形，有羽裂腺齿，被柔毛；伞形总状花序，有花 2～3 朵，先叶开放；花瓣白色或粉红色，椭圆卵形，先端下凹；核果近球形，黑色，核表面略具棱纹。花期在每年的 4 月，果期在 5 月。

【生态习性】属温带、亚热带树种，性喜阳光和温暖湿润的气候条件，具有一定的抗寒能力。对土壤的要求不严，宜在疏松肥沃、排水良好的沙质壤土生长；根系较浅，忌积水的低洼地。具有一定的耐寒和耐旱力，但对烟及风抗力弱。

【繁殖要点】以播种、嫁接、扦插繁殖为主。

【园林用途】早春开花时繁花如雪，花色鲜艳亮丽，枝叶繁茂旺盛，樱花是早春时节重要的观花树种，宜植于山坡、庭院、建筑物前及园中，也可大片栽植，打造"花海"景观，可三五成丛点缀于绿地形成锦团，也可孤植，形成"万绿丛中一点红"之画意。樱花还可作小路行道树、绿篱或制作盆景（图 3-126、图 3-127）。

图 3-126　樱花的花　　　　图 3-127　樱花

15. 榆叶梅

【别名】小桃红

【学名】*Amygdalus triloba*

【科属】紫薇科李属

【产地及分布】生长于海拔 600～2 500 m 的山坡、沟旁、林下或林缘。全国各地均有栽培。

【**形态特征**】灌木，稀小乔木植物。短枝，叶常簇生，一年生枝上的叶互生；叶片宽椭圆形至倒卵形，先端短渐尖，常 3 裂，基部宽楔形，上面具疏柔毛或无毛，下面被短柔毛，叶边具粗锯齿或重锯齿；萼筒宽钟形，无毛或幼时微具毛；萼片卵形或卵状披针形，无毛，近先端疏生小锯齿；花瓣近圆形或宽倒卵形，先端圆钝，粉红色；果实近球形，外被短柔毛；果肉薄，成熟时开裂；核近球形，具厚硬壳，顶端圆钝，表面具不整齐的网纹。花果期 4—7 月。

【**生态习性**】根系发达，萌蘖能力强，耐旱力强，不耐涝，喜光，耐寒，稍耐阴，对土壤要求不严，抗病力强。

【**繁殖要点**】以播种、嫁接、压条繁殖为主。

【**园林用途**】榆叶梅的叶片像榆树叶，花朵又像梅花，所以得名"榆叶梅"。枝叶茂密，花繁色艳，宜植于公园的草地、路边、池畔等。开花繁茂，是北方春天极具观赏性的早春开花树种，也可植于常绿树前，或配植于山石处，作盆栽或切花使用。因为榆叶梅寓意春光明媚、花团锦簇和欣欣向荣，所以常栽植于庭园中的墙角或门前以供观赏（图 3-128 ）。

图 3-128　榆叶梅

16. 风箱果

【**别名**】托盘幌

【**学名**】*Physocarpus amurensis*（Maxim.）Maxim.

【**科属**】蔷薇科风箱果属

【**产地及分布**】原产于北美，现分布于中国黑龙江、河北等地区。常生长于山沟中或丛生于阔叶林边。

【**形态特征**】落叶灌木。树皮呈纵向剥裂；小枝圆柱形，幼时紫红色，老时灰褐色；单叶互生，叶片呈三角卵形，先端急尖或渐尖，基部心形或近心形，稀截形；托叶线状披针形，顶端渐尖，边缘有不规则尖锐锯齿；花序伞形总状；苞片披针形；萼筒杯状，外面被星状绒毛；花瓣倒卵形，先端圆钝，白色；蓇葖果开张，有直立宿存的萼片。花期在每年的 6 月，果期在 7—8 月。

【**生态习性**】适应性强，耐寒，喜生于湿润而排水良好的土壤。

【**繁殖要点**】多采用播种繁殖方式。

【**园林用途**】树形开展，花序密集，晚夏初秋果实变红，是秋季观果的优良品种。也可植于亭台周围、丛林边缘及假山旁边（图 3-129 ）。

图 3-129　风箱果

17. 华北珍珠梅

【**别名**】珍珠树、干狼柴

【**学名**】*Sorbaria kirilowii*（Regel）Maxim

【**科属**】蔷薇科珍珠梅属

【**品种**】

珍珠梅：约 2 m，小枝圆柱形，有短柔毛，幼时为绿色，老时暗红色，小叶片有 11 ～ 17 枚，呈披针形后至长圆披针形，托叶膜质，呈卵状披针形后至三角披针形。

【**产地及分布**】产于河北、河南、山东、山西、陕西、甘肃、青海、内蒙古。生长于海拔 200 ～ 1 300 m 的山坡阳处、杂木林中。

【**形态特征**】灌木，高达 3 m。枝条开展；小枝圆柱形，稍有弯曲，光滑无毛，幼时绿色，老时呈红褐色；冬芽卵形，先端急尖，无毛，红褐色；羽状复叶，具有小叶片 13 ～ 21 枚，光滑无毛；小叶片对生，披针形至长圆披针形，先端渐尖，基部圆形至宽楔形，边缘有尖锐重锯齿，小叶柄短，无毛；托叶膜质，线状披针形，先端钝或尖，全缘或顶端稍有锯齿，无毛；顶生圆锥花序，分枝斜出或稍直立，无毛，微被白粉；花瓣倒卵形或宽卵形，先端圆钝，基部宽楔形，白色；花盘圆杯状；果梗直立。花期在每年的 6—7 月，果期在 9—10 月。

【**生态习性**】中性树种，喜温暖湿润气候，喜光也稍耐阴，抗寒能力强，对土壤的要求不严，较耐干旱瘠薄，喜湿润肥沃、排水良好之地。抗病虫害，萌蘖性强，生长快速，耐修剪。

【**繁殖要点**】以扦插、分蘖繁殖为主。

【**园林用途**】树姿秀丽，叶片幽雅，夏季开花，花叶兼美，小花洁白如雪而芳香，花期长，花蕾圆润如粒粒珍珠，花开似梅，是优良的夏季观花灌木，在园林绿化中可丛植或列植，适合与其他各种观赏植物搭配栽植，花序也可用作切花，具有很高的观赏价值，是美化、净化环境的优良观花树种（图 3-130、图 3-131）。

图 3-130　华北珍珠梅　　　　图 3-131　珍珠梅

18. 牡丹

【**别名**】富贵花、木芍药

【**学名**】*Paeonia suffruticosa* Andr.

【**科属**】毛茛科芍药属

【**产地及分布**】原产于中国西部及北部，秦岭伏牛山、中条山、嵩山均有野生品种。现各地都有栽培。

【**变种和品种**】

（1）矮牡丹：高 0.5 m 左右，叶片纸质，叶背及叶轴有短柔毛，顶端小叶宽椭圆形；花白色或浅粉色，单瓣型，特产于陕西延安一带山坡疏林中。

（2）寒牡丹：叶小，花白色或紫色；小型。此变种的特点是极易促成开花。

【**形态特征**】落叶灌木。茎高达 2 m；分枝短而粗壮。叶为二回三出复叶，阔卵形至卵状长椭圆形；花单生枝顶，且大；花瓣 5，常有重瓣，花色丰富，倒卵形；花盘革质，杯状，紫红色，顶端有数个锐齿或裂片，完全包住心皮，在心皮成熟时开裂；心皮 5，稀更多，密生柔毛；花期在每年的 5 月；果实成熟期在 9 月。

【生态习性】喜光，稍遮荫生长最好，较耐寒。忌夏季暴晒，喜燥忌湿。喜深厚、肥沃而排水良好的沙质壤土。根系发达，肉质肥大；生长缓慢，1～2年生幼苗生长尤慢。寿命长，50～100年以上大株各地均有发现。

【繁殖要点】以播种、分株和嫁接为主。

【园林用途】牡丹形大艳美，色香俱全，观赏价值高，被赋予"国色天香"的美称。唐代刘禹锡有诗曰："庭前芍药妖无格，池上芙蕖净少情。唯有牡丹真国色，花开时节动京城。"在清代末年，牡丹就曾被视作中国的国花。在园林中常用作专类园，供重点美化区作用，又可植于花台、花池观赏，也可行自然式孤植或丛植于岩旁、草坪边缘或配植于庭院等处点缀，能获得良好的观赏效果，同时也可盆栽用于室内观赏和切花瓶插等。

牡丹花被拥戴为花中之王，相关文化和绘画作品很丰富。其花大、形美、色艳、香浓，为历代人们所称颂，具有很高的观赏和药用价值，形成了包括植物学、园艺学、药物学等多学科在内的牡丹文化学，是中华民族文化和民俗学的组成部分，透过它，可洞察中华民族的"文化全息"（图3-132、图3-133）。

图3-132　牡丹

图3-133　牡丹

19.紫薇

【别名】百日红、痒痒树

【学名】*Lagerstroemia indica* L.

【科属】千屈菜科紫薇属

【产地及分布】原产于亚洲及澳洲北部，广植于热带地区，现我国各地均有栽培。

知识拓展：认识紫薇

【形态特征】落叶灌木或小乔木；高可达7 m，树冠不整齐，枝干多扭曲，小枝纤细，具4棱，树皮薄片状剥落后特别光滑；单叶互生或近对生，纸质，椭圆形或倒卵形，无柄或叶柄很短。花色丰富，圆锥花序顶生；花瓣6，皱缩，具长爪；蒴果椭圆状球形，幼时绿色至黄色，成熟时或干燥时呈紫黑色；种子有翅。花期在每年的6—9月，果期在9—12月。

【生态习性】属半阴生植物；喜温暖气候，喜光，稍耐荫，耐寒性不强，寿命长，生长缓慢，但萌蘖性强；对二氧化硫、氟化氢及氮气的抗性强，能吸入有害气体。

【繁殖要点】以播种和扦插繁殖为主。

【园林用途】花色丰富艳丽，花期极长，有"百日红"之称。该树种最适合种植在庭院及建筑物前，是城市、工矿绿化最理想的树种（图3-134）。

图3-134　紫薇

20. 红瑞木

【**别名**】凉子木、红瑞山茱萸

【**学名**】Cornus alba L.

【**科属**】山茱萸科梾木属

【**产地及分布**】生于海拔 600 ~ 1 700 m 的杂木林或针阔叶混交林中。现全国各地均有栽培。

【**形态特征**】落叶灌木，高达 3 m；休眠枝血红色，常被白粉，皮孔明显；冬芽卵状披针形；单叶对生，纸质，椭圆形；伞房状聚伞花序顶生；花小，黄白色；花瓣 4，卵状椭圆形；花盘垫状；核果斜卵圆形，微扁，花柱宿存，成熟时乳白色或蓝白色。花期在每年的 6—7 月，果期在 8—11 月。

【**生态习性**】性极耐寒，耐旱，要求光照充足，生长的适宜温度为 20 ~ 30 ℃，较耐修剪。宜生长在深厚、疏松、肥沃的土壤，它比较喜肥，在养殖的时候要注意及时施肥。

【**繁殖要点**】播种、分株、压条、扦插繁殖。

【**园林用途**】红瑞木的枝干终年呈红色，小果洁白，落叶后枝干红艳如珊瑚，是少有的观茎植物，也是良好的切枝材料。花色为乳白色，是园林造景的优良树种。在园林绿化中，多将其丛植于草坪上或是同常绿乔木相间栽种，还能用于庭院观赏，能够营造红绿相映的视觉效果（图 3-135、图 3-136）。

图 3-135　红瑞木　　图 3-136　红瑞木的花

21. 四照花

【**别名**】石枣、羊梅、山荔枝

【**学名**】*Dendrobenthamia japonica*（DC.）Fang var. chinensis（Osborn.）Fang

【**科属**】山茱萸科山茱萸属

【**栽培品种**】

（1）日本四照花：又名石枣，分布在我国长江流域等地，树木高度比秀丽香港四照花矮，树高在 9 m 左右。果实的形状很特别，成熟后呈紫红色。喜欢阳光，稍微耐荫，喜欢排水性好的沙质壤土。

（2）秀丽香港四照花：属常绿乔木，树高可达 18 m，冬季的时候，全树的树叶都会变成红色，十分好看。秀丽香港四照花主要分布在我国长江以南的部分地带，有着花多、花大的特点，果实成熟时呈红色，看起来非常喜人。另外，秀丽香港四照花的抗寒抗旱性能特别强，每年的春冬季节，树木全株叶片都变成红色，看起来特别壮观。

【**产地及分布**】产于山西、陕西、甘肃及长江下游地区，生长于海拔 740 ~ 2 100 m 的山谷、溪边、山坡杂木林中。

【**形态特征**】落叶小乔木，高达 9 m；枝细，绿色，后变褐色，光滑，嫩枝被白色短茸毛；叶对生，纸质，卵形或卵状椭圆形，先端渐尖，有尖尾，基部宽楔形或圆形，边缘全缘或有明显的细齿，上面呈绿色，疏生白色细状毛，下面呈淡绿色，被白色贴生短柔毛；叶柄细圆柱形；头状花序近球形，由 40 ~ 50 朵花聚集而成；总花梗纤细，被白色贴生短柔毛；核果为球形聚合果，肉质。花期在每年的5—6月，果实成熟期在9—10月，成熟后变为紫红色，俗称"鸡素果"。

【生态习性】喜光，稍耐荫，喜温暖湿润气候，有一定的耐寒力，适生于肥沃而排水良好的土壤。适应性强，能耐一定程度的寒、旱、瘠薄。

【繁殖要点】常用分蘗及扦插繁殖。

【园林用途】树形整齐，初夏开花，白色总苞覆盖全树，秋季红果满树，生长周期短，是一种美丽的庭园观花观果树种。可孤植或列植，也可用常绿树为背景而丛植于草坪、路边或丛缘等，同时具有改善土壤的作用，能使荒凉的土地变得有肥力，从而适合其他植物的生长，因此这种植物被广泛应用（图3-137～图3-139）。

图3-137　四照花　　　　图3-138　日本四照花　　　　图3-139　秀丽香港四照花

22. 金银木

【别名】金银忍冬，胯杷果

【学名】Lonicera maackii（Rupr.）Maxim.

【科属】忍冬科忍冬属

【产地及分布】产于中国东北，分布很广，华北、华东、华中及西北东部，西南北部均有分布。

【形态特征】落叶小乔木，常丛生成灌木状，高达6 m，株形圆满；小枝中空；叶纸质，卵状椭圆形至披针形，先端渐尖，全缘，两面疏生柔毛；花成对腋生，花冠合瓣，唇形，花先白后黄，芳香；雄蕊与花柱长约达花冠的2/3，花丝中部以下和花柱均有向上的柔毛。浆果球形，亮红色，合生；花期在每年的5—6月，果熟期在8—10月。

【生态习性】喜光，耐荫，生长强健，喜湿润、肥沃及深厚的壤土，适应力较强，在郁闭度为0.5的树冠下仍能开花、结果，正常生长，是难得的耐阴性观花观果树种。

【繁殖要点】播种、扦插繁殖。

【园林用途】树势旺盛，枝叶丰满，初夏开花，有芳香，秋季红果缀枝，是良好的观花观果植物。常孤植或丛植于林缘、山坡、草坪或建筑周围（图3-140、图3-141）。

图3-140　金银木的果实　　　　图3-141　金银木的花

23. 锦带花

【别名】五色海棠、海仙花

【学名】*Weigela florida*（Bunge）A. DC.

【科属】忍冬科锦带花属

【产地及分布】原产于中国华北、东北及华东北部地区。生长于海拔 100～1 450 m 的杂木林下或山顶灌木丛中。

【栽培品种】

（1）斑叶锦带花：叶有白斑。

（2）红王子锦带：花期在每年的 4—9 月，枝条开展成拱形。花色鲜红色，着花繁茂，艳丽而醒目。

（3）金叶锦带：为红王子锦带的芽变类型，整个生长季叶片为金黄色。

（4）花叶锦带花：聚伞花序生于枝顶，萼筒绿色，花冠喇叭状，花色由白逐渐变为粉红色，由于花开放时间不同，有白、有红，使整个植株呈现出两色花，花叶相互衬托，绚丽多彩。

【形态特征】落叶灌木，高达 3 m；幼枝有柔毛；树皮灰色。单叶对生，具短柄；叶椭圆形至倒卵状椭圆形，顶端渐尖，基部阔楔形至圆形，边缘有锯齿；花成聚伞花序；花冠呈漏斗状钟形，紫红色或玫瑰红色，裂片 5，开展；萼筒绿色；蒴果柱形；种子无翅。花期在每年的 4—6 月，果期在 8—10 月。

【生态习性】生长迅速，萌蘖力、萌芽力强；喜光耐寒，适应性强，对土壤要求不严，但在湿润、深厚而腐殖质丰富的土壤中生长最佳。

【繁殖要点】分株、压条、扦插繁殖。

【园林用途】枝叶繁茂，花色艳丽，花期久，长达两个月，是华北地区春季主要花灌木之一。锦带花适合用作树丛、林缘的花篱或配植于花丛，也可在湖畔群植等。对氯化氢抗性强，是良好的抗污染树种（图 3-142、图 3-143）。

图 3-142　锦带花　　　　图 3-143　花叶锦带花

24. 天目琼花

【别名】鸡树条、佛头花、并头花

【学名】*Viburnum opulus* Linn.var.*calvescens*（Rehd.）Hara

【科属】忍冬科荚蒾属

【产地及分布】中国东北南部、华北至长江流域均有分布。生长于河谷云杉林下。

【**形态特征**】落叶灌木，高约 3 m。树皮暗灰色，浅纵裂，略带木栓质；单叶对生，宽卵形至卵圆形，通常 3 裂，缘具不规则的齿。聚伞花序，生于侧枝顶端，边缘有大型不孕花，中间为两性花，花冠白色；核果近球形，红色。花期在每年的 5—6 月，果期在 9—10 月。

【**生态习性**】根系发达，移植容易成活。喜光，耐荫，也耐寒，多生于夏凉湿润多雾的灌丛中，对土壤要求不严。

【**繁殖要点**】多用播种繁殖。

【**园林用途**】树态清秀，叶绿，花白，果红，是春季观花、秋季观果的优良树种。因其耐荫，是植于建筑物北面的好树种。同时，可以在草地、林缘、路边或假山旁孤植、丛植或片植（图 3-144、图 3-145）。

图 3-144　天目琼花果实　　　　图 3-145　天目琼花

25. 木绣球

【**别名**】绣球荚蒾

【**学名**】*Viburnum macrocephalum* Fort.

【**科属**】忍冬科荚蒾属

【**产地及分布**】产于长江流域，南北各地均有栽培。

【**形态特征**】落叶或半常绿灌木，高达 4 m。树皮灰褐色或灰白色；芽、幼枝、叶柄及花序均密被灰白色或黄白色簇状短毛，后渐变无毛；叶纸质，卵形至卵状矩圆形，顶端钝或稍尖，基部圆形，边缘有细锯齿；大型聚伞花序，呈球状，几乎由不孕花组成，花冠白色。花期在每年的 4—6 月。

【**生态习性**】喜光，略耐荫，喜温暖、湿润气候，较耐寒，宜在肥沃、湿润、排水良好的土壤中生长。长势旺盛，萌蘗力强。

【**繁殖要点**】多用播种、嫁接繁殖。

【**园林用途**】树姿开展，树冠圆整，花色洁白，花团如球，耸立在街道两旁和庭院中构成一道美丽的风景。使其拱形花枝形成花廊，植于庭中堂前、墙下、窗前，也极适宜。木绣球可作大型花坛的中心树，也可作为城市和庭院的绿化树种，其球花絮如雪球累累，簇拥在椭圆形的绿叶中。同时，也是野生木本花卉及珍贵优良的园林绿化和观赏树种，具有很高的经济和研究价值（图 3-146）。

图 3-146　木绣球

26. 糯米条

【别名】茶树条

【学名】*Abelia chinensis* R. Br.

【科属】忍冬科糯米条属

【产地及分布】中国长江以南各省区广泛分布，在浙江、江西、福建、台湾、湖北、湖南、广东、广西、四川、贵州和云南海拔 170～1 500 m 的山地常见。北方地区栽植，枝条易受冻害。

【形态特征】落叶多分枝灌木，高达 2 m；嫩枝纤细，红褐色，老枝树皮纵裂；叶轮生，圆卵形至椭圆状卵形，顶端急尖或长渐尖，基部圆形或心形，边缘有稀疏圆锯齿；聚伞花序，由多数花序集合成一圆锥状花簇；花芳香，具 3 对小苞片；花冠白色至红色，漏斗状；雄蕊着生于花冠筒基部，花丝细长，伸出花冠筒外；花柱细长，柱头圆盘形；花期在每年的 8—9 月。

【生态习性】喜光，耐荫性强。喜温暖湿润气候。对土壤要求不严，但最喜肥沃通透的沙壤土，不耐积水。萌蘖能力强，耐修剪。

【繁殖要点】多用播种、扦插繁殖。

【园林用途】枝条柔软婉垂，树姿婆娑，开花时，白色小花密集梢端，洁莹可爱，适宜栽植于池畔、路边、墙隅、草坪和林下边缘，可群植或列植，修剪成花篱（图 3-147）。

图 3-147　糯米条

27. 猬实

【学名】*Kolkwitzia amabilis* Graebn.

【科属】忍冬科猬实属

【产地及分布】中国特有树种。产于中国山西、陕西、甘肃、河南、湖北及安徽等省。生于海拔 350～1 340 米的山坡、路边和灌丛中。

【形态特征】落叶丛生灌木，高达 3 m；树皮薄片状剥裂；小枝疏生柔毛；叶椭圆形至卵状椭圆形，顶端尖或渐尖，基部圆或阔楔形，全缘；聚伞花序由 2 花组成，再顶生或腋生成伞房状；花冠钟形，两侧大致对称，淡红色；瘦果状核果，密被黄色刺刚毛；花期在每年的 5—6 月，果熟期在 8—9 月。

【生态习性】喜光，耐寒，耐旱，喜排水良好、肥沃的土壤。

【繁殖要点】多用播种、扦插、分株繁殖。

【园林用途】稀有种，是中国特有的单种属。猬实作为驰名中外的珍贵观赏植物，被誉为"美丽的灌木"。植株紧凑，树干丛生，姿态优美，开花期正值初夏百花凋谢之时，其花序紧凑，花密色艳，盛开时繁花似锦，满树粉红，给人以清新、兴旺的感觉，是初夏北方重要的花灌木之一。在园林中群植、孤植、丛植均美（图 3-148、图 3-149）。

图 3-148　猬实的花　　　图 3-149　猬实

28. 紫荆

【别名】满条红、紫株、裸枝树

【学名】*Cercis chinensis* Bunge

【科属】豆科紫荆属

【产地及分布】原产于中国，现全国各地均有栽培。

【形态特征】丛生或单生灌木，高为 2～5 m；树皮和小枝呈灰白色。单叶互生，纸质，近圆形或三角状圆形，全缘，两面无毛，嫩叶绿色；花先叶开放，通常呈紫红色，簇生于老枝上，花萼阔钟状，假蝶形花，荚果狭长，椭圆形，两侧缝线对称或近对称。花期在每年的 3—5 月，果期在 9—10 月。

【生态习性】萌蘖性强，耐修剪，喜光，有一定的耐寒性，喜肥沃、排水良好的土壤。

【繁殖要点】播种、分株、压条、扦插繁殖。

【园林用途】花形似蝶，盛开时花朵成簇，紧贴枝干，给人以繁花似锦的感觉，适于广场、草坪、公园等处丛植，也可盆栽观赏或制作盆景，还可用于小区绿化。早春时节先花后叶，是良好的早春观花植物（图 3-150、图 3-151）。

图 3-150 紫荆的花　　　　　图 3-151 紫荆

29. 紫穗槐

【别名】棉槐、棉条

【学名】*Amorpha fruticosa* L.

【科属】豆科紫穗槐属

【产地及分布】原产美国东北部和东南部，现中国东北、华北、西北及山东、安徽、江苏、河南、湖北、广西、四川等地均有栽培。

【形态特征】落叶灌木，高 1～4 m，丛生，枝叶繁密，直伸，皮暗灰色，平滑，小枝灰褐色，有凸起锈色皮孔；叶互生，奇数羽状复叶，有小叶 11～25 片，基部有线形托叶；小叶卵形或椭圆形，先端圆形，锐尖或微凹，有一短而弯曲的尖刺，基部宽楔形，上面无毛，下面有白色短柔毛，具黑色腺点；总状花序密集顶生或枝端腋生；荚果弯曲短，棕褐色，密被瘤状腺点，不开裂，内含 1 粒种子，种子具光泽，花果期在每年的 5—10 月。

【生态习性】喜欢干冷气候，在年均气温 10～16 ℃、年均降水量 500～700 mL 的华北地区生长最好。耐寒性强，耐干旱能力也很强，也具有一定的耐淹能力，虽浸水 1 个月也不会死亡。要求光线充足。对土壤要求不严。抗风沙，抗逆性极强，萌芽性强，根系发达。

【繁殖要点】播种、分株繁殖。

【园林用途】枝叶繁密，根部有根瘤，可改良土壤，枝叶对烟尘有较强的吸附作用，可作水土保持和工业区绿化，也是防风林带紧密种植结构的首选树种（图 3-152）。

30. 木槿

【别名】木棉、荆条

【学名】*Hibiscus syriacus* Linn.

【科属】锦葵科木槿属

【产地及分布】原产于东亚，中国自东北南部至华南各地均

图 3-152　紫穗槐

有栽培，以长江流域居多。

【栽培品种】

（1）白花重瓣木槿：花白色，重瓣。

（2）短苞木槿：叶菱形，基部楔形，小苞片极小，丝状，花淡紫色，单瓣。

【形态特征】落叶灌木，小枝密被黄色星状绒毛，后渐脱落；叶菱形至三角状卵形，有明显三主脉，先端钝，基部楔形；叶柄上面被星状柔毛；托叶线形，疏被柔毛。花单生于叶腋，单瓣或重瓣；花萼钟形；蒴果卵圆形，密生星状绒毛；种子肾形，成熟种子黑褐色，背部被黄白色长柔毛。花期在每年的 6—9 月，果实成熟期在 9—11 月。

【生态习性】适应性强，喜光，耐半荫，耐寒；对土壤要求不严，但不耐积水；萌蘖力强，耐修剪。

【繁殖要点】多用扦插、分株繁殖。

【园林用途】夏秋开花，花期长且花大，花色丰富，是优良的园林观花树种。也常作围篱及基础种植材料，也可丛植于草坪、路边或林缘。因其对二氧化硫、氯气等有害气体具有很强的抗性，又有滞尘的功能，也是工厂绿化的好树种（图 3-153、图 3-154）。

图 3-153　短苞木槿

图 3-154　木槿

31. 石榴

【别名】安石榴、丹若

【学名】*Punica granatum* Linn.

【科属】石榴科石榴属

【产地及分布】原产于伊朗和阿富汗等中亚地区，中国南北都有栽培，江苏、河南等地区种植面积较大。

【形态特征】落叶灌木或小乔木；树干呈灰褐色，上有瘤状凸起；树冠丛状自然圆头形；树根黄褐色；树冠内分枝多，嫩枝有棱，多呈方形；小枝柔韧，不易折断；一次枝在生长旺盛的小枝上交错对生，具小刺；叶对生或簇生，呈长披针形至长圆形，顶端尖，表面有光泽，背面中脉凸起；有短叶柄；花两性，花瓣倒卵形，与萼片同数而互生，覆瓦状排列；花有单瓣、重瓣之分，重瓣品由于种雌雄蕊的瓣化而不孕，花瓣多达数十枚；花多

红色，也有白色和黄色、粉红色、玛瑙色等；浆果，每室内有多数籽粒；外种皮肉质，呈鲜红色、淡红色或白色，多汁，甜而带酸，为可食用的部分；内种皮为角质，也有退化变软的，即软籽石榴。花期在每年的5—6月，果期在9—10月。

【生态习性】喜温暖向阳的环境，耐旱，耐寒，也耐瘠薄，不耐涝和荫蔽。对土壤要求不严，但以排水良好的夹沙土栽培为宜。

【繁殖要点】多用扦插、压条繁殖。

【园林用途】花色鲜艳美丽，花期长，寿命长，树龄可达200年之久，现广泛栽培为庭园观赏树，可孤植，也可配植于池畔、湖边等，也可用来作盆景（图3-155、图3-156）。

图3-155 石榴树　　图3-156 石榴果实

32. 文冠果

【别名】土木瓜

【学名】*Xanthoceras sorbifolium* Bunge

【科属】无患子科文冠果属

【产地及分布】原产于中国北方黄土高原地区，分布于中国北部和东北部，西至宁夏、甘肃，东北至辽宁，北至内蒙古，南至河南。生于海拔900～2 000 m的黄土高原、丘陵及山地石缝。各地也常栽培。

【形态特征】落叶灌木或小乔木，高2～5 m；树皮灰褐色，条裂；奇数羽状复叶，互生，小叶9～19枚，长椭圆形至披叶形，先端尖，具锐锯齿；总状花序，多为两性花，多为杂性同株，侧生花序和花序基部的花多为雄花；花瓣白色，基部紫红色或黄色，有清晰的脉纹，爪之两侧有须毛；花盘的角状附属体橙黄色；蒴果椭球形，具木质厚壁，果皮木质；种子黑褐色，无假种皮；花期在每年的4—5月，果实成熟期在8—9月。

【生态习性】喜阳，对土壤适应性很强，耐瘠薄，耐盐碱，抗寒能力强，-41.4 ℃的情况下也能安全越冬；抗旱能力极强，在年降雨量仅150 mm的地区也有散生树木，但文冠果不耐涝，怕风，在排水不好的低洼地区、重盐碱地和未固定沙地不宜栽植；根系发达，萌蘖能力强，病虫害少，在土层深厚的肥沃立地生长快。

【繁殖要点】多用播种繁殖。

【园林用途】树姿秀丽，花大而花朵密，花期长。春天白花满树，甚为美观，可于公园、庭园、绿地孤植或群植。成龄文冠果根系发达，分布广，是防风固沙、小流域治理和荒漠化治理的优良树种。在国家林业局2006—2015年的能源林建设规划当中，文冠果已成为三北地区的首选树种（图3-157、图3-158）。

图3-157 文冠果的果实　　图3-158 文冠果的花

33. 蜡梅

【别名】金梅、蜡花

【学名】*Chimonanthus praecox*(Linn.)Link

【科属】蜡梅科蜡梅属

【栽培品种】

（1）素心蜡梅：花被片纯黄，内轮接近纯色，花较大，香气浓。

（2）狗蝇蜡梅：花被片狭长而尖，内轮中心花被呈紫色，花小，香气淡，花期迟。

（3）磬口蜡梅：外轮花被片淡黄，内轮花被有紫红色边缘和条纹，花最大，香气清溢。

【产地及分布】野生于山东、江苏、安徽、浙江、福建、江西、湖南、湖北、河南、陕西、四川、贵州、云南等省；广西、广东等省区均有栽培。生于山地林中。

【形态特征】落叶灌木，高达 4 m；幼枝四方形，老枝近圆柱形，呈灰褐色；叶纸质至近革质，卵圆形，有时呈长圆状披针形，顶端急尖至渐尖，基部急尖至圆形，除叶背脉上被疏微毛外无毛；花着生于第二年生枝条叶腋内，先花后叶，芳香；果托近木质化，坛状或倒卵状椭圆形，口部收缩，并具有钻状披针形的被毛附生物。花期在每年的 11 月至翌年 2 月，华北地区花期在 2 月中下旬至 3 月上旬。

【生态习性】性喜阳光，耐荫，忌渍水；怕风，较耐寒，在不低于 −15 ℃时能安全越冬，好土层深厚、肥沃、疏松、排水良好的微酸性沙质壤土，在盐碱地上生长不良。耐旱性较强，怕涝，故不宜在低洼地栽培。

【繁殖要点】多用嫁接繁殖。

【园林用途】蜡梅在百花凋零的隆冬绽蕾，斗寒傲霜，表现了中华民族永不屈服的性格，给人以精神的启迪、美的享受，是冬季观赏的主要花木。它既可庭院栽植，又适作古桩盆景，还可用于插花与造型艺术（图 3-159～图 3-162）。

图 3-159　蜡梅

图 3-160　素心蜡梅

图 3-161　狗蝇蜡梅

图 3-162　磬口蜡梅

34. 海州常山

【别名】臭桐、八角梧桐

【学名】*Clerodendrum trichotomum* Thunb.

【科属】马鞭草科大青属

【产地及分布】产辽宁、甘肃、陕西及华北、中南、西南各地。生于海拔 2 400 m 以下的山坡灌丛中。朝鲜、日本以及菲律宾北部也有分布。

【形态特征】落叶灌木或小乔木，高达 10 m；枝内髓心有淡黄色薄片状横隔；叶片纸质，卵形或三角状卵形，顶端渐尖，基部宽楔形至截形，偶有心形；伞房状聚伞花序顶生或腋生；苞片叶状，椭圆形，早落；花萼蕾时绿白色，后紫红色，基部合生，中部略膨大；花香，花冠白色或带粉红色，花冠管细；核果近球形，包藏于增大的宿萼内，成熟时外果皮呈蓝紫色。花期在每年的 6—8 月，果实成熟期在 9—11 月。

【生态习性】喜阳光，稍耐荫、耐旱，有一定的耐寒性，但不耐积水。适应性好，对土壤要求不严，但在肥厚、通透性好的沙壤土中生长最好，有一定的耐盐碱性，分蘖能力强。

【繁殖要点】多用播种、扦插繁殖。

【园林用途】花序大，花果美丽，一株树上花果共存，白、红、蓝间杂，色泽亮丽，植株繁茂，为良好的观花、观果园林植物。株形开展，可孤植于阳光充足的地方，也可以与其他树木配植于庭院、山坡、溪边、堤岸、悬崖、石隙及林下。花果期长，花后有鲜红的宿存萼片，再配以蓝果，很是悦目，是美丽的观花观果树种，常用于园林栽培（图 3-163）。

图 3-163　海州常山

35. 荚蒾

【学名】*Viburnum dilatatum*

【科属】忍冬科荚蒾属

【产地及分布】原产于中国陕西南部、江苏、安徽、浙江、江西、福建、台湾、河南南部、湖北、湖南、广东北部、广西北部、四川、贵州及云南（保山）。生于海拔 100 ～ 1 000 m 的山坡或山谷疏林下、林缘及山脚灌丛中。

【形态特征】落叶灌木，高 1.5 ～ 3 m；嫩枝有形状毛。叶片呈方卵形或广卵形，叶长 3 ～ 9 cm，缘有三角状齿，表面疏生柔毛，背面近基部两侧有少数腺体和多数小腺点；叶柄长 1 ～ 1.5 cm。聚伞花序集生成伞形复花序，径 8 ～ 12 cm，全为两性的可育花，白色。核果深红色，花期在每年的 5—6 月，果熟期在 9—11 月。

【生态习性】温带植物，喜光，喜温暖、湿润气候，也耐荫、耐寒，对气候因子及土壤条件要求不严，最好是微酸性肥沃土壤，地栽、盆栽均可，管理可以粗放一些。

【繁殖要点】多用播种繁殖。

【园林用途】枝叶稠密，树冠球形；叶形美观，入秋变为红色；开花时节，朵朵白花布满枝头；果熟时，累累红果，令人赏心悦目。荚蒾集观叶、观花、观果于一身，实为佳木，可以孤植，也可配植于庭院中，亦是制作盆景的良好素材（图 3-164）。

图 3-164　荚蒾

 任务实施

一、任务布置

（1）发放任务清单。

（2）收集资料。

（3）线上学习。

二、现场识别与调查花灌木

（1）以小组为单位，对当地常见花灌木进行识别与调查，并填写记录表（表3-4）。

表3-4 花灌木调查记录表

班级 _____ 小组成员 _____ 调查时间 _____

调查地点：		植物图片	
树种： 科： 属：			
形态特征：（落叶或常绿）			
性状：	树冠：	树皮：	枝条：
叶形：	叶序：	叶脉：	叶缘：
花：	花色：	花序：	花期：
果实：	种子：		
生长环境：			
生长状况：			
配植方式：			
观赏特性：			
园林用途：			
备注：			

（2）调查区域花灌木应用分析。

考核评价

评价项目	评价内容	配分	得分
知识考核	能够熟练说出常见15种花灌木的名称	20	
	能够描述常见花灌木的识别要点	15	
	能够准确表达出花灌木的观赏特性	20	
技能考核	调查报告撰写：内容全面，条理清晰	10	
	调查水平：准备识别种类、特征	20	
	使用专业术语描述	5	
素质考核	调查态度：积极主动，有团队精神	5	
	调查过程中注重方法及创新	5	
总分		100	

思考与练习

1. 从形态特征区分迎春和连翘、西府海棠和贴梗海棠、月季和玫瑰、紫叶李和紫叶矮樱的异同点。

2. 列举出四种早春的观花植物。

3. 简述蜡梅的栽培品种及特性。

任务五　　植篱类的识别与应用

植篱类植物在城市园林中主要用于分隔空间、屏蔽视线、衬托景物等。一般要求此类树木具有枝叶密集、生长慢、耐修剪、耐密植、养护简单等特点。

任务描述

调查当地城市主要公园、居民区等园林绿地的植篱类树种及应用情况，内容包括树种名录、主要特征、习性及其观赏特点、应用及配植方式等，完成植篱类树种调查报告。

任务分析

植篱类树种主要用于分隔空间、屏蔽视线、衬托景物，因此，多用于公园、居民区等环境中。在园林应用中除考虑树种的形态特征外，还应考虑其生态习性、经济价值、景观效果及周围环境等。

完成该学习任务：一要掌握各树种的识别特征，能正确识别植篱类树种；二要能全面分析和准确描述植篱类树种的主要习性、观赏特点和园林应用特点等；三要善于观察植篱类树种与其他树种的搭配效果；四要分析植篱类树种对其周围生态环境的要求。在完成该学习任务时，要注意选择观赏效果较好的绿地，并依据树种的形态特征、主要习性、配植效果等要素，准确地识别该景点的植篱类树种，完成任务总结。

知识准备

一、植篱类树种的概念

凡是由灌木或小乔木以近距离的株行距密植，栽种成单行或双行，紧密结合的规则种植形式，都称为植篱或绿篱。

二、植篱类树种的选择要求

植篱类树种一般要求树木枝叶细小密集、分枝多、生长慢、耐修剪、耐密植、耐阴、树形紧凑、养护简单等。

三、植篱类树种的作用

植篱在园林中主要起划分空间、围定场地、遮蔽视线、衬托景物、美化环境及防护的作用。近代又有"植篱造景"，是指结合园景主题，运用灵活的种植方式和整形修剪技巧，构造有如奇岩巨石绵延起伏的园林景观。

四、植篱类树种的分类

植篱按其高度可分为矮篱（0.5 m 以下）、中篱（0.5 ～ 1.5 m）、高篱（1.5 m 以上）。矮篱的主要用途是围定园地和作为装饰；高篱的用途是划分不同的空间，屏障景物。用高篱形成封闭式的透视线，远比用墙垣等有生气。高篱作为雕像、喷泉和艺术设施景物的背景，尤能营造出美好的气氛。

植篱按种植方式可分为单行式和双行式。为了见效快，中国园林一般采用品字形的双行式，有些园林师主张采用单行式，理由是单行式有利于植物的均衡生长，双行式不但不利于均衡生长，而且费用高，又容易滋生杂草。

植篱按养护管理方式可分为自然式和整形式。前者一般只施加少量的调节生长势的修剪；后者则需要定期进行整形修剪，以保持体形外貌。在同一景区，自然式植篱和整形式植篱可以形成完全不同的景观，必须善于运用。

植篱按植物种类及其观赏特性可分为绿篱、彩叶篱、花篱、果篱、枝篱、刺篱等，必须根据园景主题和环境条件精心选择筹划。例如，同为针叶树种绿篱，有的树叶具有金丝绒的质感，给人以平和、轻柔、舒畅的感觉，有的树叶颜色暗绿，质地坚硬，就形成严肃静穆的气氛，阔叶常绿树种种类众多，则会营造出更多不同的效果；又如花篱，不但花色、花期不同，而且花的大小、形状、香气等存在差异，因而可形成情调各异的景色；至于果篱，除大小、形状、色彩各异外，还可招引不同种类的鸟雀。

五、常见植篱类树种

1. 小叶女贞

【别名】小叶冬青、小白蜡、楝青、小叶水蜡树

【学名】*Ligustrum quihoui* Carr.

【科属】木樨科女贞属

【产地及分布】原产于中国，现广泛分布于中国华东、华中、华北、华南、西南等地，多生于沟边、路旁或河边灌丛中。

【形态特征】落叶灌木，高 1～3 m。小枝淡棕色，圆柱形；叶片薄革质，披针形，先端锐尖、钝或微凹，基部狭楔形至楔形，叶缘反卷，常具腺点，两面无毛；圆锥花序顶生；果倒卵形、宽椭圆形或近球形，紫黑色。花期在每年的 5—7 月，果期在 8—11 月。

【类型及品种】主要变种、变型、品种有金叶女贞 *Ligustrum × vicaryi* Hort，其叶色金黄。

【生态习性】喜光照，稍耐阴，较耐寒，对土壤要求不严，在深厚、肥沃、排水良好的土壤中生长最佳。

【繁殖要点】扦插、分株和播种。

【园林用途】主要作绿篱栽植；其枝叶紧密、圆整，庭院中常栽植观赏；抗多种有毒气体，是优良的抗污染树种（图 3-165～图 3-167）。

2. 红叶石楠

【别名】火焰红、千年红、红罗宾、红唇、酸叶石楠、酸叶树

【学名】*Photinia fraseri* Dress

图 3-165　小叶女贞（金叶女贞）　　图 3-166　小叶女贞枝叶　　图 3-167　小叶女贞花

【科属】蔷薇科石楠属

【产地及分布】主要分布于亚洲东南部与东部和北美洲的亚热带与温带地区，中国许多省份也已广泛栽培。

【形态特征】常绿小乔木或灌木，乔木高为 6 ～ 15 m，灌木高为 1.5 ～ 2 m。树干及枝条上有刺。叶片革质，长圆形至倒卵状，披针形，幼枝呈棕色，贴生短毛，后呈紫褐色，最后呈灰色无毛。花白色，呈顶生复伞房花序。梨果黄红色。花期在每年的 5—7 月，果实在 9—10 月成熟。

【类型及品种】主要变种、变型、品种如下。

（1）窄叶石楠（*Photinia stenophylla* Hand.-Mazz）：叶片带状披针形或长圆披针形。

（2）宽叶石楠［*Photinia serrulata* Lindl. var. *daphniphylloides*（Hayata）Kuan］：石楠宽叶变种，叶片椭圆形或长圆倒卵形。

（3）小叶红叶石楠（*Photinia lochengensis*）：红叶石楠中的一个矮生、小叶品种。

【生态习性】适宜温暖潮湿的生长环境，不抗水湿，耐修剪，在直射光照下，色彩更为鲜艳。

【繁殖要点】组织培养、扦插。

【园林用途】生长速度快，萌芽性强，耐修剪，可作为地被植物片植，或与其他色叶植物组合成各种图案；群植可做绿篱或幕墙；独干、球形树冠的乔木可孤植，或作行道树（图 3-168、图 3-169）。

图 3-168　红叶石楠　　　　图 3-169　红叶石楠的花叶

3. 大叶黄杨

【别名】冬青卫矛，万年青，四季青

【学名】*Buxus megistophylla* H. Lévl.

【科属】卫矛科黄杨属

【产地及分布】温带及亚热带树种，我国中部及北部各省均有分布。

【形态特征】常绿灌木或小乔木。侧枝对生而稠密，叶革质有光泽，浓绿色，椭圆形至倒卵形。聚伞花序，花绿白色，花期在每年的 5—6 月。蒴果近球形，红色，果期在 9—10 月。

【类型及品种】主要变种、变型、品种如下。

（1）金边大叶黄杨（*Euonymus japonicus*'*Aurea-marginatus*'Hort.）：叶片有较宽的黄色边缘。

（2）金心大叶黄杨（*Euonymus japomcus* CV. *Aureo-pictus*）：叶中脉附近有金黄色条

纹，有时叶柄及枝端叶也为金黄色。

（3）银边大叶黄杨（*Euonymus Japonicus* var.*alba-marginata* T.Moore）：叶缘黄白色。

（4）北海道黄杨（*Euonymus japonicus*）：枝干直立。

【生态习性】喜光，耐荫，对土壤要求不严，耐修剪整形。

【繁殖要点】扦插繁殖。

【园林用途】大叶黄杨叶色光亮，嫩叶鲜绿，极耐修剪，为庭院中常见绿篱树种。可经整形环植门旁道边，或作花坛中心栽植。其变种斑叶黄杨尤为美观。住宅中可用其装饰为绿门、绿垣，亦可盆植观赏（图3-170～图3-172）。

图3-170　大叶黄杨　　图3-171　大叶黄杨叶　　图3-172　大叶黄杨果

4.黄杨

【别名】瓜子黄杨

【学名】*Buxus sinica*

【科属】黄杨科黄杨属

【产地及分布】产于华东、华中、华北等地区，生长于海拔为1 200～2 600 m的平地或山坡林下。

【形态特征】灌木或小乔木，高1～6 m。枝圆柱形，有纵棱，小枝四棱形，被短柔毛，后变无毛。叶革质，阔椭圆形，先端圆或钝，常有小凹口，不尖锐。头状花序腋生。蒴果近球形。花期在每年的3月，果期在5—6月。

【生态习性】喜光和温暖、湿润的生长环境，喜肥沃的中性及微酸性土壤，抗污染。

【繁殖要点】扦插和压条繁殖。

【园林用途】黄杨枝叶扶疏，四季常青，叶片小，耐修剪，常用于绿篱，修剪成各种形状，适于点缀小型庭院、林下可草地孤植、丛植或点缀山石（图3-173～图3-175）。

图3-173　黄杨　　图3-174　黄杨枝　　图3-175　黄杨叶

5. 雀舌黄杨

【学名】*Buxus bodinieri* Levl.

【科属】黄杨科黄杨属

【产地及分布】分布于华北中南部地区，生长于海拔 400～2 700 m 的平地或山坡林下。

【形态特征】常绿灌木，高 3～4 m；枝圆柱形；小枝四棱形，被短柔毛，后变无毛。叶薄革质，通常匙形，也有狭卵形或倒卵形，先端圆或钝，往往有浅凹或小尖凸尖，基部狭长楔形，叶面绿色，光亮，叶背苍灰色，中脉两面凸出，侧脉极多。花序腋生，头状。蒴果卵形，宿存花柱直立。花期在每年的 2 月，果期在 5—8 月。

【生态习性】喜温暖、湿润和阳光充足的环境，耐干旱和半荫，较耐寒，喜肥沃的中性及微酸性土壤，抗污染。

【繁殖要点】扦插和压条繁殖。

【园林用途】雀舌黄杨枝叶繁茂，叶形别致，四季常青，常用于绿篱、花坛和盆栽，修剪成各种形状，是点缀小庭院和入口处的好材料。

6. 杜鹃

【别名】杜鹃花、映山红、照山红、山踯躅、山石榴

【学名】*Rhododendron simsii* Planch.

【科属】杜鹃花科杜鹃花属

【产地及分布】在我国主要集中产于西南、华南地区，除新疆、宁夏地区外，各地均有。

【形态特征】落叶灌木，高 2～7 m；分枝多而纤细，全株密被平贴的红棕褐色或灰褐色糙绒毛。叶革质，常集生枝顶，卵形或椭圆状卵形，先端短渐尖，基部楔形或宽楔形，边缘微反卷，具细齿，上面深绿色，疏被糙伏毛，下面淡白色，密被褐色糙伏毛，中脉在上面凹陷，下面凸出。花芽卵球形，鳞片外面中部以上被糙伏毛，边缘具睫毛。花 2～3 朵簇生枝顶，玫瑰色、鲜红色或暗红色，因其花开时映得满山皆红而得名"映山红"。蒴果卵球形，花萼宿存。花期在每年的 4—5 月，果期在 6—8 月。

【类型及品种】主要变种、变型、品种有："五大"品系，即春鹃品系、夏鹃品系、西鹃品系、东鹃品系、高山杜鹃品系。

【生态习性】杜鹃性喜凉爽、湿润、通风的半阴环境。

【繁殖要点】可用扦插、嫁接、压条、分株、播种繁殖，常用扦插繁殖。

【园林用途】杜鹃枝繁叶茂，萌发力强，耐修剪，根桩奇特，是优良的盆景材料。园林中最宜在林缘、溪边、池畔及岩石旁成丛成片栽植，也可于疏林下散植。杜鹃中的毛鹃可修剪培育成各种形态，是花篱的良好材料。杜鹃还可做专类园（图 3-176、图 3-177）。

图 3-176　杜鹃　　　　　图 3-177　杜鹃的花叶

7. 照山白

【别名】照白杜鹃、小花杜鹃、白镜子

【学名】*Rhododendron micranthum* Turcz.

【科属】杜鹃花科杜鹃花属

【产地及分布】中国东北、华北及西北地区及山东、河南、湖北、湖南、四川等省均有栽培。生长于海拔 1 000～3 000 m 的山坡灌丛、山谷、峭壁及石岩上。

【形态特征】常绿灌木，小枝灰褐色，幼枝被褐色鳞片及细柔毛。叶近革质，互生，椭圆状披针形或狭卵圆形，先端尖，边缘有疏浅齿或不明显，基部楔形，上面深绿色，下面密生褐色腺鳞。花密生成总状花序；花冠钟形，白色，蒴果长圆形，成熟后褐色，花期在每年的 5—9 月，果期在 8—11 月。

【生态习性】常野生于山坡、山沟、石缝。喜阴，喜酸性土壤，耐干旱，耐寒，耐瘠薄，适应性强。

【繁殖要点】常用播种繁殖。

【园林用途】照山白枝条较细，且花小色白，可孤植于庭院、公园（图 3-178～图 3-180）。

图 3-178　照山白　　　　图 3-179　照山白叶　　　　图 3-180　照山白花枝

8. 红花檵木

【别名】红继木、红桎木、红桎木、红檵花、红桎花、红桎花、红花继木

【学名】*Loropetalum chinense* var. *rubrum* Yieh

【科属】金缕梅科檵木属

【产地及分布】湖南、广西，华北、华东等地区广泛栽培。

【形态特征】灌木，多分枝，小枝有星毛。叶革质，卵形，先端锐尖，基部钝，不等侧，上面略有粗毛或秃净，下面被星毛，稍带灰白色，全缘；托叶膜质，三角状披针形，早落。花 3～8 朵簇生，有短花梗，紫红色，花叶同放。蒴果卵圆形，黑色种子圆卵形。花期在每年的 3—4 月。

【生态习性】喜光，稍耐阴，阴时叶色呈现绿色。喜温暖，耐旱，耐瘠薄，耐寒冷，适应性强。萌芽力强，耐修剪。

【繁殖要点】红花檵木可用组织培养、嫁接、扦插、播种等方法进行繁殖。嫁接主要用切接和芽接两种方法。

【园林用途】红花檵木多为自然式球形形态，枝繁叶茂，姿态优美，耐修剪，耐蟠扎，造型桩景形态，也可用作绿篱，花开时节，满树红花，极为壮观（图 3-181、图 3-182）。

图 3-181　红花檵木　　　　　图 3-182　红花檵木花叶

9. 棣棠花

【别名】地棠、蜂棠花

【学名】*Kerria japonica*（L.）DC.

【科属】蔷薇科棣棠花属

【产地及分布】原产中国华北至华南。

【形态特征】落叶灌木，小枝绿色，圆柱形，无毛，常拱垂。叶互生，三角状卵形或卵圆形，顶端长渐尖，基部圆形或微心形，边缘有尖锐重锯齿，两面绿色，上面无毛或有稀疏柔毛，下面沿脉或脉腋有柔毛；托叶膜质，带状披针形，有缘毛，早落。花黄色，着生在当年生侧枝顶端，瘦果倒卵形至半球形，褐色或黑褐色。花期在每年的 4—6 月，果期在 6—8 月。

【类型及品种】主要变种、变型、品种有重瓣棣棠花。

重瓣棣棠花［*Kerria japonica*（L.）DC. f. *pleniflora*（Witte）Rehd.］：花重瓣。

【生态习性】喜光，较耐荫，喜温暖、湿润气候，萌蘖力强。

【繁殖要点】可用分株、扦插、播种和组织培养等方法繁殖。

【园林用途】棣棠花的叶、枝、花均美，耐阴，耐修剪，适宜栽种在水畔、坡边、林下和假山旁，可作花篱，也可作花丛、花径栽植，还可栽在墙隅及管道旁，有遮蔽的效果（图 3-183、图 3-184）。

图 3-183　棣棠花　　　　　图 3-184　重瓣棣棠花

10. 木槿

【别名】木棉、荆条、朝开暮落花、喇叭花

【学名】*Hibiscus syriacus* L.

【科属】锦葵科木槿属

【产地及分布】木槿原产于中国中部，国内各省均有栽培。

【形态特征】落叶灌木，小枝密被黄色星状绒毛。叶菱形至三角状卵形，具深浅不同的 3 裂，有明显三主脉，先端钝，基部楔形，边缘具不整齐齿缺；托叶线形，疏被柔毛。花单生于枝端叶腋间，花梗被星状短绒毛；花钟形，色彩有纯白、淡粉红、淡紫、紫红等，花形呈钟状，有单瓣、复瓣、重瓣几种。蒴果卵圆形，密被黄色星状绒毛；种子呈肾形，黑褐色。花期在每年的 7～10 月。

【类型及品种】主要变种、变型、品种有白花重瓣木槿、粉紫重瓣木槿、短苞木槿、雅致木槿、大花木槿、长苞木槿、牡丹木槿、白花单瓣木槿、紫花重瓣木槿。

【生态习性】木槿适应性强，较耐干燥和贫瘠。喜光，稍耐阴，喜温暖、湿润气候，耐修剪，耐热又耐寒，萌蘖性强。

【繁殖要点】可播种、压条、扦插、分株繁殖，主要采用扦插繁殖和分株繁殖。

【园林用途】木槿是夏季、秋季的重要观花灌木，也是一种在庭园很常见的灌木花种。南方多作花篱、绿篱；北方作庭园点缀及室内盆栽。木槿对二氧化硫与氯化物等有害气体具有一定的抗性，还具有一定的滞尘功能，是有污染工厂的主要绿化树种（图 3-185～图 3-187）。

图 3-185　木槿

图 3-186　木槿花

图 3-187　木槿叶

11. 麦李

【学名】*Prunus glandulosa* Thunb.

【科属】蔷薇科樱属

【产地及分布】华北各山区有生长。分布于山东、陕西、湖北、四川等省，生长于山坡灌丛或沟边。

【形态特征】落叶灌木。小枝光滑或幼时有柔毛。叶片卵状长圆形或长圆状披针形，先端急尖，稀渐尖，基部宽楔形，边缘有细圆钝锯齿，上表面与背面无毛或背面沿中脉有稀疏柔毛；托叶线形，边缘有腺齿。花 1～2 朵侧生，先叶开放，粉红色或白色，萼筒钟状，有稀疏短柔毛或无毛，裂片卵形，边缘有齿，花瓣倒卵形或长圆形，雄蕊多数，较花瓣短，心皮1，花柱基部有毛。核果近球形，无沟，红色。花期在每年的3—4月，果期在6—7月。

【类型及品种】主要变种、变型、品种如下：

（1）粉花麦李［*Cerasus glandulosa*（Thunb.）Lois. f. *rosea* Koehne］：花粉红色。

（2）白花重瓣麦李［*Cerasus glandulosa*（Thunb.）Lois.f. *albo-plena* Koehne］：花较大，白色，重瓣。

（3）粉花重瓣麦李［*Cerasus glandulosa*（Thunb.）Lois.f. *sinensis*（Pers.）Koehne］：花粉红色，重瓣。

【生态习性】喜光，较耐寒、耐旱，也较耐水湿，适宜在湿润疏松、排水良好的沙壤土中生长。

【繁殖要点】一般采用分株繁殖和嫁接繁殖。

【园林用途】麦李先花后叶，春天开放，花密布枝头，十分美丽，秋季叶又变红，是很好的庭园观赏树种，常于草坪、路边、假山旁及林缘丛栽，也可作基础栽植、盆栽或催花、切花材料（图3-188～图3-190）。

图3-188 麦李　　　　图3-189 白色重瓣麦李　　　　图3-190 粉色重瓣麦李

12. 荆条

【学名】*Vitex negundo var. heterophylla*

【科属】马鞭草科黄荆属

【产地及分布】华北各山区有生长。

【形态特征】落叶灌木或小乔木，小枝四棱形，密生灰白色绒毛。掌状复叶对生或轮生，小叶5片或3片；小叶片长圆状披针形至披针形，边缘有缺刻状锯齿，浅裂或深裂，表面绿色，背面密生灰白色绒毛。聚伞花序排成圆锥花序式，顶生，花序梗密生灰白色绒毛，花冠淡紫色至白色。核果近球形，宿萼接近果实的长度。花期在每年的4—6月，果期在7—10月。

【生态习性】喜光，耐寒，耐干旱，耐瘠薄，不耐荫。

【繁殖要点】一般采用种子繁殖。

【园林用途】荆条树形疏散，叶形秀丽，花色清雅，在盛夏开花，适于山坡、池畔、湖边、假山、石旁、小径、路边栽植。荆条也是很好的蜜源植物（图3-191～图3-193）。

图 3-191　荆条　　　　　图 3-192　荆条叶　　　　　图 3-193　荆条花

13. 火棘

【学名】*Pyracantha fortuneana*

【科属】蔷薇科火棘属

【产地及分布】产于长江流域及河北、山东、河南、福建、广东、广西、陕西等地，台湾也有栽培。

【形态特征】常绿灌木，高达 3 m；侧枝短，先端呈刺状，嫩枝外被锈色短柔毛，老枝暗褐色，无毛；芽小，外被短柔毛。叶片倒卵形或倒卵状长圆形，先端圆钝或微凹，有时具短尖头，基部楔形，下延连于叶柄，边缘有钝锯齿，齿尖向内弯，近基部全缘，两面皆无毛。复伞房花序，花梗和总花梗近于无毛，花瓣白色。果实近球形，橘红色或深红色。花期在每年的 3—5 月，果期在 8—11 月。

【类型及品种】主要变种、变型、品种有小丑火棘。

小丑火棘（*Pyracantha fortuneana* 'Harlequin'）：叶面斑纹点点。

【生态习性】喜强光，极耐干旱瘠薄，在华北南部可露地越冬。萌芽力强，耐修剪。

【繁殖要点】一般采用播种繁殖。

【园林用途】火棘适宜丛植于草地边缘、假山石之间、水边桥头，是优良的绿篱和基础种植材料，秋冬可观赏其鲜红的果实（图 3-194 ～图 3-196）。

图 3-194　火棘花　　　　　图 3-195　火棘果　　　　　图 3-196　火棘叶

14. 卫矛

【学名】*Euonymus alatus*（Thunb.）Sieb

【科属】卫矛科卫矛属

【产地及分布】中国除东北、新疆、青海、西藏、广东及海南外，其他各省均有栽培。

【**形态特征**】落叶灌木，全体无毛；小枝常具 2～4 列宽阔木栓翅；叶卵状椭圆形、窄长椭圆形，边缘具细锯齿，两面光滑无毛。聚伞花序 1～3 花；花序梗长约 1 cm，小花梗长 5 mm；花白绿色，花瓣近圆形。蒴果 1～4 深裂，裂瓣椭圆状；种子椭圆状或阔椭圆状，种皮褐色或浅棕色，假种皮橙红色，全包种子。花期在每年的 5—6 月，果期在 7—10 月。

【**类型及品种**】主要变种、变型、品种有毛脉卫矛。

毛脉卫矛［*Euonymus alatus*（Thunb.）Sieb. var. *pubescens* Maxim］：叶片多为倒卵椭圆形，叶背脉上被短毛。

【**生态习性**】喜光，耐荫，浅根性，土壤适应性强，耐干旱，耐瘠薄，萌芽力强，耐修剪。

【**繁殖要点**】一般采用扦插繁殖，也可播种繁殖。

【**园林用途**】卫矛秋叶紫红色，鲜艳夺目，适宜孤植、丛植于庭院、草坪、水边、山石旁，以油松、雪松等常绿树为背景效果尤佳。卫矛也是良好的防火植物（图 3-197～图 3-199）。

| 图 3-197　卫矛 | 图 3-198　卫矛枝 | 图 3-199　卫矛果 |

15. 小檗

【**别名**】日本小檗

【**学名**】*Berberis thunbergii*

【**科属**】小檗科小檗属

【**产地及分布**】原产日本，我国广泛栽培。

【**形态特征**】落叶小灌木，多分枝。枝条开展，具细条棱，幼枝淡红带绿色，无毛，老枝暗红色；茎刺单一，偶 3 分叉；叶薄纸质，倒卵形、匙形或菱状卵形，先端骤尖或钝圆，基部狭而呈楔形，全缘；花 2～5 朵组成具总梗的伞形花序，或近簇生的伞形花序或无总梗而呈簇生状；花黄色，浆果椭圆形，亮鲜红色，无宿存花柱。种子 1～2 枚，棕褐色。花期在每年的 4—6 月，果期在 7—10 月。

【**类型及品种**】主要变种、变型、品种如下。

（1）紫叶小檗［*Berberis thunbergii* 'Atropurpurea'］叶片常年紫红色。

（2）金叶小檗［*Berberis thunbergii* 'Aurea'］叶片金黄色。

【**生态习性**】喜光，喜温暖湿润气候，也耐寒，忌积水。对土壤要求不严，耐干旱，喜深厚、肥沃、排水良好的土壤。萌蘖性强，耐修剪。

【繁殖要点】主要采用播种、扦插或压条方式繁殖。

【园林用途】常栽培于庭园中或路旁作绿化或绿篱用（图 3-200 ～图 3-202）。

图 3-200　小檗　　　　　　　图 3-201　紫叶小檗　　　　　图 3-202　紫叶小檗果

16. 小蜡

【别名】山指甲、小蜡树

【学名】*Ligustrum sinense* Lour.

【科属】木樨科女贞属

【产地及分布】分布于长江流域及其以南各省区。黄河流域及其以南各地普遍栽培。

【形态特征】落叶灌木或小乔木。叶片纸质或薄革质，卵形至披针形，先端渐尖至微凹，基部宽楔形或近圆。上面疏被短柔毛或无毛，背面至少沿叶脉有柔毛。圆锥花序，花白色，花序轴被柔毛，塔形，花梗长 1 ～ 3 mm。雄蕊等于或长于花冠裂片。小蜡的叶形也有较多变化，有尖叶、圆叶、椭圆叶，常常一株植物上出现多种叶形。果近球形。花期在每年的 5—6 月，果期在 9—12 月。

【类型及品种】主要变种、变型、品种如下。

（1）罗甸小蜡［*Ligustrum sinense* Lour. var.*luodianense* M. C. Chang］：幼枝、花序轴疏被短柔毛或微柔毛；叶片披针形，两面光滑无毛，花序腋生或顶生。花期 3 月。

（2）多毛小蜡 [*Ligustrum sinense* Lour. var. *coryanum*（W. W. Smith）Hand.-Mazz.]：幼枝、花序轴、叶柄以及叶片下面均被较密黄褐色或黄色硬毛或柔毛，稀仅沿下面叶脉有毛；花萼常被短柔毛。

（3）皱叶小蜡 [*Ligustrum sinense* Lour. var. *rugosulum*（W. W. Smith）M. C. Chang]：叶片较大，卵状披针形至椭圆形或卵状椭圆形，长 4 ～ 13 cm，宽 2 ～ 5.5 cm，叶脉在上面明显凹入，下面凸起。花期在每年的 4—6 月，果期在 9—12 月。

（4）峨边小蜡（*Ligustrum sinense* Lour. var. *opienense* Y. C. Yang）：叶片较大而狭，呈长卵形、椭圆形、长圆形、长圆状披针形或卵状披针形，长 3 ～ 10 cm，宽 1.5 ～ 3 cm，通常下面被较密黄柔毛，稀仅沿叶脉有毛。花期在每年的 6 月，果期在 8—10 月。

（5）光萼小蜡 [*Ligustrum sinense* Lour. var. *myrianthum*（Diels）Hofk.] 幼枝、花序轴和叶柄密被锈色或黄棕色柔毛或硬毛，稀为短柔毛；叶片革质，长椭圆状披针形、椭圆形至卵状椭圆形，上面疏被短柔毛，下面密被锈色或黄棕色柔毛，尤以叶脉为密，稀近无毛；花序腋生，基部常无叶。花期在每年的 5—6 月，果期在 9—12 月。

（6）滇桂小蜡（*Ligustrum sinense* Lour. var. *concavum* M. C. Chang）：叶脉在叶面明显

凹入；花萼被毛。花期在每年的4—5月，果期在8—11月。

【生态习性】喜光，稍耐荫，较耐寒，抗污染，耐修剪。

【繁殖要点】主要采用播种、扦插或压条方式繁殖。

【园林用途】作绿篱，丛植或孤植于水边、草地、林缘或对植于门前（图3-203、图3-204）。

图3-203　小蜡花

图3-204　小蜡果

 任务实施

一、任务布置

（1）发放任务清单。

（2）收集资料。

（3）线上学习。

二、现场植篱类树种识别与调查

（1）以小组为单位，对当地常见植篱类树种进行识别与调查，并填写植篱类树种调查记录表（表3-5）。

表3-5　植篱类树种调查记录表

班级 _____　　小组成员 _____　　调查时间 _____

调查地点：	植物图片
树种：　　科：　　属：	
形态类型：（落叶或常绿）	

性状：	树冠：	树皮：	枝条：
叶形：	叶序：	叶脉：	叶缘：
花：	花色：	花序：	花期：
果实：		种子：	
生长环境：			
生长状况：			
配置方式：			
观赏特性：			
园林用途：			
备注：			

（2）调查区植篱类树种应用分析。

考核评价

评价项目	评价内容	配分	得分
知识考核	能够熟练说出 8 种植篱类树种	20	
	能够描述不同植篱类树种的特点	15	
	能够说出不同植篱类树种在园林中的应用	20	
技能考核	调查报告撰写：内容全面，条理清晰	10	
	调查水平：准确描述不同植篱类树种的识别特点	20	
	能使用专业术语描述	5	
素质考核	调查态度：积极主动，有团队精神	5	
	调查过程中注重方法及创新	5	
	总分	100	

思考与练习

1. 植篱类树种选择的标准要求有哪些？有何作用？
2. 列表写出当地广泛使用植篱类树种的种类、配植方式和观赏特性。

任务六　　地被树木的识别与应用

　　地被树木能够覆盖地面，对改善环境、防止尘土飞扬、保持水土、抑制杂草生长、增加空气湿度、减少地面辐射热、美化环境等都有良好的作用。

任务描述

　　调查当地城市主要街道、居民区、公园等园林绿地的地被树木及应用情况，内容包括地被树木名录、主要特征、习性及其观赏特点、应用及配植方式等，完成地被树木调查报告。

任务分析

　　地被树木应用广泛，不同地被树木有着各自的形态特征和园林绿化特点，因此，在园林应用中除考虑自身的形态特征外，还应考虑各树种的生态习性、经济价值、景观效果及周围环境的特点。

　　完成该学习任务：一要掌握地被树木的识别特征，能正确识别地被树木；二要能全面分析和准确描述地被树木的主要习性、观赏特点和园林应用特点等；三要善于观察地被树木与其他树种的搭配效果；四要分析地被树木对其周围生态环境的要求。在完成该学习任务时，要注意选择观赏效果较好的绿地，并依据树种的形态特征、主要习性、配置效果等要素，准确地识别该景点的地被树木，完成任务总结。

知识准备

一、地被树木的概念

地被树木主要是指株型低矮、铺展力强、枝叶茂盛，能严密覆盖地面，可保持水土、防尘扬尘、改善气候，并具有一定观赏价值的植物。

二、地被树木的选择要求

不同环境地被树木的选择是人不相同的，在选择地被树木时主要应考虑苗木生态习性，能适应环境条件，如全光、半荫、干旱、潮湿、土壤酸度、土层厚度等。除生态习性外，在园林中还应注意其耐踩性的强弱及观赏特性。在大面积应用时还应注意其在生产上的作用和经济价值。

三、地被树木的作用

地被树木在园林绿化中不仅具有美化环境的作用，还有保护土壤、节约水资源、提供野生动物栖息地、净化空气等作用。在园林绿化中，应合理利用地被植物，充分发挥它们的作用。

四、地被树木的分类

按观赏特点，地被树木可分为常绿地被树木和落叶地被树木。常绿地被树木一般在春季交替换叶，北方寒冷地区常采用常绿针叶类地被植物及少量抗寒性较强的常绿阔叶植物，如铺地柏、常春藤等；落叶地被树木是指秋冬季地上部分枝枯叶落，来年可发芽生长的地被植物，如平枝栒子、金山绣线菊、金焰绣线菊等，北方大部分地区常采用此类植物建植大面积园林景观。

五、常见地被树木

1.铺地柏

【别名】爬地柏、矮桧、匍地柏、偃柏、铺地松、铺地龙、地柏、葡地柏

【学名】*Juniperus procumbens* Sargent

【科属】柏科圆柏属

【产地及分布】在黄河流域至长江流域广泛栽培，现各地都有种植。

【形态特征】常绿匍匐小灌木，枝干贴近地面伸展，褐色，小枝密生。叶均为刺形叶，3叶交叉轮生，表面有2条白色气孔带，下面基部有两个白粉气孔，沿中脉有细纵槽。叶基下延生长；球果被白粉，近球形，成熟时黑色，有2～3粒种子，种子有棱脊。

【生态习性】温带阳性树种，忌低湿地，喜湿润、肥沃、排水良好的钙质土壤，耐寒，耐旱，抗盐碱，在平地或悬崖峭壁上都能生长；浅根性，但侧根发达，萌芽性强，寿命长，抗烟尘，抗二氧化硫、氯化氢等有害气体。

【繁殖要点】多用扦插、压条繁殖。

【园林用途】在园林中是良好地被植物，可配植于岩石园或草坪角隅，也可作盆栽，还是桩景材料之一。在城市绿化中常用于市区街心、路旁绿化，生长良好。与洒金柏配植于草坪、花坛、山石、林下，可增加绿化层次，丰富观赏美感。铺地柏多匍匐枝悬垂倒挂，古雅别致，是制作悬崖式盆景的良好材料（图3-205、图3-206）。

图3-205　铺地柏　　　　　　　　　　图3-206　铺地柏枝叶

2. 砂地柏

【别名】新疆圆柏、天山圆柏、双子柏、砂地柏、爬柏、臭柏、叉子圆柏

【学名】*Juniperus sabina* L.

【科属】柏科圆柏属

【产地及分布】砂地柏分布于中国新疆天山至阿尔泰山、宁夏贺兰山、内蒙古、青海东北部、甘肃祁连山北坡及古浪、景泰、靖远等地区，以及陕西北部榆林，生于海拔1 100～2 800 m（青海可达3 300 m）地带的多石山坡，或生于针叶树或针叶树阔叶树混交林内，或生于沙丘上，现各地都有种植。

【形态特征】匍匐灌木，枝密，斜上伸展，枝皮灰褐色，裂成薄片脱落。叶二型，刺叶常生于幼树上，稀在壮龄树上与鳞叶并存，常交互对生或兼有三叶交叉轮生，鳞叶交互对生，排列紧密或稍疏，斜方形或菱状卵形。雌雄异株，稀同株；雄球花椭圆形或矩圆形，雌球花曲垂或初期直立而随后俯垂。球果褐色至紫蓝色或黑色，多少有白粉，种子常为卵圆形，微扁。花期在每年的5月，果期在10月。

【生态习性】喜光，喜凉爽干燥的气候，耐寒，耐旱，耐瘠薄，对土壤要求不严，不耐涝，耐旱性强，生长势旺。修剪后，能产生多发性侧枝，形成斜生丛状树形，在短期内形成整齐无缺的绿篱，极有价值。

【繁殖要点】主要用扦插繁殖，也可压条繁殖。

【园林用途】砂地柏匍匐有姿，是良好的地被树种，常用作隔离带绿化树种。耐旱性强，可作水土保持及固沙造林树种（图3-207、图3-208）。

图 3-207　砂地柏　　　　　图 3-208　砂地柏枝

3. 平枝栒子

【别名】小叶栒子、铺地蜈蚣

【学名】*Cotoneaster horizontalis* Decne.

【科属】蔷薇科栒子属

【产地及分布】分布于陕西、甘肃、湖北、湖南、四川、贵州、云南。生长于海拔 2 000 ～ 3 500 m 的灌木丛中或岩石坡上，现各地均有种植。

【形态特征】落叶或半常绿匍匐灌木，枝水平开张成整齐两列状；小枝圆柱形，幼时外被糙伏毛，老时脱落，黑褐色。叶片近圆形或宽椭圆形，稀倒卵形，先端多数急尖，基部楔形，全缘，下面有稀疏平贴柔毛；托叶钻形，早落。花萼筒钟状，萼片三角形，先端急尖，外面微具短柔毛，内面边缘有柔毛；花瓣直立，倒卵形，先端圆钝，粉红色。果实近球形，成熟时鲜红色，常具 3 小核，稀 2 小核。花期在每年的 5—6 月，果期在 9—10 月。

【类型及品种】主要变种、变型、品种有平枝小叶平枝栒子 *Cotoneaster horizontalis* Decne. var. *perpusillus* C. K. Schneid.

【生态习性】平枝栒子喜光，喜温暖湿润的半荫环境，耐干旱和瘠薄的土地，不耐湿热，有一定的耐寒性，怕积水。

【繁殖要点】以扦插及播种繁殖为主。

【园林用途】平枝栒子叶小而稠密，枝叶横展，晚秋时叶红色，红果累累，是集观花、果、叶于一体的优良园林植物，是布置岩石园、斜坡、庭院、绿地、墙沿、角隅的地被植物，也可制作盆景，果枝可作插花材料（图 3-209、图 3-210）。

图 3-209　平枝栒子　　　　　图 3-210　平枝栒子果枝

4.金山绣线菊

【学名】*Spiraea japonica* 'Gold Mound'

【科属】蔷薇科绣线菊属

【产地及分布】原产于北美，于1995年引种到济南，现中国多地有栽培。

【形态特征】落叶小灌木，枝叶紧密，冠形球状整齐，冬芽小，有鳞片；单叶互生，边缘具尖锐重锯齿，新生小叶金黄色，夏叶浅绿色，秋叶金黄色；花两性，伞房花序，花浅粉红色。蓇葖果，沿腹缝线开裂，内具数粒细小种子，种子长圆形，种皮膜质。花期在每年的6月中旬—8月上旬。

【生态习性】喜光，不耐阴，对土壤要求不严，较耐旱，不耐水湿，抗高温。

【繁殖要点】常用扦插繁殖，也可采用分株繁殖。

【园林用途】金山绣线菊植株矮小，株型丰满，呈半圆形，好似一座小小金山，春季新叶金黄、明亮，可形成优良的彩色地被，覆盖地表，非常壮观。株型整齐，可成片栽植，也可组成模纹图案，与大叶黄杨、小叶黄杨及草坪配置，效果更佳。若丛植于路边林缘、公园道旁、庭院及湖畔或假山石旁，将起到强化植物群落、丰富群体色彩的作用。适合作观花色叶地被，种植在花坛、花境、草坪、池畔等地，宜与紫叶小檗、桧柏等配置成模纹，可以丛植、孤植、群植作色块或列植做绿篱，也可作花镜和花坛植物（图3-211、图3-212）。

图3-211　金山绣线菊　　　　图3-212　金山绣线菊花

5.金焰绣线菊

【学名】*Spiraea japonica* 'Goldflame'

【科属】蔷薇科绣线菊属

【产地及分布】原产于美国，经引种驯化，现中国各地均有种植。

【形态特征】矮生直立灌木植物，老枝黑褐色，新枝黄褐色，小枝细弱，呈"之"字形弯曲。冬芽小，有鳞片，单叶互生，长卵形至卵状披针形，边缘具尖锐重锯齿，叶色多变，新叶橙红，老叶黄绿色；枝叶较松散，呈球状，叶色鲜艳夺目，春季叶色黄红相间，夏季叶色绿，秋冬又变为绯红或紫红色。花两性，伞房花序，花色淡紫红。蓇葖果，沿腹缝线开裂，内具数粒细小种子，种子圆形，种皮膜质。花期在每年的6月，果期在8—9月。

【生态习性】耐阴，耐寒，耐干燥，耐盐碱，耐瘠薄；怕涝，喜中性及微碱性土壤，在温暖向阳、湿润的地方生长良好。萌蘖力强，较耐修剪整形。

【繁殖要点】常采用扦插繁殖，也可采用播种、扦插、分株等方法繁殖。

【园林用途】在园林上，可用于建植大型图纹、花带、彩篱等园林造型，也可布置花坛、花境或点缀园林小品，还可丛植、孤植或列植，并可作绿篱，供庭院观赏（图 3-213 ～图 3-215）。

图 3-213　金焰绣线菊　　　　图 3-214　金焰绣线菊花　　　　图 3-215　金焰绣线菊叶

6. 金叶莸

【学名】*Caryopteris × clandonensis* 'Worcester Gold'

【科属】马鞭草科莸属

【产地及分布】国外引进园艺品种，我国东北、华北、华东等地区有栽培。

【形态特征】落叶灌木，高 1 ～ 2 m，单叶对生，卵状披针形，长 3 ～ 6 cm，边缘有疏粗锯齿。春季幼叶金黄色，夏季变为黄绿色。花蓝紫色，聚伞花序。花期 7—8 月，果期 8—9 月。

【生态习性】喜光，耐干旱，耐寒，耐盐碱，耐瘠薄，忌积水，萌芽力强，耐粗放管理。

【繁殖要点】可采用播种或扦插繁殖，以播种繁殖为主。

【园林用途】常色叶单色类彩叶植物。春季叶色金黄，夏、秋季盛开蓝紫色小花，淡雅清香，是花叶兼赏的好品种。金叶莸适宜于片植作色带或绿篱，也可修剪成球状，还可以作花境材料（图 3-216 ～图 3-218）。

图 3-216　金叶莸　　　　　图 3-217　金叶莸叶　　　　　图 3-218　金叶莸花

 任务实施

一、任务布置

（1）发放任务清单。

（2）收集资料。

（3）线上学习。

二、现场地被树木识别与调查

（1）以小组为单位，对当地常见地被树木进行识别与调查，并填写地被树木调查记录表（表3-6）。

表 3-6　地被树木调查记录表

班级 ＿＿＿＿＿＿＿＿　　　　　小组成员 ＿＿＿＿＿＿＿＿＿＿　　　　　调查时间 ＿＿＿＿＿＿＿＿＿

调查地点：		植物图片
树种：　　　科：　　　属：		
形态类型：（落叶或常绿）		
性状：　　　　树冠：　　　　树皮：　　　　枝条：		
叶形：　　　　叶序：　　　　叶脉：　　　　叶缘：		
花：　　　　花色：　　　　花序：　　　　花期：		
果实：　　　　　　　　种子：		
生长环境：		
生长状况：		
配植方式：		
观赏特性：		
园林用途：		
备注：		

（2）调查区地被树木应用分析。

 考核评价

评价项目	评价内容	配分	得分
知识考核	能够熟练说出 8 种常见地被树木	20	
	能够描述不同地被树木的特点	15	
	能够说出不同地被树木在园林中的应用	20	
技能考核	调查报告撰写：内容全面，条理清晰	10	
	调查水平：准确描述不同地被树木的识别特点	20	
	能使用专业术语描述	5	
素质考核	调查态度：积极主动，有团队精神	5	
	调查过程中注重方法及创新	5	
	总分	100	

思考与练习

1.地被树木选择的标准要求有哪些？有何作用？

2.列表写出当地广泛使用地被树木的种类、配植方式和观赏特性。

任务七 垂直绿化树木的识别与应用

垂直绿化又称立体绿化，适用于垂直绿化的树木就是垂直绿化树木。垂直绿化树木主要是一些藤本植物或攀缘灌木，也可以是一些垂吊植物。垂直绿化可以充分利用空间，在墙壁、阳台、窗台、屋顶、棚架等处栽种垂直绿化树木，能增加绿化覆盖率，改善居住环境。垂直绿化在克服城市绿化面积不足、改善不良环境等方面具有独特的作用。

任务描述

调查当地城市主要街道、居民区、公园等园林绿地的垂直绿化树木及应用情况，内容包括垂直绿化树木名录、主要特征、习性及其观赏特点、应用及配植方式等，完成垂直绿化树木调查报告。

任务分析

垂直绿化树木应用广泛。不同垂直绿化树木有各自的形态特征和园林绿化特点，因此，在园林应用中除考虑其形态特征外，还应考虑其生态习性、经济价值、景观效果及周围环境的特点。

完成该学习任务：一要掌握垂直绿化树木的识别特征，能正确识别垂直绿化树木；二要能全面分析和准确描述垂直绿化树木的主要习性、观赏特点和园林应用特点等；三要善于观察垂直绿化树木与其他树种的搭配效果；四要分析垂直绿化树木对其周围生态环境的要求。在完成该学习任务时，要注意选择观赏效果较好的绿地，并依据树种的形态特征、主要习性、配植效果等要素，准确地识别该景点的垂直绿化树木，完成任务总结。

知识准备

一、垂直绿化树木的选择要求

选择城市垂直绿化树木首先应充分利用当地植物资源，了解不同习性的攀缘植物对环境条件的不同需要；其次要考虑垂直绿化树木攀缘能力的强弱、观赏特性的不同，以及绿化对象与植物材料的色彩、形态、质感的协调性。在垂直绿化中，应当尽可能利用不同种类之间的搭配以延长观赏期，创造出四季景观。

二、垂直绿化树木的作用

垂直绿化又称为立体绿化，能够充分利用绿化空间，在墙壁、阳台、窗台、屋顶、棚架等处种植垂直绿化树木，可增加绿化覆盖率，改善居住环境。垂直绿化在城市绿化面积不足、改善不良环境等方面具有独特的作用。

三、垂直绿化树木的分类

（1）缠绕类：适用于栏杆、棚架等，如紫藤、金银花等。

（2）攀缘类：适用于篱墙、棚架和垂挂等，如葡萄等。

（3）钩刺类：适用于栏杆、篱墙和棚架等，如蔷薇、爬蔓月季等。

（4）攀附类：适用于墙面等，如爬山虎、扶芳藤、常春藤等。

四、常见垂直绿化树种

1. 紫藤

【别名】朱藤、招藤、招豆藤、藤萝

【学名】*Wisteria sinensis*（Sims）*Sweet*

【科属】豆科紫藤属

【产地及分布】在我国的南方与北方均可栽培。

【形态特征】落叶藤本。茎右旋，枝较粗壮，嫩枝被白色柔毛，后秃净；冬芽卵形。奇数羽状复叶，托叶线形，早落；小叶纸质，卵状椭圆形至卵状披针形，上部小叶较大，基部一对最小，先端渐尖至尾尖，基部钝圆或楔形，或歪斜，嫩叶两面被平伏毛，后秃净；小托叶刺毛状，宿存。总状花序在一年生短枝腋生或顶生，花序轴被白色柔毛，苞片披针形，早落，花冠紫色，旗瓣圆形，先端略凹陷，花开后反折，基部有 2 胼胝体，翼瓣长圆形，基部圆，龙骨瓣较翼瓣短，阔镰形。荚果倒披针形，密被绒毛，悬垂枝上不脱落，有种子 1～3 粒；种子呈褐色，扁圆形，具有光泽。花期在每年的 4—5 月，果期在 5—8 月。

【类型及品种】主要变种、变型、品种有白花紫藤。

白花紫藤 [*Wisteria sinensis*（Sims）Sweet f. *alba*（Lindl.）Rehd. et Wils.]：花白色。

【生态习性】紫藤对气候和土壤的适应性强、较耐寒、能耐水湿及瘠薄土壤、喜光、较耐阴，以向阳背风的地方栽培最适宜。

【繁殖要点】紫藤可用扦插、播种、压条、分蘖、嫁接等繁殖方式栽培。

【园林用途】紫藤宜作棚架、门廊、湖畔、池边、假山、石坊、墙面的绿化材料，也可修剪成灌木状植于草坪、溪水边、岩石旁，还可用于盆栽。紫藤对二氧化硫和硫化氢等有害气体有较强的抗性，对空气中的灰尘有吸附能力（图 3-219～图 3-221）。

图 3-219　紫藤

图 3-220　紫藤花

图 3-221　紫藤果

2.凌霄

【别名】紫葳、苕华

【学名】*Campsis grandiflora*（Thunb.）Schum.

【科属】紫葳科凌霄属

【产地及分布】分布于中国长江流域各地及河北、山东、河南、福建、广东、广西、陕西、山西等地。

【形态特征】攀缘藤本，茎表皮脱落，枯褐色，以气生根攀附于它物上。奇数羽状复叶，对生，小叶 7～9 枚，卵形至卵状披针形，顶端尾状渐尖，基部阔楔形，两侧不等大，两面无毛，边缘有粗锯齿。顶生圆锥花序，花冠内面鲜红色，外面橙黄色。蒴果细长如豆荚，先端钝，每果含种子数粒，种子扁平，多数有薄翅。花期在每年的 5—8 月，果期在 9—10 月。

【生态习性】生性强健，性喜温暖；有一定的耐寒能力；喜阳光充足，但也较耐阴。

【繁殖要点】多用扦插繁殖，此外，还可以用播种、压条、分株等方法繁殖。

【园林用途】老干扭曲盘旋，苍劲古朴，其花色鲜艳，芳香味浓，且花期很长，可作地栽和室内的盆栽藤本植物（图 3-222～图 3-224）。

图 3-222　凌霄　　　　图 3-223　凌霄花叶　　　　图 3-224　凌霄花果

3.地锦

【别名】爬墙虎、爬山虎、土鼓藤、红葡萄藤

【学名】*Parthenocissus tricuspidata*（Siebold & Zucc.）Planch.

【科属】葡萄科地锦属

【产地及分布】分布于中国吉林、辽宁、河北、河南、山东、安徽、江苏、浙江、福建、台湾等地区。

【形态特征】木质藤本。小枝圆柱形，几无毛或微被疏柔毛。卷须，5～9 分枝，相隔 2 节间断，与叶对生。卷须顶端嫩时膨大呈圆珠形，后遇附着物扩大成吸盘。单叶，通常着生在短枝上，为 3 浅裂，呈倒卵圆形，顶端裂片急尖，基部心形，边缘有粗锯齿。花序着生在短枝上，基部分枝，形成多歧聚伞花序。浆果球形，蓝黑色，被白粉，种子呈倒卵圆形。花期在每年的 5—8 月，果期在 9—10 月。

【类型及品种】主要变种、变型、品种如下。

（1）花叶地锦（*P.henryana*）：幼枝四棱。幼叶绿色，背面有白斑或带紫色，花序圆锥状。

（2）三叶地锦（*P.semicordata*）：叶小，3枚。聚伞花序。产于四川。

（3）红三叶地锦（*P.var.rubrifolia*）：小叶较小较阔，幼时带紫色。聚伞花序较小。

（4）五叶地锦（*P.quinquefolia*）：幼枝圆柱状。叶小，5枚。产于中美洲。

【生态习性】喜阴湿，耐旱，耐寒。对气候、土壤的适应能力很强，在阴湿、肥沃的土壤上生长最佳，对土壤酸碱适应范围较大，但排水良好的沙质土或壤土最适宜，生长较快。

【繁殖要点】常用扦插繁殖，也可采用压条、播种等方法进行繁殖。

【园林用途】园林绿化中主要的垂直绿化材料，既能美化墙壁，又有防暑隔热的作用。对二氧化硫等有害气体有较强的抗性，适宜在宅院墙壁、围墙、庭院入口处、桥头等处配置（图3-225、图3-226）。

图3-225　地锦

图3-226　地锦叶

4. 五叶地锦

【别名】五叶爬山虎、爬墙虎

【学名】*Parthenocissus quinquefolia*（L.）Planch.

【科属】葡萄科地锦属

【产地及分布】五叶地锦原产于北美，在中国分布于东北、华北各地。

【形态特征】木质藤本。小枝圆柱形，掌状复叶5枚，小叶呈倒卵圆形、倒卵椭圆形或外侧小叶椭圆形，顶端短尾尖，基部楔形或阔楔形，外侧少有粗锯齿。花序假顶生形成主轴明显的圆锥状多歧聚伞花序。果实球形，有种子1～4颗；种子呈倒卵形。花期在每年的6—7月，果期在8—10月。

【生态习性】喜温暖气候，耐阴，耐贫瘠，耐干燥，有一定的抗盐碱能力，抗病性强，病虫害少。

【繁殖要点】主要用扦插、压条、播种方法繁殖。

【园林用途】垂直绿化的好材料，也可作地被植物。对二氧化硫等有害气体有较强的抗性，也适合作工矿街道的绿化树种（图3-227～图3-229）。

图 3-227　五叶地锦叶

图 3-228　五叶地锦秋叶

图 3-229　五叶地锦果

5. 三叶地锦

【别名】大血藤、三角风

【学名】*Parthenocissus semicordata（Wall.）Planch.*

【科属】葡萄科地锦属

【产地及分布】三叶地锦分布于中国华北、华东、华中各地。

【形态特征】落叶攀援藤本。树皮棕褐色，小枝圆柱形，卷须与叶对生，短小而多分枝，顶端有吸盘。叶为 3 小叶，着生在短枝上，中央小叶倒卵椭圆形或倒卵圆形，顶端尾尖，基部楔形，边缘中部有锯齿，侧生小叶卵椭圆形或长椭圆形，顶端短尾尖，基部不对称，近圆形，外侧边缘有 7～15 个锯齿，内侧边缘上半部有 4～6 个锯齿。多歧聚伞花序着生在短枝上，花序基部分枝，主轴不明显。果实近球形，种子呈倒卵形。花期在每年的 5—7 月，果期在 9—10 月。

【生态习性】喜光，喜温暖气候，耐荫，攀缘能力强，多攀缘于岩石、大树或墙壁上。

【繁殖要点】扦插、播种和压条繁殖。

【园林用途】三叶地锦枝有吸盘，叶为鲜绿色，秋季变成鲜红色，是墙壁和楼房垂直绿化的优良树种（图 3-230、图 3-231）。

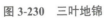

图 3-230　三叶地锦

图 3-231　三叶地锦叶

6. 葡萄

【别名】蒲陶、草龙珠、赐紫樱桃、菩提子、山葫芦

【学名】*Vitis vinifera L.*

【科属】葡萄科葡萄属

【产地及分布】葡萄原产亚洲西部及欧洲东南部，世界各地均有栽培。中国主要产区有安徽的萧县，新疆的吐鲁番、和田，山东的烟台，河北的张家口、宣化、昌黎，辽宁的大连、熊岳，沈阳及河南的芦庙乡、民权、仪封等地区，现各省均有分布。

【形态特征】木质藤本。小枝圆柱形，有纵棱纹。卷须2叉分枝，与叶对生。叶片纸质，卵圆形，显著3～5浅裂或中裂。圆锥花序密集或疏散，多花，与叶对生。果实为球形或椭圆形，种子呈倒卵椭圆形（梨形）。花期在每年的4—5月，果期在8—9月。

【生态习性】喜光，喜温暖、干燥及通风良好的环境，有一定程度的耐寒性，对土质要求不严，适生于疏松肥沃的沙质土。

【繁殖要点】以分株繁殖为主，也可扦插繁殖。

【园林用途】葡萄科植物属于藤本类，常用于园林垂直绿化，如长廊、门廊、棚架、花架等装饰（图3-232、图3-233）。

图3-232 葡萄　　　　图3-233 葡萄果实

7. 南蛇藤

【别名】金银柳、金红树、过山风、过山枫、挂廓鞭、过山龙、大南蛇、老龙皮、穿山龙、老牛筋、黄果藤

【学名】*Celastrus orbiculatus* Thunb.

【科属】卫矛科南蛇藤属

【产地及分布】分布于中国国东北、华北、西北、华东、西北及湖北湖南等地，中国分布最广泛的树种之一。

【形态特征】落叶藤本灌木。小枝灰棕色或棕褐色。叶阔呈倒卵形、近圆形或椭圆形，先端圆阔，基部阔楔形到近钝圆形，边缘具锯齿。聚伞花序腋生，间有顶生。蒴果近球状，种子椭圆状稍扁，赤褐色。花期在每年的5—6月，果期在7—10月。

【生态习性】一般生长于丘陵、山沟及临缘灌木丛中。喜阳，耐阴，抗寒耐旱，对土壤要求不高。

【繁殖要点】可用播种、分株、压条、扦插等方法繁殖。

【园林用途】南蛇藤植株姿态优美，茎、蔓、叶、果都具有较高的观赏价值，常植于棚架、墙垣、岩壁等处，若植于湖畔、塘边、溪旁、河岸，则倒映成趣。南蛇藤秋季叶片变红或变黄，成熟的硕果开裂，露出鲜红色的假种皮，宛如颗颗宝石。是城市垂直绿化的优良树种（图3-234～图3-236）。

图 3-234　南蛇藤叶　　　　图 3-235　南蛇藤花　　　　图 3-236　南蛇藤果

8. 常春藤

【**别名**】土鼓藤、钻天风、三角风、散骨风、枫荷梨藤

【**学名**】*Hedera nepalensis* var. *sinensis*（Tobl.）Rehd

【**科属**】五加科常春藤属

【**产地及分布**】分布地区非常广泛，北自甘肃东南部、陕西南部，西至西藏波密，东至江苏、浙江的广大区域内均有生长。

【**形态特征**】多年生常绿攀缘灌木。茎灰棕色或黑棕色，有气生根，幼枝被鳞片状柔毛，鳞片通常有 10～20 条辐射肋。单叶互生，有鳞片，叶二型，不在花枝上的叶为三角状卵形或戟形，全缘或三裂；花枝上的叶椭圆状披针形，全缘。伞形花序单个顶生，或 2～7 个总状排列或伞房状排列成圆锥花序，花朵是淡黄白色或淡绿白色。果实为圆球形，红色或黄色，宿存花柱长 1～1.5 mm。花期在每年的 5—8 月，果期在 9—11 月。

【**类型及品种**】主要变种、变型、品种有花叶常春藤。

花叶常春藤（*Hedera helix* 'Discolor'）：叶互生，革质，边缘生不规则黄白色斑纹。

【**生态习性**】阴性藤本植物，喜温暖、湿润的气候，耐寒性较强，喜疏松、肥沃的壤土，不耐盐碱。

【**繁殖要点**】常春藤的茎蔓容易生根，通常采用扦插繁殖。

【**园林用途**】在园林绿化中是优良的垂直绿化材料。在华北地区，宜选小气候良好的稍荫环境栽植，也可室内盆栽。常春藤枝叶稠密，四季常绿，耐修剪，适于作造型（图 3-237～图 3-239）。

图 3-237　常春藤　　　　图 3-238　常春藤叶　　　　图 3-239　常春藤枝叶

9. 扶芳藤

【别名】换骨筋、万年青、千斤藤、抬络藤、藤卫矛、爬墙虎、过墙风

【学名】*Euonymus fortunei*（Turcz.）Hand.-Mazz.

【科属】卫矛科卫矛属

【产地及分布】中国分布较广，华北、华东、华中、西南各地均有种植。

【形态特征】常绿藤本，小枝方棱形不明显，枝上通常生长细根并具小瘤状凸起。叶薄革质，对生，椭圆形、长方椭圆形或长倒卵形，先端钝或急尖，基部楔形，边缘具细锯齿。聚伞花序为白绿色。蒴果为粉红色，果皮光滑，近球状，种子长方椭圆状，棕褐色，假种皮鲜红色，全包种子。花期在每年的6月，果期在10月。

【类型及品种】主要变种、变型、品种如下：

（1）小叶扶芳藤（*Euonymus fortunei var. radicans*）：叶片较小而厚。

（2）金边扶芳藤（*Euonymus fortunei* 'Emerald Gold'）：叶片较小，叶缘呈金黄色，至冬季转为红色。

（3）银边扶芳藤（*Euonymus fortunei* 'Emerald Gaiety'）：叶小似舌状，缘为白色斑带。

【生态习性】性喜温暖、湿润环境，喜阳光，也耐阴。在雨量充沛、云雾多、土壤和空气湿度大的条件下，植株生长健壮。对土壤适应性强，在酸性土壤、碱性土壤及中性土壤中均能正常生长。

【繁殖要点】扦插繁殖。

【园林用途】扶芳藤有很强的攀缘能力，适宜在林缘、林下做地被，也可点缀墙角、山石等，是园林中优良的垂直绿化树种。扶芳藤夏季黄绿相容，秋冬季则叶色艳红，因此也是园林彩化绿化的优良植物（图3-240、图3-241）。

图3-240 扶芳藤　　图3-241 扶芳藤的花、枝、叶

10. 金银花

【别名】金银藤、银藤、二色花藤、二宝藤、右转藤、子风藤、鸳鸯藤、二花

【学名】*Lonicera japonica* Thunb.

【科属】忍冬科忍冬属

【产地及分布】中国各省均有分布。金银花的种植区域主要集中在山东、陕西、河南、河北、湖北、江西、广东等地区。

【形态特征】多年生半常绿缠绕及匍匐茎灌木。小枝细长，中空，藤褐色至赤褐色。叶纸质，卵形对生，枝叶均密生柔毛和腺毛。花成对生于叶腋，花冠初为白色，渐变为黄色，浆果球形，熟时呈蓝黑色，有光泽，种子呈卵圆形或椭圆形，褐色。花期在每年的4—6月，果熟期在10—11月。

【生态习性】金银花适应性很强，喜光，耐阴，耐寒性强，适应性广，也耐干旱和水湿，对土壤要求不严。

【繁殖要点】金银花可用播种、插条和分根等方法进行繁殖。

【**园林用途**】由于金银花匍匐生长能力比攀缘生长能力强，故适合于在林下、林缘、建筑物北侧等处做地被栽培，还可以做绿化矮墙，也可以利用其缠绕能力制作花廊、花架、花栏、花柱及缠绕假山石等（图3-242、图3-243）。

图3-242　金银花　　　图3-243　金银花的枝、叶、花

11. 藤本月季

【**别名**】藤蔓月季、爬藤月季

【**学名**】*Morden cvs.of Chlimbers and Ramblers*

【**科属**】蔷薇科蔷薇属

【**产地及分布**】藤蔓月季广泛分布于世界各地。

【**形态特征**】落叶灌木，呈藤状或蔓状。茎上有疏密不同的尖刺，因品种不同而形态各异，有直刺、斜刺、弯刺、钩形刺。奇数羽状复叶，小叶5～9片，托叶附着于叶柄上。花单生、聚生或簇生，花色有红色、粉色、黄色、白色、橙色、紫色、镶边色、原色、表背双色等，花型有杯状、球状、盘状、高芯等。花期在每年的5—11月。

【**生态习性**】喜日照充足，空气流通，排水良好而避风的环境，管理粗放，耐修剪，抗性强。

【**繁殖要点**】常用嫁接繁殖。

【**园林用途**】藤本月季是园林绿化中使用最多的蔓生植物，可作为花墙、隔离带遮盖铁栅栏等，也可栽植于庭院、花园、走廊等，绿化效果明显，观赏价值颇高（图3-244～图3-246）。

图3-244　藤本月季花架　　　图3-245　藤本月季　　　图3-246　藤本月季篱墙

12. 蔷薇

【别名】 多花蔷薇、蔓性蔷薇、墙蘼、刺蘼、蔷蘼、刺莓苔、野蔷薇

【学名】 *Rosa multiflora*

【科属】 蔷薇科蔷薇属

【产地及分布】 主要分布在北半球温带、亚热带及热带山区等地，中国河北、河南等省均有种植。

【形态特征】 攀缘灌木，茎干细长，枝条蔓生或攀缘，多刺。茎或花梗疏生三角形皮刺。羽状复叶，小叶 5 ～ 7 枚，叶片较小。蔷薇托叶边缘篦齿状分裂，有腺毛（腺毛比月季长）。花小型，常多朵簇生，圆锥状伞房花序，生于枝端。常为单瓣或半重瓣，花色多为红色系。花期仅在每年的 4 ～ 5 月，不能多季开花。

【类型及品种】 主要变种、变型、品种如下。

（1）野蔷薇（*Rosa multiflora var. Multiflora*）：攀援灌木。花多朵，排列成圆锥状花序，单瓣花，白色。果近球形。

（2）白蔷薇（*Rosa × alba* L. Sp.）：直立灌木，小枝有不等钩状皮刺，有时混有刺毛。花单瓣或重瓣，白色或粉红色，有香味。果长圆卵形。

（3）黄蔷薇（*Rosa hugonis* Hemsl.）：矮小灌木。枝粗壮，常呈弓形；小枝圆柱形，无毛，皮刺扁平，常混生细密针刺。小叶片呈卵形、椭圆形或倒卵形，先端圆钝或急尖，边缘有锐锯齿，两面无毛。花单生于叶腋，花瓣黄色。果实扁球形，紫红色至黑褐色，

（4）法国蔷薇（*Rosa gallica* L.）：直立灌木，小枝通常有大小不等的皮刺并混生刺毛。花单生，花瓣粉红色或深红色。果近球形或梨形，亮红色。

（5）突厥蔷薇（*Rosa damascena* Mill. Gard.）：也称大马士革蔷薇，灌木。小枝通常有粗壮钩状皮刺，有时混有刺毛；小叶片卵形、卵状长圆形。花 6 ～ 12 朵，成伞房状排列，花瓣带粉红色。果梨形或倒卵球形，红色，常有刺毛。

（6）百叶蔷薇（*Rosa centifolia* L.）：也称洋蔷薇，灌木。小枝上有不等皮刺；小叶片薄，长圆形，先端急尖，基部圆形或近心形，边缘通常有单锯齿，上面无毛或偶有毛，下面有柔毛；托叶大部分贴生于叶柄，离生部分卵形，边缘有腺体。花单生，无苞片，常重瓣，芳香，花瓣粉红色。果卵球形或近球形，萼片宿存。

（7）粉团蔷薇（*R. multiflora* Thunb. var. *cathayensis* Rehd.）：花粉红色，单瓣。

（8）七姊妹（*R. multiflora* Thunb. var. *carnea* Thory）：花粉红色，重瓣。

（9）白玉堂（*R. multiflora* Thunb. var.*albo-plena* Yu et Ku）：花白色，重瓣。

【生态习性】 蔷薇性强健，喜光，耐半荫，耐寒，耐干旱，对土壤要求不严，对有毒气体抗性强。

【繁殖要点】 常用嫩枝扦插育苗繁殖。

【园林用途】 色泽鲜艳，气味芳香，是色香兼具的观赏花。枝干成半攀缘状，可依架攀附成各种形态，宜布置于花架、花格、辕门、花墙等处，夏日花繁叶茂，也可控制成小灌木状，培育成盆花。有些品种可培育作切花（图 3-247 ～图 3-249）。

图 3-247 蔷薇

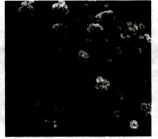

图 3-248 蔷薇花

图 3-249 蔷薇叶

 任务实施

一、任务布置

（1）发放任务清单。

（2）收集资料。

（3）线上学习。

二、现场垂直绿化树木识别与调查

（1）以小组为单位，对当地常见垂直绿化树木进行识别与调查，并填写垂直绿化树木调查记录表（表 3-7）。

表 3-7　垂直绿化树木调查记录表

班级 _____　　小组成员 _____　　调查时间 _____

调查地点：			植物图片
树种：　　　科：　　　属：			
形态类型：（落叶或常绿）			
性状：	树冠：	树皮：	枝条：
叶形：	叶序：	叶脉：	叶缘：
花：	花色：	花序：	花期：
果实：	种子：		
生长环境：			
生长状况：			
配植方式：			
观赏特性：			
园林用途：			
备注：			

（2）调查区垂直绿化树木应用分析。

考核评价

评价项目	评价内容	配分	得分
知识考核	能够熟练说出8种常见垂直绿化树木	20	
	能够描述不同垂直绿化树木的特点	15	
	能够说出不同垂直绿化树木在园林中的应用	20	
技能考核	调查报告撰写：内容全面，条理清晰	10	
	调查水平：准确描述不同垂直绿化树木的识别特点	20	
	能使用专业术语描述	5	
素质考核	调查态度：积极主动，有团队精神	5	
	调查过程中注重方法及创新	5	
	总分	100	

 思考与练习

1. 垂直绿化树木选择的标准要求有哪些？有何作用？
2. 列表写出当地广泛使用垂直绿化树木的种类、配植方式和观赏特性。

任务八　室内绿化树木的识别与应用

室内绿化树木是指那些适合在室内环境中生长和装饰的树木。这些树木通常具有观赏价值，能够为室内空间增添自然气息和美感。室内绿化树木的种类繁多，包括各种盆栽植物、小型观叶植物，以及一些适合室内环境的小型乔木等。这些树木不仅能够净化室内空气，还能调节室内温度和湿度，为人们提供一个更加舒适和健康的居住环境。

 任务描述

调查当地城市主要的花卉市场、商场、酒店及大型公共场所的室内绿化树木与应用情况，内容包括室内绿化树木名录、主要特征、习性及其观赏特点、应用方式等，完成室内绿化树木调查报告。

任务分析

室内绿化树木是北方室内常用的绿化装饰物品，衬托室内景观，起到装饰、净化空气等作用，在应用时除要考虑装饰作用外，还要注意对人体心理健康、栽培管理、净化空气及人体是否过敏等作用。

完成该学习任务：一要掌握室内绿化树木的识别特征，能正确识别室内绿化树木；二要能全面分析和准确描述室内绿化树木的主要习性、观赏特点等；三要善于观察室内绿化树木与室内环境的搭配情况；四要分析室内绿化树木对室内环境的要求。

知识准备

微课：室内绿化装饰

一、室内绿化树木的概念

室内绿化树木主要是指耐荫性强、观赏价值高，常盆栽放于室内观赏的一类树木。

二、室内绿化树木的选择要求

在选用室内绿化树木时，应首先考虑如何更好地为室内绿化树木创造良好的生长环境，创造开敞和半开敞空间，采用多种自然采光方式。其次，根据室内空间的大小选择植物的尺度，植物的大小应与室内空间尺度及家具形成良好的比例关系。再次，植物的色彩要与室内色彩协调一致。最后，注意少数人对植物花粉、香气等的过敏反应。

三、室内绿化树木的作用

室内绿化树木首先起到的是装饰作用。在室内放置植物，搭配室内的家居，能够起到一定的装饰作用，使生活充满仪式感。其次，可以净化空气。大多数的植物能够吸收空气中残留的有毒物质，如室内装修材料散发的甲醛、空气中的硫化氢，这些都是可以被植株吸收的，因而室内植物能够提高空气的质量。最后，愉悦心情。室内植物对人体的心理健康十分有利，生机盎然的植物会使人对生活充满希望，并保持愉悦的心情。

四、室内绿化树木的分类

室内绿化树木可分为观枝干类树木、观叶类树木、观花类树木、观果类树木。

（1）观枝干类树木。观枝干类树木其枝干独具丰姿，具有独特的观赏价值，如发财树等。

（2）观叶类树木。观叶类树木是以观赏叶片为主的树木，其叶形奇特，或者带彩色条斑，富于变化，具有很高的观赏价值，如鹅掌柴、变叶木、棕竹、散尾葵、朱焦等。

（3）观花类树木。观花类树木以观花为主，其株体开花繁多，花型奇特美丽，如龙船花、茉莉花等。

（4）观果类树木。以观赏果实为主的树木，其果实累累，色泽艳丽，坐果时间长，如金桔、火棘、冬珊瑚等。

五、常见室内绿化树木

1. 南洋杉

【别名】诺和克南洋杉、小叶南洋杉、塔形南洋杉

【学名】*Araucaria cunninghamii* Mudie

【科属】南洋杉科南洋杉属

【产地及分布】原产南美、澳洲及太平洋群岛、大洋洲昆士兰等东南沿海地区，在中国广东、福建、海南、云南、广西均有栽培。长江流域及其以北各大城市采用盆栽，温室

越冬。

【形态特征】常绿乔木，树皮灰褐色或暗灰色，横裂；大枝平展或斜伸，侧身小枝密生，下垂，近羽状排列。二型叶，幼树和侧枝的叶排列疏松，开展，锥状、针状、镰状或三角状，大枝及花果枝上的叶排列紧密而叠盖，斜上伸展，微向上弯，卵形，三角状卵形或三角状。雄球花单生枝顶，圆柱形。球果卵形或椭圆形，苞鳞楔状倒卵形，两侧具薄翅，先端宽厚，具锐脊，中央有急尖的长尾状尖头，尖头显著地向后反曲；舌状种鳞的先端薄，不肥厚；种子椭圆形，两侧具结合而生的膜质翅。

【类型及品种】主要变种、变型、品种如下。

（1）智利南洋杉［*Araucaria araucana*（Molina）K.Koch］：叶子披针形，两面深绿色，具有光泽，圆形或椭圆形，人头状球果直立。

（2）细叶南洋杉（澳洲杉、异叶南洋杉）［*Araucaria heterophylla*（Salisb.）Franco］：主干直立，枝条水平伸展，轮生，叶子钻形，两侧微扁，先端锐尖，球果近球形，苞鳞的先端向上弯曲。

（3）大叶南洋杉（塔杉、洋刺杉、宽阔叶南洋杉、披针叶南洋杉）（*Araucaria bidwillii* Hook.）：枝条平展，侧生小枝绿色，下垂，叶卵状披针形，果实球形，苞鳞的先端呈三角状，突尖向后反曲。种子椭圆形外露，两侧无翅。

【生态习性】南洋杉喜光，喜温暖湿润气候，不耐干旱与寒冷，喜肥沃土壤。盆栽要求疏松、肥沃、腐殖质含量较高、排水透气性强的培养土。

【繁殖要点】南洋杉广泛应用扦插繁殖。

【园林用途】南洋杉树形高大，姿态优美，它和雪松、日本金松、北美红杉、金钱松被称为世界五大公园树种。宜独植作为园景树或纪念树，也可作行道树。在北方，南洋杉是珍贵的室内盆栽装饰树种，适于作为一般家庭客厅、走廊、书房的点缀，也可用于布置各种形式的会场、展览厅，还可作为馈赠亲朋好友开业、乔迁之喜的礼物。

2. 平安树

【别名】兰屿肉桂

【学名】*Cinnamomum kotoense* Kaneh. & Sasaki

【科属】樟科樟属

【产地及分布】原产中国台湾兰屿，现广泛栽培。

【形态特征】常绿乔木。枝条及小枝褐色，圆柱形，无毛。叶对生或近对生，卵圆形至长圆状卵圆形，先端锐尖，基部圆形，革质，叶柄腹凹背凸，红褐色或褐色。果卵球形，果托杯状，边缘有短圆齿，无毛。果期在每年的8—9月。

【生态习性】喜温暖、湿润、阳光充足的环境，喜光又耐阴，不耐干旱、积水、严寒和空气干燥。适宜于疏松、肥沃、排水良好、富含有机质的酸性沙质土壤。

【繁殖要点】以种子繁殖为主。

【园林用途】平安树既是优美的盆栽观叶植物，又是非常漂亮的园景树。兰屿肉桂叶色亮绿，株型美观，耐阴，易管理，全株具清新香气，极适合在住宅、酒店等场所摆放（图3-250、图3-251）。

图 3-250　平安树　　　　　图 3-251　平安树枝叶

3. 印度橡皮树

【别名】印度榕

【学名】*Hevea brasiliensis*（Willd. ex A. Juss.）Müll. Arg.

【科属】桑科榕属

【产地及分布】中国各地多有栽培，城市盆栽极为广泛，北方在温室越冬。

【形态特征】常绿乔木，全株平滑，有乳汁。叶互生，宽大，具长柄，厚革质，椭圆形，全缘有光泽，幼芽红色，托叶红褐色，初期包于顶芽外，新叶伸展后托叶脱落，在枝条上留下托叶痕。隐花枝梢生于叶腋；果长椭圆形，无果柄，熟后黄色。

【类型及品种】主要变种、变型、品种如下。

（1）金边橡皮树（*Ficus elastica* Roxb. ex Hornem.'Aureo-Marginata'）：叶缘有金黄色条纹。

（2）花叶橡皮树（*Ficus binnendijkii* var. *variegata*）：叶片上有黑色、灰绿色或黄白色的斑纹和斑点。

【生态习性】性喜阳、高温、湿润的环境，耐热，不耐寒、旱。

【繁殖要点】以扦插繁殖为主。

【园林用途】橡皮树是常见的庭院树和盆栽观赏植物，生性强健，叶大光亮，四季葱绿，为常见的观叶植物，在北方园林中多栽植于盆中，可于大型建筑物门厅两侧和广场布置成花坛。冬季则可置于大厅用于装饰。中小盆栽常用于美化客厅、书房。室内光照不足需定期轮换（图 3-252、图 3-253）。

图 3-252　印度橡皮树　　　图 3-253　印度橡皮树枝叶

4. 扶桑

【别名】朱槿、赤槿、佛桑、红木槿、桑槿、大红花、状元红、桑叶牡丹

【学名】*Hibiscus rosa-sinensis* L.

【科属】锦葵科木槿属

【产地及分布】原产于我国南部，现广泛在全球热带亚热带地区种植，我国北方多室内盆栽。

【形态特征】常绿大灌木或小乔木，小枝圆柱形，疏被星状柔毛。叶互生，阔卵形或狭卵形，先端锐尖，基部钝圆形。花单生于上部叶腋间，有红、白、黄三色。蒴果卵形，平滑无毛，有喙。花期全年，夏秋最盛。

【类型及品种】主要变种、变型、品种如下。

（1）朱槿（*Hibiscus rosa-sinensis* Linn. var. *rosa-sinensis*）：花红色。

（2）重瓣朱槿（*Hibiscus roses-sinensis* Linn. var. *rubro-plenus* Sweet Hort.）：花重瓣，红色、淡红色、橙黄色等。

【生态习性】强阳性植物，喜温暖、湿润气候，不耐荫，不耐寒、旱，在中国长江流域及以北地区只能盆栽。耐修剪，发枝力强。对土壤的适应范围较广，但在富含有机质、pH 值为 6.5～7 的微酸性壤土中生长最好。

【繁殖要点】可采用扦插、嫁接和高空压条等方式进行繁殖。

【园林用途】在南方多栽植于池畔、亭前、道旁和墙边，全年大红花开花不断，异常热闹。长江流域和北方常以盆栽点缀阳台或小庭园，在光照充足条件下，观赏期特别长。也是夏秋公共场所摆放的主要开花盆栽植物之一（图 3-254、图 3-255）。

图 3-254　扶桑花枝　　　　图 3-255　扶桑树叶

5. 马拉巴栗

【别名】发财树、光瓜栗

【学名】*Pachira glabra* Pasq.

【科属】木棉科瓜栗属

【产地及分布】原产于巴西、中南美洲，中国华南及西南地区广泛引种栽培，北方盆栽种植。

【形态特征】常绿亚乔木，树形优美，掌状复叶，小叶 5～9 片，其叶片呈倒卵状长圆形，顶端尖锐，基部楔形，全缘。花白色、粉红色，单生叶腋，蒴果卵圆形，绿色，种子大，近梯状楔形，无毛，种皮脆壳质，光滑；子叶肉质，内卷。花期在每年的 6—9 月，果期在 9—10 月。

【生态习性】喜高温、高湿气候，耐寒力差，喜肥沃、疏松、透气、保水的酸性沙壤土，忌碱性土或黏重土壤，较耐水湿，也稍耐旱。

【繁殖要点】可用播种和扦插方法进行繁殖。

【园林用途】马拉巴栗主干直立，枝条轮生，茎干基部肥圆，枝叶潇洒婆娑，极具自然美，观赏价值很高，深受人们的欢迎。盆栽适于室内绿化、美化装饰，加之其具有发财之寓意，给人以美好的想象，深受人们的青睐（图3-256～图3-258）。

图3-256 发财树

图3-257 发财树

图3-258 发财树枝叶

6. 变叶木

【别名】洒金榕

【学名】*Codiaeum variegatum*（L.）Rumph. ex A. Juss.

【科属】大戟科变叶木属

【产地及分布】原产于亚洲马来半岛至大洋洲，广泛栽培于热带地区。中国南部各省区常见栽培，北方盆栽。

【形态特征】灌木或小乔木，枝条无毛，有明显叶痕。叶薄革质，形状大小变异很大，线形、线状披针形、长圆形、椭圆形、披针形、卵形、匙形、提琴形至倒卵形，有时长的中脉将叶片间断成上下两片。顶端短尖、渐尖至圆钝，基部楔形、短尖至钝，边全缘、浅裂至深裂，两面无毛，绿色、淡绿色、紫红色、紫红色与黄色相间、黄色与绿色相间或有时在绿色叶片上散生黄色或金黄色斑点或斑纹。总状花序腋生，雌雄同株异序。雄花白色，萼片5枚，花瓣5枚；雌花，淡黄色，萼片卵状三角形。无花瓣；花盘环状。蒴果近球形。花期在每年的9—10月。

【类型及品种】主要变种、变型、品种如下。

（1）长叶变叶木（*f. ambiguum*）：叶片长披针形。其品种有三种。黑皇后（BlackQueen），深绿色叶片上有褐色斑纹；绯红（Revolutum），绿色叶片上具鲜红色斑纹；白云（WhiteCloud），深绿色叶片上具有乳白色斑纹。

（2）复叶变叶木（*f. appendiculatum*）：叶片细长，前端有1条主脉，主脉先端有匙状小叶。其品种有两种。飞燕（Interruptum），小叶披针形，深绿色；鸳鸯（Mulabile），小叶红色或绿色，散生不规则的金黄色斑点。

（3）角叶变叶木（*f. cornutum*）：叶片细长，有规则的旋卷，先端有一翘起的小角。其品种有两种。百合叶变叶木（LilyLeaves），叶片螺旋3～4回，叶缘波状，浓绿色，中脉及叶缘黄色；罗汉叶变木（PodorcarpLeaves），叶狭窄而密集，2～3回旋卷。

（4）螺旋叶变叶木（*f. crispum*）：叶片波浪起伏，呈不规则的扭曲与旋卷，叶先端无角状物。其品种有织女绫（Warrenii），叶阔披针形，叶缘皮状旋卷，叶脉黄色，叶缘有时黄色，常嵌有彩色斑纹。

（5）戟叶变叶木（*f. lobatum*）：叶宽大，3裂，似戟形。其品种有两种。鸿爪（Craigii），叶3裂，如鸟足，中裂片最长，绿色，中脉淡白色，背面淡绿色；晚霞（ShowGirl），叶阔3裂，深绿色或黄色带红，中脉和侧脉金黄色。

（6）阔叶变叶木（*f. platypHyllum*）：叶卵形。其品种有金皇后和鹰羽。金皇后（GoldenQueen），叶阔倒卵形，绿色，密布金黄色小斑点或全叶金黄色；鹰羽（Ovalifolium），叶3裂，浓绿色，叶主脉带白色。

（7）细叶变叶木（*f. taeniosum*）：叶带状。其品种有柳叶、虎尾。柳叶（Graciosum），叶狭披针形，浓绿色，中脉黄色较宽，有时疏生小黄色斑点；虎尾（Majesticum），叶细长，浓绿色，有明显的散生黄色斑点。

【生态习性】喜高温、湿润和阳光充足的环境，不耐寒。

【繁殖要点】可用播种、扦插、压条等繁殖方法。

【园林用途】变叶木叶形、叶色多变，显示出色彩美、姿态美，华南地区多用于公园、绿地和庭院美化，既可丛植，也可作绿篱，在长江流域及以北地区均作盆花栽培，装饰房间、厅堂和布置会场。其枝叶是插花的配叶料（图3-259～图3-261）。

图3-259　变叶木　　　图3-260　变叶木（盆栽）　　　图3-261　变叶木叶子

7. 一品红

【别名】老来娇、圣诞花、猩猩木

【学名】*Euphorbia pulcherrima* Willd. ex Klotzsch

【科属】大戟科大戟属

【产地及分布】一品红原产于南美洲，在中国台湾、四川、云南、广东等地区可露地栽培，北方常用于盆栽。

【形态特征】常绿灌木。枝圆柱状，极多分枝，茎直立。叶互生，卵状椭圆形、长椭圆形或披针形，先端渐尖或急尖，基部楔形或渐狭，全缘或浅裂或波状浅裂，叶面被短柔毛或无毛，叶背被柔毛。聚伞花序生于枝顶；总苞坛状，淡绿色。蒴果，三棱状圆形。种子卵状，灰色或淡灰色。花果期在每年的10月至次年4月。

【类型及品种】主要变种、变型、品种如下。

（1）一品白（*Euphorbia pulcherrima* 'Ecke's White'）：苞片乳白色。

（2）一品黄（*Euphorbia pulcherrima* 'Lutea'）：苞片淡黄色。

（3）橙红利洛（*Euphorbia pulcherrima* 'Orange Red Lilo'）：苞片大，橙红色。

（4）一品粉（*Euphorbia pulcherrima* 'Rosea'）：苞片粉红色。

（5）深红一品红（*Euphorbia pulcherrima* 'AnnetteHegg'）：苞片深红色。

（6）重瓣一品红（*Euphorbia pulcherrima* 'Plenissima'）：叶灰绿色，苞片红色、重瓣。

（7）火焰球一品红（*Plenissima Ecke's* Flaming Sphere）：苞片血红色，重瓣，苞片上下卷曲成球形，生长慢。

（8）三倍休一品红（*Euphorbia pulcherrima* 'Eckespointc—1'）：苞片栋叶状，鲜红色。

（9）斑叶一品红（*Euphorbia pulcherrima* 'Variegata'）：叶淡灰绿色、具白色斑纹，苞片鲜红色。

（10）珍珠（*Euphorbia pulcherrima* 'Pearl'）：苞片黄白色。

（11）甜蜜玫瑰（*Euphorbia pulcherrima* 'Dolce Rosa'）：新引进的品种，粉红色长苞片鲜艳。

（12）冰洞（*Euphorbia pulcherrima* 'Ice Punch'）：苞片红色，有白色斑点。

（13）柠檬滴（*Euphorbia pulcherrima* 'Lemon Drops'）：黄色苞片。

（14）科尔特斯勃艮第（*Euphorbia pulcherrima* 'Cortez Burgundy'）：苞片红紫色。

（15）新潮（*Euphorbia pulcherrima* 'Avantgarde'）：斑块苞片。

（16）喜庆红（*Euphorbia pulcherrima* 'Festival Red'）：矮生，苞片大，鲜红色。

【生态习性】喜温暖湿润的气候，不耐寒，更怕霜冻，不耐旱、涝。喜光，要求光照充足；对土壤要求不严，但以排水良好、通透性强的疏松、肥沃沙质壤土为好。

【繁殖要点】以扦插繁殖为主，也可高压繁殖。

【园林用途】一品红叶色鲜艳，圣诞、元旦、春节期间，盆栽置于室内，可增加喜庆气氛，也适宜布置会议等公共场所。南方暖地可露地栽培，美化庭园，也可作切花（图3-262～图3-264）。

图3-262　一品红　　　　　图3-263　一品红花　　　　图3-264　一品红叶

8. 米仔兰

【别名】米兰、树兰、鱼仔兰

【学名】*Aglaia odorata* Lour.

【科属】棟科米仔兰属

【产地及分布】分布于中国和东南亚各国；广东、广西、福建、四川、贵州和云南等地常有栽培，北方多室内盆栽。

【形态特征】灌木或小乔木。茎多小枝，幼枝顶部被星状锈色的鳞片。叶轴和叶柄具狭翅，有小叶 3～5 片，小叶对生，厚纸质，先端钝，基部楔形，两面均无毛。圆锥花序腋生，花芳香。浆果，卵形或近球形，初时被散生的星状鳞片，后脱落。种子有肉质假种皮。花期在每年的 5—12 月，果期在 7 月至翌年 3 月。

【生态习性】喜温暖、湿润的气候，怕寒冷；适合生于肥沃、疏松、富含腐殖质的微酸性沙质土中。米仔兰对低温十分敏感，很短时间的零下低温就能造成整株死亡。

【繁殖要点】常采用扦插和压条繁殖。

【园林用途】米仔兰在北方常被用作盆栽，既可观叶又可赏花。小小黄色花朵形似鱼子，因此又名为鱼子兰。醇香诱人，为优良的芳香植物，开花季节浓香四溢，可用于布置会场、门厅、庭院及家庭装饰（图 3-265～图 3-267）。

图 3-265　米仔兰　　　图 3-266　米仔兰叶　　　图 3-267　米仔兰花

9.鹅掌柴

【别名】鸭掌木、鹅掌木、大叶伞、鸭脚木、鸭母树、红花鹅掌柴

【学名】*Heptapleurum heptaphyllum*（L.）Y. F. Deng

【科属】五加科鹅掌柴属

【产地及分布】现广泛种植于世界各地，在中国广泛分布于西藏、云南、广西、广东、浙江、重庆、海南、四川、贵州、湖北、香港、福建和台湾，北方室内栽培。

【形态特征】乔木或灌木。小枝粗壮，干时有皱纹。掌状复叶，有小叶 6～9 枚，最多至 11 枚，小叶纸质至革质，椭圆形、长圆状椭圆形或倒卵状椭圆形，稀椭圆状披针形，先端急尖或短渐尖，稀圆形，基部楔形或钝形，全缘。圆锥花序顶生。果实球形，黑色。花期在每年的 11—12 月，果期在 12 月。

【生态习性】喜温暖、湿润、半阳的生长环境。宜生于深厚、肥沃的酸性土中，稍耐瘠薄。鹅掌柴在空气湿度大、土壤水分充足的条件下生长茂盛，如盆土缺水或长期时湿时干，会发生落叶现象。

【繁殖要点】常用播种、扦插和压条繁殖。

【园林用途】鹅掌柴枝条扶疏，叶色碧翠，有黄色、白色等彩色斑点，在南方各地区可庭院孤植，也是北方室内大型盆栽观叶植物，适于在宾馆大厅、图书馆的阅览室和博物馆展厅摆放。盆栽布置客室、书房和卧室，具有浓厚的时代气息，叶片可以从烟雾弥漫的空气中吸收尼古丁和其他有害物质，并通过光合作用将之转化为自身的营养物质，能给吸烟家庭带来新鲜的空气（图 3-268 ～图 3-270）。

图 3-268　鹅掌柴 1

图 3-269　鹅掌柴 2

图 3-270　鹅掌柴叶

10. 孔雀木

【别名】手树

【学名】*Schefflera elegantissima*（Veitch ex Mast.）Lowry et Frodin

【科属】五加科孔雀木属

【产地及分布】中国华南地区引种栽培，现许多地区均有栽培，北方室内栽植。

【形态特征】常绿观叶小乔木或灌木，树干和叶柄都有乳白色的斑点。叶互生，掌状复叶，革质，小叶 7 ～ 11 枚，条状披针形，边缘有锯齿或羽状分裂，幼叶紫红色，后成深绿色。叶脉褐色，总叶柄细长。复伞状花序，生于茎顶叶腋处，小花黄绿色不显著。

【类型及品种】主要变种、变型、品种如下。

（1）宽叶孔雀木：掌状复叶，小叶 3 ～ 5 枚，叶较宽阔。

（2）狭叶孔雀木：掌状复叶，小叶窄长，灰绿色，小叶周边深红色，中肋粉红色。

（3）斑叶孔雀木：掌状复叶，深绿色小叶上有黄白色斑纹。

（4）镶边孔雀木：（*Schefflera elegantissima*‘Castor Variegata’）：掌状复叶，小叶边缘乳白色。

【生态习性】喜温暖湿润环境，不耐寒，不耐强光直射。以肥沃、疏松的壤土为好。

【繁殖要点】可用播种、扦插、压条繁殖。

【园林用途】孔雀木树形和叶形优美，掌状复叶，紫红色，小叶羽状分裂，非常雅致，为名贵的观赏植物。适合盆栽观赏，常用于居室、厅堂和会场布置（图 3-271、图 3-272）。

图 3-271　孔雀木

图 3-272　孔雀木叶

11. 龙血树

【别名】龙树

【学名】*Dracaena draco* (L.) L.

【科属】龙舌兰科龙血树属

【产地及分布】龙血树在中国华南有引种栽培，北方室内栽植。

【形态特征】常绿乔木，茎皮灰色，幼枝有环状叶痕；树干短粗，茎木质，有髓和次生形成层，表面为浅褐色，较粗糙。树液深红色。蓝绿色叶子，剑形，聚生于枝顶。圆锥花序生于枝端，白绿色。浆果近球形，具1~3颗种子，橙色。花期在每年的3—5月，果期在7—8月。

【生态习性】龙血树喜阳光充足、高温多湿环境，不耐寒，喜疏松、排水良好、腐殖质丰富的土壤，宜室内栽培。

【繁殖要点】常用播种和扦插繁殖方法。

【园林用途】龙血树植株挺拔，素雅，朴实，雄伟，富有热带风情，其叶姿优美，有许多种类在园艺上具有一定的观赏价值。大型植株可布置于庭院、大堂、客厅，小型植株和水养植株适于装饰书房、卧室等（图3-273~图3-275）。

图 3-273　龙血树　　　　图 3-274　龙血树　　　　图 3-275　龙血树叶

12. 朱蕉

【别名】红竹、红叶铁树、千年木、米竹

【学名】*Cordyline fruticosa* (L.) A. Cheval.

【科属】龙舌兰科朱蕉属

【产地及分布】广东、广西、福建、台湾等地区常有栽培，北方室内栽培。

【形态特征】灌木状，茎直立，有时稍分枝。叶聚生于茎或枝的上端，矩圆形至矩圆状披针形，绿色或带紫红色，叶柄有槽，基部变宽，抱茎。圆锥花序，侧枝基部有大的苞片，每朵花有3枚苞片；花淡红色、青紫色至黄色，外轮花被片下半部紧贴内轮而形成花被筒，上半部在盛开时外弯或反折。花期在11月至次年3月。

【类型及品种】主要变种、变型、品种如下。

（1）三色朱蕉（'Tricolor'）：叶片具乳黄、浅绿色条斑，叶缘具红、粉红色条斑。

（2）亮叶朱蕉（'Aichiaka'）：叶阔针形，鲜红色，叶缘深红色。

（3）斜纹朱蕉（'Baptistii'）：叶宽阔，深绿色，有淡红色或黄色条斑。

（4）锦朱蕉（'Amabilis'）：叶亮绿色，具粉红色条斑，叶缘米色。

（5）夏威夷小朱蕉（'Baby Ti'）：叶披针形，深铜绿色，叶缘红色。

（6）卡莱普索皇后（'CalypsoQueen'）：叶小，深褐红色，中心淡紫色。

（7）娃娃（Dolly）：矮生种，叶椭圆形，呈丛生状，深红色，叶缘红色。

（8）五彩朱蕉（Goshikiba）：叶椭圆形，绿色，具不规则红色斑，叶缘红色。

（9）夏威夷之旗（'HawaiianFlag'）：叶绿色，具粉红和深红斑纹。

（10）彩虹朱蕉（'Lord Robertson'）：叶宽披针形，具黄白色斜条纹，叶缘红色。

（11）黑叶朱蕉（Negri）：叶披针形，褐铜色，接近黑色。

（12）织锦朱蕉（Hakuba）：叶阔披针形，深绿色带白色纵条纹。

（13）红边朱蕉（RedEdge）：叶缘红色，中央为淡紫红色和绿色的斜条纹相间，为迷你型朱蕉，株高仅40 cm。

（14）红星朱蕉（Cordyline australis 'Red Star'）：叶片披针形或剑形，弯曲下垂，叶红褐色。

（15）七彩朱蕉（KiWi）：叶披针形，叶缘红色，中央有鲜黄绿色纵条纹。

【生态习性】高温多湿气候，属半荫植物，在广东、广西、福建等地区可露地栽植，其他地方均只宜置于温室内盆栽观赏，要求富含腐殖质和排水良好的酸性土壤，不耐旱。

【繁殖要点】常用扦插、压条和播种繁殖。

【园林用途】朱蕉株形美观，色彩华丽高雅，盆栽适用于室内装饰。盆栽幼株，点缀客室和窗台，优雅别致。成片摆放会场、公共场所、厅室出入处，端庄整齐，清新悦目。数盆摆设橱窗、茶室，更显典雅豪华。朱蕉栽培品种很多，叶形也有较大的变化，是布置室内场所的常用植物（图3-276、图3-277）。

图 3-276　朱蕉　　　　　图 3-277　朱蕉叶

13. 棕竹

【别名】观音竹、筋头竹

【学名】*Rhapis excelsa*（Thunb.）A. Henry

【科属】棕榈科棕竹属

【产地及分布】主要分布于中国南部至西南部，北方多室内栽植。

【形态特征】丛生灌木，茎干直立，圆柱形，有节。叶掌状深裂，集生茎顶，宽线形或线状椭圆形，叶柄两面凸起或上面稍平坦，边缘微粗糙，被毛。肉穗花序腋生，花小，淡黄色，极多，单性，雌雄异株。果实球状倒卵形，种子球形。花期在每年的4—5月，果期在10—12月。

【生态习性】棕竹喜温暖、湿润及通风良好的半荫环境，不耐积水，极耐阴。

【**繁殖要点**】棕竹常用分株繁殖，也可播种繁殖。分株繁殖可结合春季翻盆换土时进行。

【**园林用途**】棕竹为典型的室内观叶植物，可摆放在会议室、宾馆门口两侧。棕竹挺拔，枝叶繁茂，叶形秀丽，四季青翠，为家庭栽培最广泛的室内观叶植物（图3-278～图3-280）。

图3-278　棕竹

图3-279　棕竹叶

图3-280　棕竹花

14. 散尾葵

【**别名**】黄椰子、凤凰尾

【**学名**】*Dypsis lutescens*（H. Wendl.）Beentje et J. Dransf.

【**科属**】棕榈科散尾葵属

【**产地及分布**】中国南方各省都有种植，北方室内栽植。

【**形态特征**】丛生灌木，高2～5 m，茎基部略膨大。叶羽状全裂，平展而稍下弯，黄绿色，表面有蜡质白粉，披针形，叶柄及叶轴光滑，黄绿色，上面具沟槽，背面凸圆；叶鞘长而略膨大，通常黄绿色，初时被蜡质白粉，有纵向沟纹。圆锥花序生于叶鞘之下，花小，卵球形，金黄色，螺旋状着生于小穗轴上。果实倒卵形，鲜时土黄色，干时紫黑色，外果皮光滑，中果皮具网状纤维。种子呈倒卵形。花期在每年的5月，果期在8月。

【**生态习性**】喜温暖湿润、半阴且通风良好的环境，怕冷，耐寒力弱，北方地区常在室内栽培，耐荫性强。适宜疏松、排水良好、肥沃的土壤。

【**繁殖要点**】散尾葵常用分株繁殖。

【**园林用途**】散尾葵是小型的棕榈植物，耐阴性强。在家居中摆放散尾葵，能够有效去除空气中的苯、三氯乙烯、甲醛等有挥发性的有害物质。北方地区可布置在客厅、餐厅、会议室、家庭居室、书房、卧室或阳台，属高档盆栽观叶植物（图3-281～图3-283）。

图3-281　散尾葵　　　　图3-282　散尾葵叶　　　　图3-283　散尾葵

15. 夏威夷椰子

【**别名**】竹茎玲珑椰子、竹桐、竹节椰子、雪佛里椰子

【**学名**】*Pritchardia gaudichaudii* H. wendl

【**科属**】棕榈科金棕属

【**产地及分布**】各地均有栽培，台湾是主要产地之一，北方室内栽植。

【**形态特征**】丛生灌木，茎干直立，具明显的茎节，茎节短而中空。羽状复叶常生于茎干中上部，全裂，裂片披针形，互生，叶深绿色，且有光泽。肉穗花序腋生于茎干中上部节位上，粉红色。浆果球形，黄色。花期在每年的5—11月，果期在6—11月。

【**生态习性**】喜高温、高湿，耐阴，怕阳光直射。宜用疏松、通气透水良好、富含腐殖质的基质。

【**繁殖要点**】常用分株繁殖法进行繁殖，也可种子繁殖。

【**园林用途**】夏威夷椰子株姿优美，枝叶茂密，叶色浓绿，并富有光泽，羽片雅致，给人以端庄、文雅、清秀、俊秀飘逸之美感，能长期摆放于室内外或者运用于园林绿化当中。在北方常置于居室、办公室、会议室等地，南方可在庭院种植（图3-284、图3-285）。

图 3-284　夏威夷椰子　　　图 3-285　夏威夷椰子

16. 袖珍椰子

【**别名**】秀丽竹节椰、矮生椰子、矮棕、客厅棕、袖珍椰子葵、袖珍棕

【**学名**】*Chamaedorea elegans* Mart.

【**科属**】棕榈科竹节椰属

【**产地及分布**】中国南部各省均有栽培，北方室内栽培。

【**形态特征**】常绿小灌木，茎干直立，不分枝，深绿色，上具不规则花纹。叶着生于枝干顶，羽状全裂，裂片披针形，互生，深绿色，有光泽。顶端两片羽叶的基部常合生为鱼尾状，嫩叶绿色，老叶墨绿色，表面有光泽。肉穗花序腋生，花黄色，呈小球状，雌雄异株，雄花序稍直立，雌花序营养条件好时稍下垂，浆果橙黄色。

【**生态习性**】喜温暖、湿润和半荫的环境，适宜排水良好、湿润、肥沃土壤。

【**繁殖要点**】常用分株繁殖方法进行繁殖，也可播种繁殖。

【**园林用途**】袖珍椰子植株小巧玲珑，叶片平展，株如伞形，具有很高的观赏价值。袖珍椰子耐阴，在北方适宜室内盆栽，可放置案头桌面、房间拐角处或置于茶几上。袖珍

椰子能净化空气中的苯、三氯乙烯和甲醛，并有一定的杀菌功能，还可以提高房间的湿度。因为袖珍椰子能改善室内空气质量，也被称为生物中的"高效空气净化器"（图3-286、图3-287）。

图 3-286　袖珍椰子　　　　图 3-287　袖珍椰子（水培）

17. 龙船花

【别名】英丹、仙丹花、百日红、卖子木、山丹

【学名】*Ixora chinensis* Lam.

【科属】茜草科龙船花属

【产地及分布】主要分布于福建、广东、香港、广西等地区，北方室内栽植。

【形态特征】灌木，高 0.8～2 m。小枝深褐色，老枝灰色，具线条。叶对生，有时节间极短，几成 4 枚轮生，披针形、长圆状披针形至长圆状倒披针形，顶端钝或圆形，基部短尖或圆形。花序顶生，具短总花梗，红色或红黄色。双生果近球形，中间有 1 沟，成熟时红黑色；种子上面凸，下面凹。花期在每年的 5—7 月。

【生态习性】喜湿润炎热的气候，不耐低温，喜酸性富含有机质的砂质壤土或腐殖质壤土，最适合的土壤 pH 值为 5～5.5。

【繁殖要点】一般多用扦插法进行繁殖，也可用播种和压条繁殖方法。

【园林用途】龙船花在园林中用途很多，少量品种可用于切花；很多品种适合盆栽，可布置宾馆、会场、窗台、阳台和各种客室；热带地区适宜露地栽植，应用在庭院、宾馆、小区、道路旁及各风景区，在园林中应用广泛，孤植、丛植、列植、片植都各有特色（图 3-288～图 3-290）。

图 3-288　龙船花　　　　图 3-289　龙船花花序　　　　图 3-290　龙船花（盆栽）

18. 茉莉花

【学名】*Jasminum sambac*（L.）Ait

【科属】木樨科馨属

【产地及分布】原产于中国江南地区及西部地区，北方宜室内栽植。

【形态特征】灌木，高达 3 m。小枝圆柱形或稍压扁状。单叶对生，纸质，圆形、椭圆形、卵状椭圆形或倒卵形，两端圆或钝，聚伞花序顶生，通常有花 3 朵，有时单花或多达 5 朵，花具芳香。果球形，紫黑色。花期在每年的 5—8 月，果期在 7—9 月。

【类型及品种】主要变种、变型、品种如下。

（1）单瓣茉莉：茎枝较细，呈藤蔓型，故有"藤本茉莉"之称，花冠单层。

（2）双瓣茉莉：主要栽培品种。花蕾卵圆形，顶部较平或稍尖，也称平头茉莉。

（3）多瓣茉莉：枝条有较明显的疣状突起，花冠裂片（花瓣）小而厚，且特别多，一般为 16 ～ 21 片。

【生态习性】喜温暖、湿润、通风良好、半荫的环境。最好选用含有大量腐殖质的微酸性砂质土壤。

【繁殖要点】扦插、压条和播种繁殖。

【园林用途】茉莉花叶色翠绿，花色洁白，香味浓厚，可点缀室容，清雅宜人，在南方可于庭院栽培或摆放，用以赏花，在北方很多品种适合盆栽（图 3-291 ～图 3-293）。

图 3-291　茉莉花　　　　　图 3-292　茉莉花叶　　　　　图 3-293　茉莉花

 任务实施

一、任务布置

（1）发放任务清单。

（2）收集资料。

（3）线上学习。

二、现场室内绿化树木识别与调查

（1）以小组为单位，对当地常见室内绿化树木进行识别与调查，并填写室内绿化树木调查记录表（表 3-8）。

表 3-8　室内绿化树木调查记录表

班级 _____　　　小组成员 _____　　　调查时间 _____

调查地点：		植物图片	
树种：　　　科：　　　属：			
形态类型：（落叶或常绿）			

性状：	树冠：	树皮：	枝条：
叶形：	叶序：	叶脉：	叶缘：
花：	花色：	花序：	花期：
果实：	种子：		
生长环境：			
生长状况：			
配植方式：			
观赏特性：			
园林用途：			
备注：			

（2）调查区室内绿化树木应用分析。

考核评价

评价项目	评价内容	配分	得分
知识考核	能够熟练说出 15 种常见室内绿化树木	20	
	能够描述不同室内绿化树木的特点	15	
	能够说出不同室内绿化树木应用特点	20	
技能考核	调查报告撰写：内容全面，条理清晰	10	
	调查水平：准确描述不同室内绿化树木的识别特点	20	
	能使用专业术语描述	5	
素质考核	调查态度：积极主动，有团队精神	5	
	调查过程中注重方法及创新	5	
总分		100	

思考与练习

1. 室内绿化树木选择的标准要求有哪些？有何作用？

2. 列表写出当地广泛使用室内绿化树木的种类、配植方式和观赏特性。

项目四 园林花卉的识别与应用

学习目标

➤ 知识目标

1. 掌握花卉的含义和园林花卉包含的范畴。
2. 理解花卉在园林中的应用形式。
3. 熟悉常见花卉分类的方法。

➤ 能力目标

1. 能够列举出一些生活中的常见花卉，并说出其在生活中的应用。
2. 能够知道常见花卉的主要分类方法和分类地位。

➤ 素质目标

1. 对园林花卉具有初步的认知及鉴赏能力。
2. 养成自主学习的良好习惯。

任务一 园林花卉的分类

 任务描述

园林花卉的种类繁多，色彩丰富，生态习性千差万别。不同种类的花卉在园林应用和栽培管理方面有很大差异，正确掌握花卉分类可以极大地方便园林花卉的应用与配植。

观察不同绿地中花卉的种类和生长状态，是识别花卉和了解其与环境相互关系的重要途径，也是掌握园林花卉分类的主要方法。

调查当地各大公园、主要街道、居民区等园林绿地中花卉的应用情况，内容包括园林花卉的科属、主要特征、应用形式、生长环境及生长情况（如叶片形态、主要色彩、植株高度、分蘖情况、开花数量）等，完成园林花卉调查报告。

任务分析

花卉生命周期短，对环境适应性变化明显，因此，在园林应用中除考虑自身的形态特征外，还应考虑各种花卉的生长状况、景观效果及周围环境的特点。

完成该学习任务：一要了解园林花卉的各个种类的基本特征；二要注意观察植物生长的形态特征和具体环境；三要善于比较同种花卉在不同环境中的生长状态；四要在观察的基础上进行对比，结合相关资料，总结不同类型花卉的典型特征。在完成该学习任务时，要注意多次观察，仔细比较。依据花卉的形态特征，主要习性、配植效果等要素，准确地识别景点的花卉种类，归纳其分类地位，完成任务总结。

知识准备

一、花卉的含义

花卉由花和卉组成。"花"是种子植物的有性繁殖器官，延伸为有观赏价值的植物；"卉"是草的总称。

狭义的花卉，仅指草本的观花和观叶植物；广义的花卉，是指具有一定观赏价值并经过一定技艺进行栽培和养护的植物，其包括草本植物、灌木、乔木、藤本植物、草坪植物和地被植物。

园林花卉是指适用于园林和环境绿化、美化的观赏植物，其包括一些野生种和栽培种及品种。广义的园林花卉又称为园林植物，包括观花乔灌木、其他观赏乔灌木、观赏竹和观赏针叶树等木本和其他草本植物；狭义的园林花卉仅指草本花卉。

二、花卉在园林中的应用形式

在园林中，可利用花卉丰富的色彩变化和形态布置出不同的景观。主要运用形式有花坛、花境、花丛、花群及花台、花钵等。而一些蔓生花卉又可以用作篱垣、棚架等。

（一）花坛

花坛指的是在具有几何形轮廓的植床内种植各种不同色彩的花卉，运用花卉的群体效果来体现图案纹样或观赏盛花时绚丽景观的一种花卉应用形式。常见的花坛有盛花花坛、立体花坛和模纹花坛三种。

（1）盛花花坛。盛花花坛又称集栽花坛。这种花坛集合多种不同规格的草花，将其栽植成有立体感的花丛。一般情况下，盛花花坛以一二年生草花为主，适当配置一些盆花。

（2）立体花坛。立体花坛即用花卉装饰造型物表面的花坛。立体花坛中造型物的形象依花境及花坛主题来设计，可为花篮、花瓶、动物、图徽及建筑小品等。

（3）模纹花坛。模纹花坛又称毛毡花坛。这种花坛多采用色彩鲜艳的矮生草花，在一个平面栽种出各种图案，好像地毯一样。模纹花坛所用草花以耐修剪、枝叶细小茂密的品种为宜。

（二）花境

花境是花卉在园林绿地中的一种较为特殊的应用方式，一般沿着花园的边界、路缘种植。其主要表现自然风景中花卉的生长规律，展现植物的自然组合的群体美。

（三）花台

花台是一种明显高出地面的小型花坛。其四周用砖、混凝土等堆砌成台座；内部填入土壤，种植花卉。花台一般面积较小，常布置于广场、庭院的中央或建筑物的正面或两侧。花台常见的有整齐式布置和盆景式布置两种应用方式。

（1）整齐式布置：通常选用株型低矮、花繁叶茂的观花花卉。

（2）盆景式布置：常采用松、竹、梅、杜鹃、牡丹等，配以山石、小草等。以艺术造型和意境取胜。

（四）花钵

花钵是种花用的容器，口大底端小，材质多为砂岩、泥、瓷、塑料及木材。

（五）花带

花带是带状的花坛。其宽度一般不超过 1 m，长度是宽度的 3 倍。花带所用的植物种类和盛花花坛相同，要求植株低矮，开花繁茂，开花时花朵可以覆盖枝叶。花带一般沿道路设置，起到引导游览的作用。

（六）花丛

花丛是以几株或几十株的花卉自然的组合而成的应用形式。在园林设计中，花丛主要布置在建筑物的附近、小路两侧、草地两边、岩缝及水流旁边。

花丛的体量小，一般选择 1～2 种植物。此外，花丛所选植物的形态、色彩等要与周围环境相符合。花丛种植时，要注意间距的随意性、植株的错落性，以及层次的变化性。花丛可以布置在游人前进方向的区域，也可以分散在草坪的中央。

（七）花群

花群是指很多株花卉栽植在一起，形成一群，也称为花地。花群一般设置在林缘、草坪、水边或坡地。

（八）水面绿化

水面绿化指的是用水生花卉进行水面美化的布置。在北方的园林中，睡莲一般用于较小的水面绿化，荷花一般用于大面积的水面绿化。

此外，花卉在园林中还有其他应用形式，如吊篮、棚架绿化、植物墙等。

三、按照生活型和生物学特性分类

生活型是指植物长期适应生态环境，在外貌上表现出来的类型，如草本、乔木、灌木、藤本、多肉多浆等外貌形态。

生物学特性是指生物与环境长期相互作用下所形成的固有适应属性，如水生植物长期生活在水中，就形成了有气孔、干轻中空、叶片中有气囊等固有的生态习性。

按照生活型和生物学特性，通常可将花卉分为露地花卉和温室花卉两部分。

（一）露地花卉

露地花卉是指在自然条件下，完成全部生长发育过程的花卉，不需要保护设施栽培。露地花卉依据生活周期和地下形态特征的不同，可分为以下五类。

1. 一年生花卉

一年生花卉是指在一年内完成其生活史的花卉。这类花卉一般春季播种，夏秋开花、结实，然后枯死，所以又称为春播花卉。这类花卉喜欢温暖，耐高温，在低温条件下生长不良，如矮牵牛、万寿菊、孔雀草、一串红、波斯菊、鸡冠花、百日草、紫茉莉、凤仙花、大花马齿苋等。

2. 二年生花卉

二年生花卉是指在两个生长季内完成生活史的花卉，即第一年秋季播种，以幼苗形式越冬，第二年春夏开花、结实直至死亡的花卉。由于其生命跨越两个生长季，故得名二年生花卉，如三色堇、金盏菊、羽衣甘蓝、紫罗兰、蜀葵、香雪球等。这类花卉喜凉爽的环境，不耐高温，在炎热的夏季需要适当遮荫才能正常生长。

一、二年生花卉主要靠播种法繁殖，花期容易调控，再加上其花色艳丽、生长整齐、开花繁茂且花期长，在北方常作为盛花花坛的主要材料。好多一年生花卉甚至可以开花到11月，如万寿菊、孔雀草等。

3. 多年生花卉

基于地下部分的形态特征，实际生产中经常把多年生花卉分为宿根花卉和球根花卉两大类。

（1）宿根花卉。宿根花卉是多年生花卉的一种。宿根花卉是多年生花卉中地下器官形态正常，未发生变态的花卉，如菊花、萱草等。

（2）球根花卉。球根花卉是多年生花卉中地下的根或茎发生变态，膨大呈球状或块状的花卉，如水仙、郁金香、美人蕉等。根据地下部分形态特征，球根花卉又可分为以下五类。

1）球茎类。球茎类是地下茎膨大呈球形或扁球形，内部实心，质地坚硬，表面有环状节痕，顶端有肥大的顶芽，侧芽为不发达的花卉，如唐菖蒲、香雪兰、番红花等。

2）鳞茎类。鳞茎类是地下茎极度短缩，形成扁平的鳞茎盘，在鳞茎盘上有许多肥厚鳞片相互抱合而成的花卉，如水仙、朱顶红、郁金香、百合等。

3）块茎类。块茎类是地下茎膨大呈块状或条状，外形不规则，表面无环状节痕，新芽着生在块茎的芽眼上的花卉，如马蹄莲、彩叶芋、大岩桐等。

4）根茎类。根茎类是地下茎膨大呈根状，茎肉质有分支，有明显的节间，每节有侧芽和根的花卉，如美人蕉、鸢尾、荷花、睡莲等。

5）块根类。块根类是地下根膨大呈块状，芽着生在根茎处，根系从块根的末端生出的花卉，如大丽花、花毛茛等。

4. 水生花卉

水生花卉是指可以常年生长在水中或沼泽地中的多年生花卉，可分为以下四类。

（1）挺水花卉。挺水花卉是根生长在水下泥中、茎叶挺出水面的花卉，如荷花、千屈菜等。

（2）浮水花卉。浮水花卉是根生长在水下泥中、叶面浮于水面或略高于水面的花卉，如睡莲、王莲等。

（3）漂浮花卉。漂浮花卉是根伸展于水中，叶浮于水面，随水漂浮流动，在水浅处可生根于泥中的花卉，如浮萍、凤眼莲等。

（4）沉水花卉。沉水花卉是指植物体长期沉没在水下，仅在开花时花柄、花朵才露出水面，如金鱼藻、车轮藻、狸藻和眼子菜等。

5. 岩生花卉

岩生花卉是指耐旱性强，适合在岩石园栽培的花卉，园林中常选用。岩生花卉一般为宿根性或基部木质化的亚灌木类植物，还有蕨类等好阴湿的花卉。

（二）温室花卉

温室花卉是指原产热带、亚热带及南方温暖地区的花卉。温室花卉在北方寒冷地区栽培必须在温室内培养，或冬季需要在温室内保护越冬，其可分为以下几类。

（1）一、二年生花卉，如瓜叶菊、蒲包花、香豌豆等。

（2）宿根花卉，如非洲菊、君子兰等。

（3）球根花卉，如仙客来、朱顶红、大岩桐、马蹄莲、花叶芋等。

（4）兰科植物。指兰科中观赏价值较高的花卉依其生态习性，兰科植物又可分为以下两类。

1）地生兰类，如春兰、葱兰、剑兰等。

2）附生兰类，如石斛、万代兰、兜兰等。

（5）多浆植物，即茎叶具有发达的储水组织，呈肥厚多汁变态状的植物。其包括仙人掌科、景天科、大戟科、菊科、凤梨科、龙舌兰科等科植物。

（6）蕨类植物。根据观赏方式不同，蕨类植物又可分为以下四类。

1）庭园绿化蕨类，如翠云草、杪椤。其中，杪椤又称为树蕨，是形体最大的蕨类植物，高可达十多米，是古老类群，在我国属濒危种，为我国一级保护植物。另外，槐叶萍、满江红为水面绿化的优选植物。

2）盆栽观叶蕨类植物，如石松、乌蕨、蜈蚣草、铁线蕨等。其中，石松、肾蕨、铁蕨为重要切花配叶材料。

3）垂吊蕨类植物，如肾蕨、巢蕨等。

4）山石盆景蕨类植物：如卷柏、团扇蕨。其中，团扇蕨是蕨类植物中形体最小的，仅有几厘米大小。

（7）食虫植物，如猪笼草、瓶子草等。在有些切花艺术中，食虫植物常用来作艺术插花材料。

（8）凤梨科植物，如水塔花、凤梨等。

（9）棕榈科植物，如蒲葵、棕竹、袖珍椰子等观叶花卉。

（10）花木类，有一品红、变叶木等。

（11）水生花卉，如王莲、热带睡莲等。

四、根据花期分类

1. 春季花卉

春季花卉是指花期在3—5月的花卉。一般露地栽培的二年生花卉、秋季栽植的球根花卉都属于此类，如二月兰、金盏菊、紫罗兰、羽衣甘蓝、金鱼草、虞美人、郁金香等。此外，春季开花的宿根花卉有芍药、鸢尾、宿根亚麻等。

2. 夏季花卉

夏季花卉是指花期在6—8月的花卉。一般露地栽培的一年生花卉、春季栽植的球根花卉属于此类，如一串红、万寿菊、鸡冠花、蜀葵、美人蕉、大丽花、荷花等。一些宿根花卉如萱草、八宝景天、千屈菜、醉鱼草等也属于夏季花卉。

3. 秋季花卉

秋季花卉是指花期在9—11月的花卉。它是国庆节花坛布置的主要材料。秋季花卉主要包括宿根花卉中的菊花和多年生作一年生栽培的花卉中耐寒性强的种类，如万寿菊、一串红等。

4. 冬季花卉

冬季花卉是指露花期在11月至翌年2月的花卉。这类植物南方较多，如杜鹃、山茶、水仙、朱顶红等。

五、依据花卉原产地分类

（一）中国气候型花卉

中国气候型花卉又称为大陆东岸气候型花卉。这一气候型花卉又因冬季的气温高低不同，又可分为温暖型花卉与冷凉型花卉。

（1）温暖型（低纬度地区）花卉如中国水仙、中国石竹、山茶、杜鹃、百合等。

（2）冷凉型（高纬度地区）花卉如菊花、芍药、荷包牡丹、贴梗海棠。

（二）欧洲气候型花卉

欧洲气候型花卉又称为大陆西岸气候型花卉，如三色堇、雏菊、羽衣甘蓝、紫罗兰等。这类花卉在一些地区一般作二年生栽培，即夏秋播种，翌春开花。

（三）地中海气候型花卉

地中海地区夏季气候干燥，因此多年生花卉常呈球根形态，如风信子、小苍兰、郁金香、仙客来、酢浆草等。

（四）墨西哥气候型花卉

墨西哥气候型花卉又称为热带高原气候型花卉。墨西哥气候为热带及亚热带高山气候。我国云南省也属于这种气候类型。其原产花卉有大丽花、一品红、万寿菊、云南山茶、月季等。

（五）热带气候型花卉

原产热带的花卉在温带需要温室内栽培，一年生草花可以在露地无霜期时栽培。

（1）原产亚洲、非洲及大洋洲热带的著名花卉有鸡冠花、虎尾兰、彩叶草、变叶木等。

（2）原产中美洲和南美洲热带的著名花卉有花烛、长春花、美人蕉、牵牛等。

（六）沙漠气候型花卉

沙漠地区多为不毛之地，主要植物是多浆类植物。

（1）芦荟。品种主要有库拉索、斑纹、木立、元江、皂质等。

（2）仙人掌。仙人掌有普通观赏仙人掌、食用仙人掌两类。

（3）光棍树。光棍树又称绿玉树，原产南非热带，我国西南、华南可露地栽培。

（4）龙舌兰。常见绿化树种剑麻就是龙舌兰属植物。

（七）寒带气候型花卉

寒带气候型花卉主要分布在阿拉斯加、西伯利亚一带。这些地区冬季漫长而严寒，夏季短促而凉爽。植物生长期只有 2～3 个月。由于这类气候夏季白天长、风大，因此植物低矮，生长缓慢，常呈垫状。这类花卉有细叶百合、龙胆、雪莲等。

六、依自然分布分类

依自然分布，花卉可分为热带花卉、温带花卉、寒带花卉、高山花卉、水生花卉、岩生花卉、沙漠花卉。

七、依环境因子的影响分类

可以按生物学特性将花卉进行分类。花卉生物特性各不同，其对光照、温度、水分等环境条件的要求也不同。

（一）根据对水分的需求分类

根据水分的需求可将花卉分为水生花卉、旱生花卉和润土花卉。

1. 水生花卉

生活在水中才能正常生长发育的花卉，叫作水生花卉，如睡莲。随着科技的发展，水培花卉技术也在不断创新。水培花卉是采用现代生物工程技术，运用物理、化学、生物工程手段，对普通的植物、花卉进行驯化，使其能在水中长期生长而形成的新一代高科技农业项目。水生花卉，上面花色迷人，下面鱼儿畅游，不仅环保卫生，而且管理简单。所以，水生花卉又被称为"懒人花卉"。

2. 旱生花卉

只需要很少的水分就能正常生长发育的花卉叫作旱生花卉，如仙人掌类、景天类等。

3. 润土花卉

大多数花卉，如月季花、栀子花、桂花、大丽花、石竹花等，其要求生长在湿度较大、排水良好的土壤里，这类花卉叫作润土花卉。润土花卉在生长季节期每天消耗的水分较多，必须及时向土壤中补充水分，使其保持温润状态。

（二）根据对光照强度的需求分类

根据对光照强度的需求，可将花卉分为喜阳性花卉、耐阴性花卉和喜阴花卉三类。

1. 喜阳花卉

喜阳花卉也称为阳性花卉，这类花卉只有在充足的光照条件下才能正常生长，如果光照不足，就会生长发育不良、徒长、开花晚或不能开花，且花色不鲜艳，香气不浓。

2. 耐阴花卉

耐阴花卉也称为中性花卉，对光照的需求介于其余两类花卉之间，在光照充足的地方生长良好，也可以耐受 20% ～ 50% 的遮荫，如桔梗、金娃娃萱草、鸢尾等。

3. 喜阴花卉

喜阴花卉也称为阴性花卉，可以耐受 50% ～ 80% 的遮荫，这类花卉只有在散射光条件下才能正常生长，如果光照太强，就会出现焦叶、卷边现象，如玉簪、蛇莓、阿拉伯婆婆纳等。

（三）根据日照长度的影响分类

根据日照长度的影响，可将花卉分为长日照花卉、短日照花卉和中性花卉。

1. 长日照花卉

如八仙花、瓜叶菊等，每天需要日照时间在 12 个小时以上的花卉叫作长日照花卉。如果不能满足这一特定要求，就不会现蕾开花。

2. 短日照花卉

如菊花、一串红等，每天需要 12 个小时以内日照的花卉叫作短日照花卉。如此经过一段时间后，就能现蕾开花。如果日照时间过长，就不会现蕾开花。

3. 中性花卉

如天竺葵、石竹花、四海棠、月季花等，对每天日照的时间长短并不敏感，无论在长日照还是短日照情况下，都会正常现蕾开花，这类花卉叫作中性花卉。

八、按观赏部位分类

1. 观花花卉

观花花卉是以观花为主的花卉，主要欣赏其色、香、姿、韵，如白玉兰、桂花、荷花、鹤望兰等。

2. 观叶花卉

观叶花卉是以观叶为主的花卉，其叶形奇特，或带彩色条斑，富于变化，具有很高的观赏价值，如龟背竹、金边吊兰、旱伞草、蕨类等。

3. 观茎花卉

观茎花卉的茎、枝奇特或叶常发生变态，独具风姿，具有独特的观赏价值，如蓬莱松、佛肚竹、光棍树等。

4. 观果花卉

观果花卉是以观赏果形、果色为主的花卉。这类花卉的果实形态奇特，色彩艳丽，挂果时间长，如金橘、佛手、冬珊瑚等。

5. 其他花卉

有些花卉的其他部位或器官具有观赏价值，如可观赏红掌色彩美丽、形态奇特的苞片，而虎眼万年青则可观赏其硕大的绿色鳞茎。

 **任务实施**

　　识别身边的花卉种类并根据不同分类方法归类，教师评价总结，引导学生依次观察、识别、总结。

 考核评价

评价项目	评价内容	配分	得分
知识考核	能够熟练说出园林花卉的分类依据	20	
	能够描述不同类型花卉的特点	15	
	能够说出常见花卉的分类地位	20	
技能考核	调查报告撰写：内容全面，条理清晰	10	
	调查水平：准确描述不同分类方法的依据	20	
	能使用专业术语描述	5	
素质考核	调查态度：积极主动，有团队精神	5	
	调查过程中注重方法及创新	5	
	总分	100	

思考与练习

1. 花卉在园林中的应用方式有哪些？
2. 根据生活型和生态习性，如何将花卉进行分类？
3. 列举当地不同季节的花卉种类。

任务二　一、二年生花卉的识别与应用

 任务描述

　　调查当地花源情况，为教学楼前的花箱选择合适的花卉，并随季节更换合适种类。

任务分析

　　花箱的花卉种类要符合两个要求。第一，要适应教学楼前的环境，有较好的观赏效果并且养护管理简单；第二，植株低矮，开花繁茂，开花时花朵可以覆盖枝叶。

　　在完成此任务时，可按以下步骤进行：第一步先要了解当地的花卉种类，重点了解

一二年生花卉的生态习性和园林应用特点；第二步要了解教学楼前的光照条件和温度条件；第三步要熟悉各种花卉的生态习性和园林观赏特性，并根据教学楼前的环境和季节选择合适的花卉种类。

知识准备

一、含义及类型

一二年生花卉除含义界定的种类外，在实际栽培中还有多年生作一年生或二年生栽培的种类。这两类花卉中，除严格要求春化作用的种类，在一个具体的地区，依无霜期的情况和冬、夏季的温度特点，有时也没有明显的界限，可以作一年生，也可以作二年生栽培。因此，实际栽培中一二年生花卉是指花卉的栽培类型。

1. 一年生花卉

一年生花卉通常包括下述两类花卉：

（1）典型的一年生花卉。典型的一年生花卉是指在一个生长季内完成全部生活史的花卉。该类花卉从播种到开花、死亡在当年内进行，一般春天播种，夏秋开花，冬天来临时死亡。

（2）多年生作一年生栽培的花卉。该类花卉在某地露地环境中作多年生花卉培植时，对气候不适应，怕冷，且生长不良或两年后观赏效果差。同时，它们具备易结果、当年播种就可以开花的特点，如美女樱、藿香蓟、一串红。

2. 二年生花卉

二年生花卉通常包括下述两类花卉：

（1）典型的二年生花卉。典型的二年生花卉是指在两个生长季完成生活史的花卉。花卉从播种到开花、死亡跨越两个年头，第一年营养生长，经过冬季，第二年开花、结实、死亡。一般秋天播种，种子发芽，营养生长，第二年的春天、初夏开花、结实，在炎夏到来时死亡。

真正的二年生花卉，要求严格的春化作用。该种类花卉不多，有须苞石竹、紫罗兰等。

（2）多年生作二年生栽培的花卉。园林中的二年生花卉，大多数种类是多年生花卉中喜欢冷凉的种类，因为它们在某些地方露地环境中作多年生花卉栽培时对气候不适应，怕热，且生长不良或两年后观赏效果差。它们有容易结果、当年播种就可以开花的特点，如雏菊、金鱼草等。

3. 既可以作一年生栽培也可以作二年生栽培的花卉

该类花卉作一年生栽培还是作二年生栽培取决于花卉耐寒性和耐热性及栽培地区的气候特点。一般情况下，该类花卉抗性较强，有一定耐寒性，同时不怕炎热，如在北京地区，蛇目菊、月见草可以春播也可以秋播，生长情况一样，只有植株高矮和花期的区别。此类花卉中，还有一些喜温暖，忌炎热或者喜凉爽，不耐寒者也属此类。霞草、香雪球即属该类花卉，只是秋播生长状态好于春播，而翠菊、美女樱只要冬季在阳畦中予以保护，也可以秋播。

二、园林应用特点

一二年生花卉繁殖系数大，生长迅速，见效快，对环境要求较高，栽培程序复杂，育苗管理要求精细，二年生花卉有时需要保护过冬。其种子容易混杂、退化，只有良种繁育才能保证观赏质量。该类花卉可以用于花坛、花钵、花带、花丛、花群、地被、花境、切花、干花、垂直绿化。

园林应用特点如下：

（1）一年生花卉是夏季景观中的重要花卉，二年生花卉是春季景观中的重要花卉，它们色彩鲜艳美丽，长势繁茂整齐，装饰效果好，在园林中起画龙点睛的作用，重点美化时常常使用这类花卉。

（2）一二年生花卉是规则式应用形式，如花坛、种植钵、窗盒等的常用花卉。其种苗易得，方便大面积使用，见效快。每种花卉开花期集中，方便及时更换种类，保证较长期的良好观赏效果。有些种类可以自播繁衍，形成野趣，也可以当作宿根花卉使用，用于野生花卉园。

（3）蔓生种类见效快且对支撑物的强度要求低，可用于垂直绿化。为了保证观赏效果，一年中要更换多次，管理费用较高。对环境条件要求较高，直接地栽时需要选择良好的种植地点。

三、生态习性

1.一二年生花卉生态习性的共同点

（1）对光的要求。大多数一二年生花卉喜欢阳光充足，仅少部分喜欢半荫环境，如夏堇、醉蝶花、二色堇等。

（2）对土壤的要求。除重黏土和过度疏松的土壤外，其他土都适合一二年生花卉生长，以深厚的壤土为好。

（3）对水分的要求。一二年生花卉不耐干旱，根系浅，易受表土影响，要求土壤湿润。

2.一二年生花卉生态习性的不同点

（1）一年生花卉喜温暖，不耐冬季严寒，大多不能忍受0 ℃以下的低温，生长发育主要在无霜期进行，因此主要是在春季播种，又称春播花卉、不耐寒性花卉。

（2）二年生花卉喜欢冷凉，耐寒性强，可耐0 ℃以下的低温，要求春化作用一般在0～10 ℃环境中30～70天完成，自然界中，越过冬天就完成了春化作用；二年生花卉不耐夏季炎热，因此主要在秋天播种，又称秋播花卉、耐寒性花卉。

四、本地常见的一二年生花卉

1.一串红

【别名】西洋红、墙下红、象牙红

【学名】*Salvia splendens*

【科属】唇形科鼠尾草属

【产地及分布】原产南美巴西，现世界各地广泛栽培。

【**形态特征**】多年生草本花卉，常作一年生栽培。株高30～70 cm。茎直立，四棱形，基部多木质化；叶对生，叶片卵形，边缘有锯齿；轮伞花序顶生，花冠唇形，花冠筒伸出萼外，花色鲜红。花期在每年的7—10月。

【**生态习性**】喜阳，稍耐半荫；不耐寒，畏霜冻（生长适温在20～25 ℃。若低于15 ℃，叶黄脱落，停止生长；若高于30 ℃，花叶变小）；喜疏松、肥沃、排水良好的土壤。

【**繁殖方法**】有播种和扦插两种方法。

（1）播种。春季播种，发芽适温为25～30 ℃，温度低易出现种子霉烂现象。

（2）扦插。如果种苗不足，可用摘心后的嫩梢进行扦插。

【**园林用途**】一串红花色鲜艳，花期长，是布置花坛、花境、花台的主要草本花卉之一，也是组设盆花群不可缺少的花卉（图4-1）。

图4-1　一串红

2. 彩叶草

【**别名**】五彩苏、老来少、五色草、锦紫苏

【**学名**】*Plectranthus scutellarioides* (L.) R.Br.

【**科属**】唇形科鞘蕊花属

【**产地及分布**】原产于亚太热带地区的印度尼西亚爪哇。中国各地园圃普遍栽培。

【**形态特征**】多年生草本花卉，常作一二年生栽培。株高为30～80 cm。茎四棱形，基部木质化。叶对生，卵形，具齿，两面有软毛，叶面绿色，具黄、红、紫等斑纹。总状花序顶生，小花上唇白色，下唇淡蓝色或带白色。花期在每年的8—9月。

【**生态习性**】喜温暖、湿润、阳光充足、通风良好的栽培环境。耐寒力弱，不能露地越冬（冬季温室适宜温度为20～25 ℃，最低不低于10 ℃，温度过低时叶片变黄脱落）；宜富含腐殖质、疏松、肥沃、排水良好的沙质土壤，忌积水。

【**繁殖方法**】有播种和扦插两种方法。

（1）播种。最适宜的播种时间是春季和秋季。种子出芽前避免阳光直射，温度保持在20～25 ℃。

（2）扦插。扦插主要在春秋两季进行，成活率最高。

【**园林用途**】彩叶草叶形多变，叶色绚丽，为优良的观叶植物。适宜布置夏、秋花坛，也可盆栽观叶（图4-2）。

图4-2　彩叶草

3. 万寿菊

【**别名**】臭芙蓉、万寿灯、蜂窝菊

【**学名**】*Tagetes erecta*

【**科属**】菊科万寿菊属

【**产地及分布**】原产墨西哥及中美洲。中国各地均有栽培。

【**形态特征**】一年生草本。株高为25～90 cm，茎直立，粗壮；单叶对生，叶片羽状全裂，边缘有明显的腺点；头状花序顶生，花径5～13 cm，总花梗粗壮，总苞钟状；舌状花多轮，边缘常皱曲，纯黄或橙黄色，筒状花不明显。花期在每年的6—10月。

【生态习性】喜阳光充足，耐半阴；喜温暖，也能耐早霜；耐干旱，对土壤要求不严，抗性强。

【繁殖方法】播种。春播、夏播均可，播后 70～90 天开花。

【园林用途】万寿菊花大色艳，花期较长，矮型品种最适宜布置夏、秋季花坛，中、高型品种可作花丛、花境或切花（图 4-3）。

图 4-3　万寿菊

4．孔雀草

【别名】小万寿菊、红黄草、西番菊、臭菊花、缎子花

【学名】*Ligustrum quihoui* Carr.

【科属】菊科万寿菊属

【产地及分布】原产墨西哥。分布于四川、贵州、云南等地区。

【形态特征】一年生草本花卉。株高 20～40 cm，茎多分枝而铺散；头状花序，较小，花径为 2～6 cm，总苞长筒状；舌状花黄色，基部红褐色。花期在每年的 6—10 月。

【生态习性】喜阳光充足，耐半阴；喜温暖，也能耐早霜；耐干旱，对土壤要求不严，抗性强。

【繁殖方法】以播种为主。春播、夏播均可，播后 70～90 天开花。

【园林用途】孔雀草开花繁茂，花期较长，矮型品种最适宜布置夏、秋季花坛，中、高型品种可作花丛、花境或切花（图 4-4）。

图 4-4　孔雀草

5．矮牵牛

【别名】碧冬茄

【学名】*Petunia hybrida* Vilm.

【科属】茄科碧冬茄属

【产地及分布】原产南美阿根廷，现世界各地广泛栽培。

【形态特征】株高 20～60 cm，全株具黏毛。茎直立或稍倾卧；单叶互生，上部近对生，叶片卵形；花单生于叶腋或枝端，花冠漏斗形，先端具波状浅裂，花色白、粉、红、紫、堇、赭及复色。春播花期在每年的 6—9 月。如室内温度保持在 15～20 ℃，可四季开花。

【生态习性】喜阳光充足，耐半阴；喜温暖，不耐寒，干热季节开花繁茂；喜疏松、排水良好的微酸性沙质土壤，忌积水雨涝。

【繁殖方法】有播种和扦插两种方法。

（1）播种。播种期 3 月初最好。种子甚小，8 000～10 000 粒/克，可用 10 倍细沙拌种播下，播后不必覆土，注意保湿，7～10 天发芽，发芽率在 60% 左右。

（2）扦插。用于不易结实的重瓣或大花品种。早春花后剪去枝叶，待其再发新枝后，剪取嫩枝进行扦插，2 周左右可生根。

【园林用途】矮牵牛品种繁多，花色丰富，花期长，是布置花坛、花境的优良材料。重瓣及大花品种常供盆栽观赏，温室栽培可四季开花（图4-5）。

6. 鸡冠花

【别名】鸡髻花、老来红、芦花鸡冠

【学名】*Celosia cristata* L.

【科属】苋科青葙属

【产地及分布】原产非洲、美洲热带和印度，现世界各地广为栽培。

图4-5　矮牵牛

【形态特征】一年生直立草本花卉。株高为30～60 cm。茎直立，少分枝；单叶互生，叶片卵状披针形至线状披针形；穗状花序顶生，呈鸡冠状，中下部集生小花，花被膜质，上部花退化；花色有鲜红、紫红、白、橙、黄等颜色。花期在7—10月。

【栽培品种】园艺变种、变型很多。按花型可分为头状鸡冠和羽状鸡冠；按高度可分为高型鸡冠（株高为80～120 cm）、中型鸡冠（株高为40～60 cm）和矮型鸡冠（株高为15～30 cm）。

常见栽培的有以下几类：

（1）普通鸡冠。茎极少有分枝，花序扁平而皱褶似鸡冠。

（2）子母鸡冠。茎多分枝而斜出，主花序基部旁生多数小花序。

（3）圆绒鸡冠。茎具分枝，不开展，花序卵圆形，表面流苏状或绒羽状。

（4）凤尾鸡冠。茎多分枝而开展，各枝端着生疏松的火焰状大花序，表面似芦花状细穗。

【生态习性】喜阳光充足、炎热和空气干燥的环境，不耐寒；忌积水，较耐旱；要求肥沃、疏松、排水良好的土壤，不耐瘠薄。

【繁殖方法】播种繁殖。

【园林用途】鸡冠花品种繁多，花色鲜艳，花期长，有较高的观赏价值。矮、中型品种用于布置秋季花坛及盆栽观赏，高型品种适宜作花境及切花，也可制作干花。花序、种子均可入药（图4-6）。

7. 藿香蓟

【别名】胜红蓟、一枝香

【学名】*Ageratum conyzoides* L.

【科属】菊科藿香蓟属

【产地及分布】原产中南美洲。

图4-6　鸡冠花

【形态特征】多年生草本，常作一年生栽培。株高为30～60 cm，全株被白色柔毛；基部多分枝，丛生状；单叶对生，叶片呈卵形至圆形；头状花序，较小，聚伞状，着生于枝顶；小花全为筒状花，蓝色或粉白色。花期在每年的7—10月。

【生态习性】喜光照充足；喜温暖、湿润环境，不耐寒；对土壤要求不严；适应性强，可自播繁衍。

【繁殖方法】有播种和扦插两种方法。

【园林用途】藿香蓟花朵繁多，色彩淡雅，适宜布置夏秋季花坛、花境、花丛、花群或沿小径种植（图4-7）。

图4-7　藿香蓟

8. 五色草

【别名】锦绣苋

【学名】*Coleusblumei*

【科属】苋科虾钳菜属

【产地及分布】原产南美巴西，我国各地均有栽培。

【形态特征】茎多分枝，呈密丛状。叶对生，匙形或披针形，全缘，常具彩斑或异色。头状花序，腋生，白色，不明显。

【栽培品种】园林应用品种有两种。

（1）"小叶绿"，茎斜出，叶较狭，嫩绿色或略具黄斑。

（2）"小叶黑"，茎直立，叶较宽，窄三角状卵形，绿褐色至茶褐色，生长势较"小叶绿"强。

【生态习性】喜阳光充足，略耐阴；喜温暖湿润，不耐酷热及寒冷；喜干燥的沙质土壤，不耐干旱及水涝。

【繁殖方法】有播种和扦插两种方法。

【园林用途】除可作小型观叶花卉陈设外，还可配置图案花坛，也可作为花篮、花束的配叶使用（图4-8）。

图4-8　五色草做的立体花坛

9. 三色堇

【别名】猫儿脸、蝴蝶花、人面花、猫脸花

【学名】*Viola tricolor* L.

【科属】堇菜科堇菜属

【产地及分布】原产欧洲北部，中国南北方栽培普遍。

【形态特征】株高为15～25 cm。茎多分枝，常倾卧地面；单叶互生，基生叶近心形，茎生叶较狭，托叶宿存，基部羽状深裂；花大，径约为5 cm，1～2朵生于叶腋；花瓣5，通常为黄、白、紫三色，或单色。花期4—6月。

【生态习性】喜光，稍耐半阴；喜凉爽，稍耐寒，忌炎热和雨涝；喜肥沃、湿润的沙壤土，在贫瘠的土壤中生长不良，品种易退化。

【繁殖方法】有播种和扦插两种方法。

【园林用途】大花三色堇株丛低矮，花色瑰丽，花期较长，是布置春季花坛、花境、花钵的优良花卉。三色堇适宜作花境、草坪的镶边材料，还可盆栽观赏（图4-9）。

图4-9　三色堇

10. 金盏菊

【别名】金盏花、黄金盏、长生菊、醒酒花

【学名】*Calendula officinalis*

【科属】菊科金盏菊属

【产地及分布】原产于南欧，现世界各地都有栽培。

【形态特征】株高为30～60 cm，全株具毛。叶互生，长圆状倒卵形，基部稍抱茎；

头状花序顶生，花径为 5～10 cm；舌状花，黄色或橙黄色，结实；管状花黄色，不结实。花期在每年的 4—6 月。

【生态习性】喜阳光充足；喜冷凉，忌炎热，较耐寒，小苗能耐 -9 ℃的低温；生长快，适应性强，耐干旱瘠薄；对土壤要求不严，但在疏松肥沃、排水良好的土壤上生长良好。

【繁殖方法】播种繁殖。

【园林用途】花色鲜艳，花期长，春季开花较早，是布置春季花坛的主要材料，也可盆栽观赏或作切花（图 4-10）。

11. 金鱼草

【别名】龙头花、狮子花、龙口花、洋彩雀

【学名】_Antirrhinum majus_ L.

【科属】玄参科金鱼草属

【产地及分布】原产地中海一带沿海地区。

【形态特征】多年生直立草本，常作二年生栽培。株高为 20～120 cm。茎直立，基部木质化；叶对生或上部互生，叶片披针形至阔披针形，全缘。总状花序顶生，长为 20～60 cm，小花密生；花冠筒状唇形，基部膨大，呈囊状，上唇直立，2 裂，下唇 3 裂，开展。花色丰富，有白、黄、橙、粉、红、紫及复色。花期在每年的 5—7 月。

【生态习性】喜光，稍耐半阴；喜凉爽气候，较耐寒，不耐酷热；喜疏松、肥沃、排水良好的土壤，稍耐石灰质土壤。

【繁殖方法】有播种和扦插两种方法。

（1）播种。秋季播种，种子细小，混沙播种，保持基质湿润。

（2）扦插。扦插在春、秋两季进行。

图 4-11　金鱼草

【园林用途】植株挺拔，花形奇特，花色丰富，具有较高的观赏价值。高、中型品种适宜作切花及花境栽植；中、矮型品种适宜布置花坛和盆栽观赏（图 4-11）。

12. 香雪球

【别名】庭芥、小白花、玉蝶球

【学名】_Lobularia maritima_（_Linn._）Desv.

【科属】十字花科香雪球属

【产地及分布】分布于地中海沿岸。中国北方各地有栽培。

【形态特征】多年生草本花卉，作一二年生栽培。株高为 15～30 cm。茎多分枝，呈铺散状；单叶互生，叶片披针形或线形；总状花序伞房状排列于茎顶；花小，有白、粉、淡紫等色。秋播者花期在翌年 4—6 月，春播者花期在每年的 6—10 月。

【生态习性】喜柔和光照，耐半阴；稍耐寒，喜冷凉干燥气候，忌炎热；对土壤要求不严，以排水良好的土壤为好。

【繁殖方法】播种和扦插。

【园林用途】香雪球植株低矮，花质细腻，盛花时一片洁白，非常美丽，是布置模纹花坛及花丛花坛、花台镶边，花境边缘的优选花卉（图4-12）。

图4-12　香雪球

13. 羽衣甘蓝

【别名】叶牡丹

【学名】_Brassica oleracea_

【科属】十字花科芸薹属

【产地及分布】原产于中海沿岸至小亚细亚一带，现广泛栽培，主要分布于温带地区。

【形态特征】二年生草本花卉。株高为20～30 cm，不分枝，抽薹开花时可高达120 cm。叶宽大呈匙形，光滑无毛，被白粉，外部叶片呈粉蓝绿色，边缘呈细波状皱，叶柄粗而有翼，内叶叶色极为丰富，有紫红、粉红、白、牙黄、黄绿等颜色。品种丰富，有圆叶、皱叶、裂叶等叶型。

【生态习性】喜光照充足；较耐寒，喜凉爽气候。生长适温为20～25 ℃，种子发芽的适宜温度为18～25 ℃；要求疏松肥沃、湿润的沙质土壤。极喜肥。当温度低于15 ℃时中心叶片开始变色。

【繁殖方法】播种繁殖。

【园林用途】羽衣甘蓝叶色艳丽，五彩缤纷，是布置秋季花坛的重要材料，也可盆栽观赏（图4-13）。

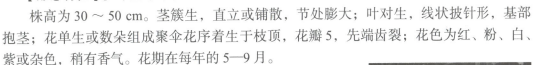

图4-13　羽衣甘蓝

14. 石竹

【别名】洛阳花、中国石竹、中国沼竹、石竹子花

【学名】_Dianthus chinensis_ L.

【科属】石竹科石竹属

【产地及分布】原产我国北方，现南北各地普遍生长。

【形态特征】多年生草本，常作二年生栽培。

株高为30～50 cm。茎簇生，直立或铺散，节处膨大；叶对生，线状披针形，基部抱茎；花单生或数朵组成聚伞花序着生于枝顶，花瓣5，先端齿裂；花色为红、粉、白、紫或杂色，稍有香气。花期在每年的5—9月。

【生态习性】喜光照充足，不耐阴；耐寒性强，喜凉爽通风的环境；耐干旱，忌潮湿、水涝；喜排水良好、含石灰质的肥沃土壤；春化阶段对低温要求严格。

【繁殖方法】石竹可播种、扦插和分株繁殖。

【园林用途】石竹类花色富丽，花期长，多用于布置春夏季花坛、花境，也可盆栽或作切花（图4-14）。

图4-14　石竹

 **任务实施**

调查周边园林绿地中一二年花卉的种类，并根据表格内容进行总结。

×××公园一二年生花卉种类调查					
序号	花卉名称	花期	主要特征	植株高度	光照环境
1					
2					
3					

调查地点
调查人员：
日期：

 ## 考核评价

评价项目	评价内容	配分	得分
知识考核	能够熟练说出一二年生花卉的名称	20	
	能够描述不同花卉的特点	15	
	能够说出不同花卉在园林中的光照环境	20	
技能考核	调查报告撰写：内容全面，条理清晰	10	
	调查水平：准确描述不同分类方法的依据	20	
	能使用专业术语描述	5	
素质考核	调查态度：积极主动，有团队精神	5	
	调查过程中注重方法及创新	5	
	总分	100	

思考与练习

1. 花卉的含义是什么？说出园林树木和园林花卉的研究范畴。
2. 花卉在园林中的应用特点有哪些？
3. 花卉在园林中的应用形式有哪些？

任务三　　　　　　　　宿根花卉

 ## 任务描述

请你根据当地的气候环境条件，做一个花境的植物选择方案。

任务分析

　　花境是模拟自然界的景观，要求植物能多年生存，管理相对简单。花境的植物一般以灌木和宿根花卉为主，搭配一些一二年生花卉和观赏草。

　　宿根花卉具有一次种植、多年观赏、栽培管理相对简单的优点，是园林植物景观尤其是花境景观的重要组成部分。

　　建植一个花境，就是要营造"三季有花，四季有景"的自然景观，应当以木本植物作为骨架，选择能在当地露地越冬宿根花卉作为主体，搭配少量的一二年生花卉。要完成此任务，须做到以下几点：第一，要了解当地的气候环境条件及当地常见的宿根花卉种类；第二，在识别不同的宿根花卉的种类时要注意各种花卉的花期、色彩、植株形态、植株高度等；第三，在公园绿地调查时，要注意观察各种宿根花卉适宜的生长环境；第四，观察成熟的花境景观，观察花境植物的配植方式，并结合文字资料思考总结。

知识准备

一、概念与分类

　　宿根花卉是指可以生活几年到许多年而没有木质茎的植物。事实上，一些种类多年生长后其基部会有些木质化，但上部仍然呈柔弱草质状，这类花卉应称为亚灌木，但一般也归为宿根花卉，如菊花。宿根花卉可分为以下两大类。

　　1.耐寒性宿根花卉

　　冬季，耐寒性宿根花卉地上茎、叶全部枯死，地下部分进入休眠状态。其中，大多数种类耐寒性强，在中国大部分地区可以露地过冬，春天再萌发。耐寒力强弱因种类而有区别。耐寒性宿根花卉主要原产于温带寒冷地区，如菊花、萱草、芍药等。

　　2.常绿性宿根花卉

　　冬季，常绿性宿根花卉茎叶仍为绿色，但温度低时停止生长，呈现半休眠状态，温度适宜则休眠不明显，或只是生长稍停顿。耐寒力弱，在北方寒冷地区不能露地过冬。常绿性宿根花卉主要原产于热带、亚热带或温带暖地区，如竹芋、麦冬、冷水花。

二、园林应用特点

　　宿根花卉可以用于花境、花坛、花钵、花带、花丛、花群、地被、切花、干花、垂直绿化。园林应用特点如下：

　　（1）使用方便，经济，一次种植，可以多年观赏。

　　（2）大多数种类对环境要求不严，管理相对简单粗放。

　　（3）宿根花卉是花境的主要材料，还可作宿根专类园布置。

　　（4）宿根花卉中的许多种类抗污染，耐瘠薄，是街道、工矿区、土壤瘠薄地美化的优良花卉。

三、生态习性

　　宿根花卉一般生长强健，适应性较强，种类不同，其在生长发育过程中对环境条件的要求不一致，生态习性差异很大。

1. 对温度的要求

耐寒力差异很大。早春及春天开花的种类大多喜欢冷凉，忌炎热；夏、秋开花的种类大多喜欢温暖。

2. 对光照的要求

要求不一致。有些喜阳光充足，如宿根福禄考、菊花；有些喜半阴，如玉簪、紫铃兰；有些喜微阴，如鼠尾草、楼斗菜、桔梗。

3. 对土壤的要求

对土壤要求不严。除砂土和重黏土外，大多数都可以生长，一般栽培 2～3 年后以黏质壤土为佳，小苗喜富含腐殖质的疏松土壤。对土壤肥力的要求也不同：金光菊、荷兰菊、桔梗等耐瘠薄；芍药、菊花则喜肥。

4. 对水分的要求

宿根花卉根系较一二年生花卉强，抗旱性较强。其对水分要求也不同：鸢尾、铃兰、乌头等喜欢湿润的土壤；黄花菜、马蔺、紫松果菊则耐干旱。

四、繁殖方法

宿根花卉常用的繁殖方法有分株、扦插、播种等。少量繁殖可用分株和扦插。规模化的生产常用播种法培育幼苗，特殊情况使用组培（如新几内亚凤仙的"桑蓓斯"品种）。幼苗培育和鲜切花的生产过程类似，需要选择合适的生产地点建立大棚或温室，经过基质准备、种苗繁育、上盆等生产过程。前期栽培管理（光、温、水、肥、设施）精细，定植于露地后管理相对简单。

1. 分株

分株是将大丛母株的萌蘖枝、丛生枝、匍匐枝等从母株上分割下来，另行栽植为独立新植株的方法。分株繁殖多用于丛生性强的花灌木和萌蘖力强的宿根花卉。分株是繁殖花木的一种简易方法，其成活率高，成苗快。

分株多在春、秋两季进行。露地花卉中春季开花的各类宜在秋季进行分株，夏秋季开花的各类宜在春季进行分株。秋季分株需要在地上部分停止生长而地下部分还在活动期进行；春季分株则在发芽前进行。温室花卉中某些种类仍以春季为主，结合换盆进行。宿根花卉的分株繁殖流程如图 4-15 所示。

查看 ▸ 理根 ▸ 扭转 ▸ 细分 ▸ 修剪 ▸ 消毒 ▸ 晾根

图 4-15　宿根花卉的分株繁殖流程

2. 扦插

扦插时期在 5～7 月，温室内全年可进行。温室扦插温度以 20～25 ℃为宜，插穗插在湿润的基质上才能生根。插床基质的水分含量一般应控制在 50%～60%；空气湿度通常以 80%～90% 的相对湿度为宜。目前，常以疏松透气、排水良好的河沙与保水力强的蛭石或泥炭土混合使用，也可只用河沙。

3. 播种

播种繁殖是目前生产中使用最广泛的方法。工厂化育苗常采用自动穴盘播种机自动控制。一台穴盘播种机的播种速度可达到 200 盘 / 小时。穴盘播种机如图 4-16 所示。

宿根花卉的播种需要注意以下几个方面：

（1）确定时间。育苗时间可分为穴盘生产周期和移栽至成品两个阶段。以表 4-1 为例，可以清晰地看到，不同花卉种类从播种到出圃所需要的时间不同。在生产中，需要根据实际用花时间制订生产计划。

图 4-16　穴盘播种机

表 4-1　太原市康培现代农业科技园 2020 年春季花卉生产记录（200 穴）

花卉名称	播种时间	上盆时间	出圃时间
四季秋海棠	3 月 30 日	5 月 10 日	8 月 9 日
大花海棠	3 月 29 日	7 月 9 日	8 月 8 日
鼠尾草	3 月 31 日	5 月 20 日	6 月 22 日
马鞭草	3 月 21 日	5 月 5 日	5 月 21 日
蜀葵	5 月 29 日	6 月 18 日	7 月 15 日
金鸡菊	4 月 6 日	5 月 10 日	6 月 9 日
黑心菊	4 月 5 日	5 月 17 日	6 月 2 日

（2）选择容器。撒播用育苗盘或育苗盆，点播用穴盘。在生产中，机器播种一般使用 200 孔的穴盘，扦插一般选择 72 孔的穴盘。

（3）准备基质。准备基质包括混配、消毒、湿润、压穴。一般常用泥炭与蛭石，以 2 : 1 或 3 : 1 的体积比混配。

（4）覆土。根据种子大小决定，小粒种子和微粒种子可不覆土。最好的覆盖基质是蛭石，既透气又保湿。

（5）播后管理。播后管理分为四个阶段：第一阶段，从播种到胚根出现；第二阶段，从胚根出现到子叶展开；第三个阶段，从子叶完全展开到种苗长出 2～3 片真叶；第四个阶段为运输或短期存放而进行的炼苗期。

五、栽培与管理

宿根花卉根系强大，入土较深，种植前应深翻土壤。整地深度一般为 40～50 cm。宿根花卉喜欢土壤下层混有沙砾且表土为富含腐殖质的黏质土壤。株行距为 40～50 cm。若播种繁殖，其幼苗喜腐殖质丰富的沙质土壤。因为其种植后不用移植，可多年生长，所以在整地时应大量施入有机质肥料。管理注意事项有以下几点：

（1）幼苗培育在温室或栽培设施中进行，需要精心管理，定植后管理较粗放。

（2）因为种植以后要观赏多年，所以定植前要深耕土壤，施大量有机肥。

（3）一年中多次施肥可增强观赏效果。一般每年需要施肥 3 次，分别在春季萌芽前、花前、花后追肥一次，秋季叶枯时可在植株四周施以腐熟厩肥或堆肥。

（4）耐旱较强，生长期保持湿润，休眠期停止浇水。

（5）花后去除残花，叶片有 2/3 枯黄时剪去枝叶，减少养分消耗，防病虫蔓延。

（6）对耐寒性差者，冬季可覆土 10 cm 防寒。

六、常见宿根花卉

1. 四季秋海棠

【别名】瓜子海棠

【学名】*Begonia semperflorens* Link et Otto

【科属】秋海棠科秋海棠属

【产地及分布】原产巴西，现中国各地均有栽植。

【形态特征】茎直立，肉质，光滑。叶互生，有光泽，边缘有锯齿，绿色或紫红色。聚伞花序腋生。

【栽培品种】常见的有以下几大系列：

（1）绿叶系，有"大使"（株高 20～25 cm，分枝性强）、"奥林匹克""洛托"（株高 10 cm）、"华美""胜利""琳达"等。

（2）大花绿叶系，有"翡翠"（大花绿叶）、"前奏曲"（耐热、耐雨）。

（3）铜叶系，有"鸡尾酒"（耐阳光）、"白兰地"（花粉红色）、"杜松子酒"（花玫瑰红）、"威士忌"（花纯白）、"伏特加"（花鲜红）、"聚会"（株高 30 cm，花大，分枝性好）、"朗姆酒"（花白色具玫瑰红边）、"里奥""参议员"（分枝性强）、"安琪"（株高 20～25 cm，早生种，多花系列）。

【生长习性】喜阳光，稍耐阴，喜温暖、稍阴湿的环境和湿润的土壤，生长最适温度为 25 ℃左右。夏季畏热，最忌强烈阳光暴晒，怕水涝，应注意遮阳通风、排水；冬季怕冷，气温保持在 10 ℃左右方可安全越冬。

【繁殖方法】播种、分株繁殖。

【园林用途】四季海棠具有株型圆整、花多而密集、极易与其他花坛植物配植、观赏期长等优点，因而越来越受到欢迎。随着一些相对耐热品种的出现，四季海棠在中国很有可能成为最主要的花坛花卉之一（图 4-17）。

图 4-17　四季秋海棠

2. 芍药

【别名】别离草

【学名】*Paeonia lactiflora* Pall.

【科属】芍药科芍药属

【产地及分布】在我国分布于江苏、东北、华北、陕西及甘肃南部。

【形态特征】根肉质、粗壮；茎丛生，黄绿色或带红晕；2 回 3 出羽状复叶互生；花

1 至数朵生于上部顶端，花径在 13～18 cm，单瓣或重瓣；花色紫红、粉红、黄、白等，花期在每年的 5 月。

【栽培品种】芍药品种甚多，有 200 多个，按花型及瓣形可分为以下几类。

（1）单瓣类。花瓣 1～3 轮，雌、雄蕊正常。此类接近于野生种。

（2）千层类。花瓣多轮，内、外瓣差异较小。

（3）楼子类。有大而明显的外瓣，通常 1～3 轮；雄蕊均有部分瓣化，或渐变成完全花瓣；雌蕊正常或部分瓣化，花形逐渐高起。

（4）台阁类。花朵分上下两部分，其间有明显着色的瓣化雄蕊或雌蕊所分割，由双花重叠而成。

【生长习性】喜光，稍有遮光开花尚好；极耐寒，北方均可露地越冬；喜凉爽干燥的气候；要求深厚肥沃、排水良好的沙壤土。

【繁殖方法】芍药的繁殖以分株为主，也可播种。

【园林用途】花大色艳，花型丰富，栽培管理简单，是重要的春季园林花卉，常与牡丹共同组成牡丹芍药园。丛植或孤植于庭院中，也能充分地展示其雍容华贵的姿态。芍药入水养可持久绽放，也是优良的切花材料（图 4-18）。

图 4-18　芍药

思政小课堂

《诗经·郑风》中记载："维士与女，伊其相谑，赠之以芍药。"古代男女交往以芍药相赠，作为结情之约，或表示惜别之情，故名将离、离草或可离开。

唐宋文人有谓芍药为婪尾春，婪尾乃巡酒中的最后一杯，故芍药又有婪尾春之名。"芍药普"记载："昔日有猎人在中条山中见白犬入地中，掘之得一草根，携归植之，翌年开花，乃芍药叶也，故又名曰犬。"

3. 鸢尾

【别名】蓝蝴蝶、扁竹叶、蝴蝶花

【学名】Iris tectorum Maxim.

【科属】鸢尾科鸢尾属

【产地及分布】原产于中国中部及日本，主要分布于中国中南部。生于海拔 800～1 800 m 的灌木林缘阳坡地、林缘及水边湿地，在庭园已久经栽培。

【形态特征】高度在 30～50 cm。根状茎匍匐多节，节间短而粗，浅黄色。叶为渐尖状剑形，长为 30～45 cm，宽为 2 cm 左右，淡绿色，叶片左右纵列交互，基部相互包叠，整体看起来就像是鸢鸟的尾巴。

鸢尾春末夏初开花，总状花序 1～2 枝，每枝有花 2～5 朵；花有蓝、黄、淡红等颜色，花型大而俊俏，六片花瓣，一半向上翘起，叫作旗瓣，一半下垂，称为垂瓣。花柱花旗瓣状，与旗瓣同色。蒴果为长椭圆形，具 6 棱。种子球形或扁球形，有假种皮。花期在每年的 4—5 月。

【生态习性】喜光，稍耐阴；性强健，耐寒性强；喜生于排水良好、适度湿润的弱碱性土壤。

【繁殖方法】鸢尾的繁殖以分株为主，也可播种。

【园林用途】鸢尾花色多，花期长，且耐粗放管理，既是优良的鲜切花，也是园林绿化的好材料，可用作花境、基础栽植，可作疏林地被，也可点缀于假山等（图4-19）。

图4-19　鸢尾

学而思

　　查一查鸢尾的传说故事，再看看鸢尾的旗瓣和垂瓣，也许你就会理解紫色的鸢尾所代表的花语是淡淡的思念。

4. 荷包牡丹

【别名】荷包花、蒲包花、兔儿牡丹、铃儿草、鱼儿牡丹

【学名】*Dicentra spectabilis*（L.）Lem.

【科属】罂粟科荷包牡丹属

【产地及分布】原产中国，中国北部（北至辽宁）、河北、甘肃、四川、云南有分布，生于海拔780～2 800 m的湿润草地和山坡。

【形态特征】多年生宿根草本。株高为30～60 cm。地上茎直立，圆柱形，紫红色，根状茎肉质，小裂片通常全缘，表面绿色，背面具白粉，两面叶脉明显；叶柄长约为10 cm，形似当归。因叶似牡丹，花似荷包而得名。

【生态习性】喜半阴，忌日光直射；耐寒，华北地区能露地越冬；喜凉爽、湿润的气候；要求疏松、肥沃的壤土。

【繁殖方法】主要有分株、扦插、播种三种繁殖方法，也可嫁接。

【园林用途】荷包牡丹叶丛美丽，花朵玲珑，形似荷包，色彩绚丽，是盆栽和切花的好材料，也适宜于布置花境和在树丛、草地边缘湿润处丛植，景观效果极好（图4-20）。

图4-20　荷包牡丹

5. 地被菊

【别名】寿客、金英、黄华、秋菊

【学名】*Chrysanthemum × morifolium* Ramat

【科属】菊科菊属

【产地及分布】遍布中国各城镇与农村。

【形态特征】多年生宿根草本植物。株高为25～40 cm，花径为3.5～6 cm，陆续开花至10月上旬至11月中下旬。花色有红色、黄色、粉色、白色，还有茶褐色等。

【生长习性】抗性极强，抗寒（在三北地区可以露地越冬），抗旱，耐盐碱，耐半阴，抗污染，抗病虫害，适合粗放管理。

【**繁殖方法**】扦插、分株繁殖。

【**园林用途**】地被菊覆盖度高，美化效果好，可形成大色块，组成精美的图案。园林中用于布置花坛、装花钵、点缀庭院、装饰花篮等。地被菊耐阴，镶嵌性好，所以适合在林下或林缘作自然式的种植，也可点缀草坪（图4-21）。

图4-21 地被菊布置的花坛

悬崖菊是菊花的一种整枝形式。通常选用分枝多、枝条细软、开花繁密的单瓣型小花品种，仿效山间野生小菊悬垂的自然姿态，通过人工栽培和整枝使其呈下垂的悬崖状。悬崖菊选材以茎长、枝盛、花多者为佳。悬崖菊造型奇特，形似瀑布，十分壮观，可列植于广场入口两侧，也常用于花坛、悬崖边，或与假山、水体相配，都可取得良好的景观效果。

6. 新几内亚凤仙

【**学名**】*Impatiens hawkeri* W. Bull

【**科属**】凤仙花科凤仙花属

【**产地及分布**】目前，至少有90多个品种分布在世界各地，主要包括红、橙、黄、紫、白和粉等色系及一些重瓣和彩叶品种。

【**形态特征**】多年生宿根花卉。花色丰富，色泽艳丽欢快，在温暖的地方能四季开花，花期长、叶色、叶形独具特色。茎肉质，分枝多。叶互生，有时上部轮生状，叶片卵状披针形，叶脉红色。花单生或数朵成伞房花序，花柄长，花瓣桃红色、粉红色、橙红色、紫红白色等。花期在每年的6—8月。

【**生态习性**】新几内亚凤仙性喜温暖湿润，不耐寒，怕霜冻，遇霜全株枯萎。冬季室温要求不低于12 ℃。要求充足阳光，夏季需稍加遮荫。喜深厚、肥沃、排水良好的土壤。

【**园林用途**】新几内亚凤仙花色丰富，娇美，用来装饰案头墙几，别有一番风味。露地栽培，从春天到霜降花开不绝。其因花色丰富，株型优美，是园林摆花及花坛、花境的优选花卉（图4-22）。

7. 蓝花鼠尾草

【**别名**】蓝丝线、一串蓝

【**学名**】*Salvia farinacea*

【**科属**】唇形科鼠尾草属

【**产地及分布**】原产于北美南部地区。

图4-22 新几内亚凤仙"桑蓓斯"

【**形态特征**】多年生草本。植株高度30～60 cm，植株呈丛生状，植株被柔毛。茎四棱，且有毛，下部略木质化，呈低矮的木本植物状态。叶对生，长椭圆形，长为3～5 cm，灰绿色，叶表有凹凸状织纹，且有折皱，灰白色，香味刺鼻浓郁。蓝花鼠尾草具有长穗状花序，长约为 12 cm，花小，紫色，花量大。蓝花鼠尾草的花期分布在夏秋两季。

【生态习性】蓝花鼠尾草喜凉爽和阳光充足的环境，耐寒性强，怕炎热、干燥。宜在疏松、肥沃且排水良好的沙壤土中生长。

【园林用途】蓝花鼠尾草适于布置花坛、花境和园林景点，也可点缀于岩石旁、林缘空隙地，显得幽静。摆放在自然建筑物前和小庭院，更觉典雅清幽。蓝花鼠尾草生长势强，花期长而芳香，是布置夏秋花境的优良材料（图 4-23）。

图 4-23　蓝花鼠尾草

8. 蜀葵

【别名】一丈红

【学名】*Althaea rosea*（Linn.）*Cavan*

【科属】锦葵科蜀葵属

【产地及分布】原产中国四川，现在中国分布很广，华东、华中、华北均有。由于它原产于中国四川，故名曰"蜀葵"。

【形态特征】高达 2～3 m，茎枝密被刺毛。叶近圆心形。掌状 5～7 浅裂，叶缘波状。茎无分枝或少分枝，叶互生，具长柄，近圆心形，花大，腋生，花色丰富。花期在每年的 6—8 月。

【栽培品种】栽培类型有重瓣型、堆盘型及丛生型。

【生态习性】耐寒冷，在华北地区可以安全露地越冬。蜀葵喜凉爽气候，忌炎热与霜冻，喜光，略耐荫；适宜于土层深厚、肥沃、排水良好的土壤。

【繁殖方法】播种、扦插、分株繁殖。

【栽培管理】栽培管理简单，生长期施重肥可以使开花更好。蜀葵耐干旱，花期可适当浇水。开花后剪去地上部分，第二年可继续开花，也可作二年生栽培。一般栽植 4 年后就要更新。

【园林用途】花色丰富，花大色艳，是重要的夏季园林花卉。在建筑物前丛植或列植，都有很高的观赏价值。是优良的花境材料，在其中作竖线条材料。植株易衰老，每隔 3 年需更新一次，以免影响景观效果（图 4-24）。

图 4-24　蜀葵

9. 松果菊

【别名】紫锥花、紫锥菊、紫松果菊

【学名】*Echinacea purpurea*（Linn.）*Moench*

【科属】菊科松果菊属

【产地及分布】原产于北美洲中部及东部，1930 年德国首次引种紫花松果菊，20 世纪 70 年代引入我国。

【形态特征】株高为 50～150 cm，全株具粗毛，茎直立。基生叶卵形或三角形，茎生叶卵状披针形，叶柄基部稍微抱茎；头状花序单生于枝顶，花径达 10 cm，舌状花紫红色、粉色、白色，管状花橙黄色，花期在每年的 6—7 月。目前市场上的紫松果菊有盛情、盛会、盛世三个系列。

【生态习性】稍耐寒，喜生于温暖向阳处，喜肥沃、深厚、富含有机质的土壤。若欲8月观花，可栽植在稍加遮荫的地方。

【繁殖方法】松果菊以播种繁殖为主。

播种可在春季4月下旬或秋季9月初进行。穴盘生产期5～6周，从移栽至成品需13～17周。播种后10～14天种子萌发。幼苗长到4～5 cm或有5～6片真叶时即可上盆。

【园林应用】松果菊花色绚丽夺目，外形美观，观赏价值高，花期长，适应性广，管理简单，常大片栽植于疏林下面，也可用作背景栽植或作花境、坡地材料，亦作切花（图4-25）。

图4-25　松果菊

10. 黑心菊

【别名】黑心金光菊、黑眼菊

【学名】*Rudbeckia hirta* Linn.

【科属】菊科金光菊属

【产地及分布】原产美国东部地区，我国各地庭园常有栽培。

【形态特征】株高为60～100 cm，花心隆起，紫褐色，半圆形，周边舌状花金黄色。花期在每年的5—9月。栽培变种有桐棕色、栗褐色，重瓣型和半重瓣型等。

黑心菊和金光菊最明显的区别就是两者的花心。黑心菊，从它的名字就可以得知，黑心菊的花心是黑色的，黑心菊的花心部分隆起，但是会呈现紫褐色。金光菊的花朵的花心一般是黄绿色。

【生态习性】露地适应性很强，较耐寒，很耐旱，不择土壤，极易栽培，应选择排水良好的沙壤土及向阳处栽植，喜向阳通风的环境。充足的阳光可使花色鲜艳。

【繁殖方法】用播种、扦插和分株法繁殖。

【园林应用】花朵繁盛，管理粗放，能自播繁殖。适合庭院布置，用作花境材料，或布置于草地边缘成自然式栽植，也可作切花（图4-26）。

图4-26　黑心菊

11. 金鸡菊

【别名】小波斯菊、金钱菊、孔雀菊、大锦鸡菊

【学名】*Coreopsis drummondii* Torr. et Gray

【科属】菊科金鸡菊属

【产地及分布】原产美国南部。

思政小课堂

金鸡菊花语：竞争心、上进心

金鸡报晓、闻鸡起舞表达的是祥瑞和对勤奋的赞美。

金鸡菊很有灵性，积极勇敢地展示自己的美丽，对环境选择性也不高，这不仅是青春的写照，更暗合青年要自强不息、提高抗挫能力。所以，它很适合用来鼓舞年轻人上进。

【形态特征】多年生草本，高为 20 ～ 100 cm。茎直立，下部常有稀疏的糙毛，上部有分枝。叶对生；基部叶有长柄，呈披针形或匙形；下部叶羽状全裂；中部及上部叶 3 ～ 5 深裂，中裂片较大。花具长花梗，单生于枝端，径 4 ～ 5 cm，舌状花 6 ～ 10 个，黄色。大花金鸡菊的瘦果广椭圆形或近圆形，长为 2.5 ～ 3 mm，边缘具膜质宽翅，顶端具 2 短鳞片。花期在每年的 5—9 月。

【生态习性】耐寒耐旱，喜光，但耐半荫，对二氧化硫有较强的抗性。生命力和繁殖力非常强，不怕冷不怕热，风力一吹，种子满天飞扬。如果农田出现这种植物，对农作物会有很大影响，而且还很难清除掉。在园林中被称为"美丽的杀手。"

【繁殖方法】播种繁殖为主。可露地直播，规模化生产时于温室播种。

【园林用途】金鸡菊可观花，也可观叶。春夏之间，花大色艳，常开不绝。花开完后可剪去残花，幼叶萌生，枝叶密集，鲜绿成片，是极好的疏林地被。耐贫瘠土壤，能自行繁衍，在屋顶绿化中可作为覆盖材料，还可作花境材料（图 4-27）。

图 4-27　金鸡菊

 任务实施

调查周边园林绿地中宿根花卉的种类，并根据表格内容进行总结。

×××公园宿根花卉种类调查					
序号	花卉名称	花期	主要特征	植株高度	光照环境
1					
2					
3					
调查地点 调查人员： 日期：					

考核评价

评价项目	评价内容	配分	得分
知识考核	能够熟练说出宿根花卉的名称	20	
	能够描述不同宿根花卉的特点	15	
	能够说出不同宿根花卉的应用特点和栽培养护方法	20	
技能考核	调查报告撰写：内容全面，条理清晰	10	
	调查水平：准确描述不同分类方法的依据	20	
	能使用专业术语描述	5	
素质考核	调查态度：积极主动，有团队精神	5	
	调查过程中注重方法及创新	5	
	总分	100	

思考与练习

1. 宿根花卉的含义是什么？说出宿根花卉范畴。
2. 宿根花卉在园林中的应用特点有哪些？
3. 根据花期整理本地区宿根花卉的种类，做一个花境的植物配植表。

任务四　　　　　　　　　　球根花卉

 任务描述

调查本地区常见球根花卉的种类，并学会辨别球根的种类。

 任务分析

本任务主要通过调查室内外常见球根花卉种类，学会鉴别不同球根的特征，明确球根花卉的含义和分类，了解球根花卉的繁殖栽培要点，掌握常见球根花卉生产技术和园林应用。

知识准备

球根花卉是地下部分的茎或根发生变态，呈肥大的球状、块状的多年生草本花卉。这些变态肥大的地下器官储藏大量养分或水分，用以度过休眠期或不良环境，也常被用作繁殖材料。与普通宿根花卉相比，球根花卉多具有很高的观赏价值和较长的花期，或花朵硕大，或色彩艳丽，是盆花、切花的重要材料。

全世界栽培的球根花卉有数百种，其中属单子叶植物的约 10 个科，属双子叶植物的约 8 个科。根据地下部分形态的不同，球根花卉又可分为鳞茎类、球茎类、块茎类、根茎类和块根类。

一、球根花卉的繁殖方法

1. 自然分球繁殖

自然分球繁殖主要用于球茎类、块根类和鳞茎类花卉，如水仙、朱顶红、郁金香等。在主球和子球之间存在着一定的空隙，只要稍加外力即可自然分开。通常在花卉叶片枯萎进入休眠期时分离子球与母球，并根据球茎大小进行分级储藏。小的子球种植 2 ~ 3 年后方可成为商品用球。块根类花卉由于不定芽在根茎顶部发生，所以在分球时，应用锋利的刀片切断部分根茎，否则不能产生新的植株（图 4-28、图 4-29）。

图 4-28　虎眼万年青的自然分球　　图 4-29　百合鳞片扦插

2. 播种繁殖

有的球根类花卉能结种子，可采用播种繁殖，如美人蕉、小苍兰等。种子繁殖长成的植株健壮，但所需时间较长。

3. 嫩梢扦插

嫩梢扦插适用于块根类花卉，如大丽花。具体操作方法是，将储藏的块根平放在潮湿的沙子中，覆盖 3 ~ 5 cm 的厚度，控制适宜的温度，待嫩梢长出后，给予充足光照，2 ~ 3 周后即可生根，然后将其分离进行扦插。

4. 鳞片扦插

鳞片扦插适用于鳞片较厚的百合类植物繁殖。扦插时每个鳞片必须带有鳞茎盘和上面的芽子，鳞茎盘用于生根，而芽子可抽生枝条。

5. 组织培养

球根花卉均可用组织培养繁殖。组织培养繁殖系数高，可以解决种球的脱毒，使其复壮，恢复品种特性，但小苗发育所需的时间较长，生产中很少用，常用于商品苗的培育。

二、球根花卉的栽培要点

（1）球根栽植时应分离侧面的小球，将其另外栽植，以免养分分散，影响开花。

（2）注意保护鳞茎盘底部萌发的新根，因球根花卉的吸收根少而脆嫩，折断后不能再生，所以栽植后不能移栽。

（3）叶片数量较少的球根花卉，栽培时应注意保护叶片免受损伤，否则影响光合作用，不利于开花和新球的产生。

（4）做切花栽培的种类，在满足切花质量的前提下，应尽量少剪取植株的叶片，以滋养新球。

（5）开花后及时剪除残花，减少养分的消耗，利于球根的充实壮大。以收获种球为目的的球根花卉，应及时摘除花蕾。

三、常见的球根花卉

1. 美人蕉

【别名】红艳蕉、红蕉、昙华、宽心姜

【学名】*Canna indica L*

【科属】美人蕉科美人蕉属

【产地及分布】原产热带美洲、印度、马来半岛等热带地区。

【形态特征】多年生球根花卉。株高可达 100～150 cm。地下根茎发达；直立茎不分枝。叶大，长约为 40 cm，宽约为 20 cm，呈阔椭圆形。总状花序茎顶抽出，具 5 枚瓣化雄蕊，是主要的观赏部位。种子黑色，坚硬。花色有乳白、鲜黄、橘红、大红、紫红、复色等。北方花期在每年的 6—10 月，南方全年开花。

【栽培品种】美人蕉的特点是花大，花瓣色彩多而鲜艳，直立而不反卷，易结实。常根据叶色和高矮分成 50 多个品种。常见的有以下品种。

（1）大花美人蕉：又名法美人蕉，株高为 1.5 m，茎、叶、花均被白粉，叶大，阔椭圆形，总花梗长，小花大，色彩丰富，瓣化雄蕊直立不弯曲。

（2）紫叶美人蕉：株高 1 m 左右，茎叶均紫褐色，花萼及花瓣均紫红色。

（3）双色鸳鸯美人蕉：同一枝花有大红与五星艳黄两种颜色，因此而得名。

【生态习性】喜光照充足的环境，不耐霜冻。对土壤要求不严，但在疏松、肥沃、排水良好的土壤中生长健壮，开花大而鲜艳。生长的适宜温度为 22～25 ℃。北方温度低于 0 ℃时易受冻害，长江流域以南稍加覆盖就可露地越冬。

【繁殖方法】分株繁殖为主，也可播种繁殖。

【园林用途】美人蕉对环境要求不严，适应力强，养护管理较为粗放，花大色艳，观赏价值极高，在园林中广泛应用。可以用来布置花境、装饰花坛，也可大片栽植，展现群体美。此外，也可用于监测空气（图 4-30、图 4-31）。

图 4-30　美人蕉球根

图 4-31　美人蕉

2. 朱顶红

【别名】孤挺花、百枝莲

【学名】*Hippeastrum rutilum*

【科属】石蒜科朱顶红属

【产地及分布】分布于巴西及中国大陆的海南省等地区，已由人工引种栽培。

【形态特征】朱顶红为多年生鳞茎类球根花卉。层状鳞茎直径为 8～10 cm。朱顶红花枝亭亭玉立，4～6 朵朱红色喇叭形花朵成对着生顶端，朝阳开放，显得格外艳丽悦目。花朵硕大，花色丰富。花径可达 20 cm 以上，而且有重瓣品种。先花后叶，一年可开花 2～4 次。

【栽培品种】朱顶红为园艺杂交种，品种很多，有白色、粉色、大红色、绿色、白花红边、白花粉边、网纹图案等。目前种球大多从荷兰和南非进口，主要品种有"红妮芙"（重瓣）Red Nymph、双龙、红孔雀、双重惊喜等。

【生态习性】朱顶红属于不耐寒的冬春季开花的球根花卉，喜温暖、湿润、阳光不过于强烈的环境。在西双版纳可露地栽培，要求疏松、肥沃、排水良好、富含腐殖质的微酸性土壤。

【繁殖方法】种球繁殖为主，也可播种繁殖。

【园林用途】朱顶红花大色艳，品种多，观赏性高，一年可多次开花，可用于盆栽观赏。在华东、华南地区可用作花境、花丛、花带等。此外，朱顶红也是良好的切花材料（图 4-32、图 4-33 ）。

图 4-32　朱顶红球根　　　　图 4-33　朱顶红花

3. 郁金香

【别名】洋荷花

【学名】*Tulipa gesneriana*

【科属】百合科郁金香属

【产地及分布】原产于地中海沿岸及中亚细亚和土耳其等地区。郁金香为广泛栽培的花卉，因历史悠久，品种很多。

【形态特征】鳞茎扁圆形或圆锥形，一侧扁平，茎叶光滑，具白粉。叶 3～5 枚，全缘，边缘有波状皱。花大直立，单生茎顶，花瓣 6 片，有单瓣也有重瓣。花型有杯子型、百合型、卵型、球型等。花色有白、粉红、洋红、紫、褐、黄、橙等，深浅不一，单色或复色。花期一般在每年的 3—5 月。

【栽培品种】郁金香栽培历史悠久，园艺品种众多。分类方法也很多。按花色分可分为红色系、白色系、黄色系，目前已经培育出黑色系的郁金香品种；按种球萌发所需要的温度可分为5℃郁金香球、9℃郁金香（又称9℃预冷）球和自然球三种。

（1）5℃郁金香球。种球经过中间温度的变温处理后，进入温度为5℃或2℃的低温储藏室内进行8～14周的温度处理，待打破休眠后，直接进入温室栽培。

（2）9℃郁金香球（又称9℃预冷）。在变温处理后，种球进入9℃的低温贮藏室处理，一般在取出时低温没有完全满足，往往要与栽培的措施结合起来（进生根室后继续保持低温），因此又称为9℃预冷。

5℃和9℃郁金香球的花期可提前到圣诞节、新年和春节。由于中国大部分种植业者没有生根室，因此主要使用5℃处理郁金香的球种，而荷兰和欧洲其他国家多使用9℃处理郁金香的球种。

（3）自然球（公园球）。自然球指没有经过低温冷处理的种球。所需要的低温要从自然的气候中获得，花期在每年的4—5月。郁金香自然球也可以栽培为切花、盆花等，但在中国，多作为春天的公园展览用球及家庭庭院种植。

【生态习性】郁金香为长日照花卉，喜温暖、湿润、光照充足的环境，稍耐荫。适于疏松、肥沃、排水良好沙质土。忌黏性土或碱性土。耐寒性强。最佳生长温度为15～18℃。8℃以上即可正常生长。耐寒不耐热，夏季休眠。

【繁殖方法】以分球繁殖为主。

【园林用途】郁金香是"五大切花"之一；可以用作春季花境、花坛、花丛、花群花卉，品种多，颜色丰富，也可用于布置专类园（图4-34、图4-35）。

图4-34 郁金香球根 　图4-35 郁金香

4. 风信子

【别名】洋水仙、五色水仙

【学名】*Hyacinthus orientalis* L.

【科属】百合科风信子属

【产地及分布】原产于欧洲南部地中海沿岸及小亚细亚一带、荷兰，如今世界各地都有栽培。

【栽培品种】有3个变种，即罗马风信子（浅白风信子）、大筒浅白风信子和普罗文斯风信子。园艺品种通常按色分类，有紫色系、白色系、粉色系、黄色系、红色系和重瓣系等。目前有2 000多个栽培品种，根据其花色，大致可分为蓝色、粉红色、白色、黄色、紫色、红色、鹅黄色等八个品系，有早花、中花、晚花品种。

【形态特征】鳞茎卵形，直径为3～5 cm，外皮黑紫色或白色。鳞茎外皮的颜色和花色正相关。按照种球周长划分风信子的种球有15～19 cm多种规格，14 cm以下常用来繁殖子球。种球越大营养越多，开花越好。基生叶4～8枚，质厚，宽3 cm。花茎中空，总状花序长15～20 cm，花冠呈漏斗形，开花时裂片反卷。花期在每年的4月。

【生态习性】喜冬季温暖湿润、夏季凉爽稍干燥、阳光充足或半阴的环境。喜肥，喜肥沃、排水良好的沙壤土，忌过湿或黏重的土壤。风信子鳞茎有夏季休眠习性，秋冬生根，早春萌发新芽，3月开花，6月上旬植株枯萎。风信子在生长过程中，鳞茎在2～6℃低温时根系生长最好。

秋季栽植后萌芽，春季开花，夏季休眠。开花后4～5周叶片枯黄，鳞茎休眠，夏季休眠期进行花芽分化。休眠期有2～3个月，花芽分化需1个月，花芽分化的温度不宜超过25℃。

【繁殖方法】种球繁殖和种子繁殖。

【园林用途】风信子品种多，色彩丰富，栽培容易，植株低矮而整齐，是布置春季花坛、花境的重要花卉，也可在草坪边缘丛植、片植（图4-36、图4-37）。

图4-36　风信子球根　　　　图4-37　风信子

5. 大丽花

【别名】大理花、地瓜花、大丽菊

【学名】*Dahlia pinnata* Cav

【科属】菊科大丽花属

【产地及分布】原产墨西哥，是全世界栽培最广的观赏植物，20世纪初引入中国，现在多个省区均有栽培。

【形态特征】地下有粗壮的块根。直立茎粗壮，中空。叶对生，1～2回羽状深裂，边缘具粗钝锯齿。顶生头状花序较大，有黄色、红色、白色、粉色等。

【生态习性】典型的短日照花卉，临界日照为10～12 h。

喜湿润怕渍水，喜肥沃怕过度，喜阳光怕荫蔽，喜凉爽怕炎热。大丽花开花期喜凉爽的气候，气温在20℃左右时生长最佳。

【繁殖方法】播种、扦插、分根蘖。

【园林用途】花坛、花境、盆栽（图4-38、图4-39）。

图4-38　大丽花球根　　　　图4-39　大丽花

6. 中国水仙

【别名】凌波仙子

【学名】*Narcissus tazetta* L. var. *Chinensis Roem*

【科属】石蒜科水仙属

【产地及分布】原产中国，主要分布于我国东南沿海温暖、湿润地区，福建漳州、厦门及上海崇明岛的水仙最为有名。

【形态特征】鳞茎卵状球形，外被棕褐色皮膜；叶狭长带状，端钝圆，边全缘；花葶白叶丛中抽出，顶生伞形花序；每球抽花葶3～5枝，每枝着花5～7朵；花白色中央有黄色杯状或喇叭状副冠，芳香。花期在每年的1—3月。

【栽培品种】中国水仙主要有两个品系，即单瓣型和复瓣型。

（1）单瓣型：称为"金盏银台"。花单瓣，白色，花被6裂，副冠为金黄色环状，亦名酒杯水仙。另有副冠呈白色，叶梢细者，则称"银盏玉台"。

（2）重瓣型：花重瓣，白色，卷成一簇，称为百叶水仙或玉玲珑，花形不如单瓣的美，香气亦较差，是水仙的变种。

【生态习性】喜温暖、湿润、阳光充足，冬无严寒、夏无酷暑、春秋多雨的环境最为适宜漳州水仙最负盛名，享有"漳州水仙甲天下"之称。中国水仙为秋植球根花卉，冬生长，早春开花，夏季休眠。花芽分化在休眠期进行，适宜气温为 15 ～ 20 ℃，10 月以后，商品球分级，包装，销售。

【繁殖方法】以分球繁殖为主。中国水仙常见的栽培方式有水养和地栽。

【园林应用】中国水仙颜色秀丽，花香浓郁，是中国传统十大名花之一，也是冬春季节重要的盆栽花卉。在园林中可以布置花坛、花境，也适宜在疏林下、草坪中成丛栽植。配植于疏林草地、滨河绿地中，都能营造出和谐美观的景观效果（图 4-40、图 4-41）。

图 4-40　中国水仙球根　　图 4-41　中国水仙

7. 花毛茛

【别名】芹叶牡丹、波斯毛茛

【学名】*Ranunculus asiaticus*（L.）*Lepech.*

【科属】毛茛科毛茛属

【产地及分布】原产于欧洲东南部和亚洲西南部。1596 年英国人引入进行人工栽培。在园林和切花中很常见。

【形态特征】多年生草本花卉，株高为 20 ～ 40 cm。地下块根是纺锤形的，几个块根常聚生在根茎处。茎单生，有毛，基生叶具长柄，茎生叶 2 ～ 3 回羽状裂，形似芹菜叶。花单生于枝顶或数朵生于长柄上，花色多，花期在每年的 4—5 月。

【生态习性】花毛茛原产于以土耳其为中心的亚洲西部和欧洲东南部，性喜气候温和、空气清新湿润、疏荫的生长环境，不耐严寒冷冻，更怕酷暑烈日。低于 0 ℃ 易受到冻害，在长江流域及以南可以露地越冬。适宜的生长温度白天在 20 ℃ 左右，夜间 7 ～ 10 ℃。在中国大部分地区，一入夏季花毛茛即进入休眠状态。盆栽要求富含腐殖质、疏松、肥沃、通透性能强的砂质培养土。

【繁殖方法】分球或播种繁殖。

【园林用途】花毛茛花大，色彩艳丽，可用于布置花坛、花境，或丛植于草坪边缘。也可盆栽，春季适用于室内观赏（图 4-42、图 4-43）。

图 4-42　花毛茛球根　　图 4-43　花毛茛花

8. 仙客来

【别名】兔耳花

【学名】*Cyclamen persicum*

【科属】报春花科仙客来属

【产地及分布】原产希腊、叙利亚、黎巴嫩等地；现已广为栽培。

【形态特征】株高为 20～30 cm，具扁圆形肉质块茎；叶丛生于块茎顶端，表面深绿色，有明显的白色斑纹；花梗从叶丛中抽出，花蕾下垂，开放时花瓣向上反卷而扭曲，形如兔耳，故得名兔耳花；花色呈紫红、玫瑰红、洋红、淡红、白等。花期在每年的 12 月至翌年 5 月。

【生态习性】喜欢阳光充足及凉爽湿润的气候；生长适温为 10～20 ℃，秋冬春三季为生长期，夏季休眠；要求疏松、肥沃、排水良好的土壤。

【繁殖方法】播种和组织培养繁殖。

【园林用途】仙客来株型美观，花型别致，花色艳丽，花期长，为著名的冬春季盆花。用作切花、瓶插更持久（图 4-44、图 4-45）。

图 4-44　仙客来球根

图 4-45　仙客来

 **任务实施**

调查周边园林绿地中球根花卉的种类，并根据表格内容进行总结。

×××（地区）球根花卉种类调查					
序号	花卉名称	花期	主要特征	植株高度	光照环境
1					
2					
3					
……					

调查地点：

调查人员：

日期：

考核评价

评价项目	评价内容	配分	得分
知识考核	能够熟练说出球根花卉的名称	20	
	能够描述不同球根花卉的特点	15	
	能够说出不同球根花卉在园林中的应用特点和繁殖方法	20	
技能考核	调查报告撰写：内容全面，条理清晰	10	
	调查水平：准确描述不同分类方法的依据	20	
	能使用专业术语描述	5	
素质考核	调查态度：积极主动，有团队精神	5	
	调查过程中注重方法及创新	5	
总分		100	

思考与练习

1. 列举常见的几种球根花卉。
2. 球根花卉在园林绿化中如何应用？

任务五　室内花卉的识别与应用

室内花卉以其独特的观赏和实用价值，逐渐引起人们的重视，并被广泛应用。但是室内环境的特殊性，给植物的生长带来诸多限制，所以正确地识别和选择室内花卉显得尤为重要。本任务主要介绍了常见室内草本花卉的种类、识别要点、生态习性、观赏特性及用途。通过本任务的学习，有助于人们更好地运用绿色植物进行室内装饰，并且较长时间地发挥其最大价值。

任务描述

调查当地室内花卉的种类及应用情况，内容包括室内花卉的种类、习性、观赏特点、用途及生长环境等，并完成调查报告。

任务分析

室内花卉种类较多，应用形式多样，不同种类有着不同的形态特征和装饰效果。因此，室内花卉在选择和应用时，除考虑自身的形态特征外，还应考虑各种植物的生态学特性。

完成该学习任务。一要能准确识别室内花卉种类；二要能全面分析和准确描述每种花卉的观赏特点；三要善于观察不同花卉的装饰手法；在完成该学习任务时，要注意选择生长状态良好的室内花卉种类，并依据其形态特征、主要习性等要素，准确地识别该花卉种类，完成任务总结。

知识准备

一、室内花卉的定义和分类

根据观赏部位及观赏特性不同，可将室内花卉分为观果类、观花类、观叶类、观茎类、观韵类、芳香类等。

（1）观花类，如杜鹃、仙客来、瓜叶菊、红掌、郁金香、风信子、水仙、蝴蝶兰等。
（2）观果类，如金橘、冬珊瑚、五色椒、佛手等。
（3）观叶类，如龟背竹、绿萝、吊兰、竹芋属、苏铁、散尾葵等。
（4）观茎类，如光棍树、富贵竹、仙人掌类。

（5）观韵类，如春兰、文竹、鹤望兰等。

（6）芳香类，如茉莉、桂花、栀子花、米兰等。

二、常见室内花卉

1. 富贵竹

【**别名**】竹蕉、万年竹

【**学名**】*Dracaena sanderiana*

【**科属**】龙舌兰科龙血树属

【**产地及分布**】原产于非洲西部的喀麦隆，1970年后，被大量引进中国作观赏之用，现在为中国常见的观赏植物。

【**形态特征**】株高可达4 m，盆栽的高多为40～60 cm。植株细长，直立，不分枝，常丛生状。叶长披针形。园艺品种很多，主要有金边富贵竹、金心富贵竹，银边富贵竹和银心富贵竹。

【**生态习性**】富贵竹性喜高温、阴湿的环境，抗寒力强；适宜在明亮散射光下生长，光照过强、暴晒会引起叶片变黄、褪绿、生长慢等现象。

【**繁殖方法**】扦插繁殖。

【**园林用途**】富贵竹茎节似竹，却非竹。中国有"花开富贵，竹报平安"的祝辞，因而富贵竹深得人们喜爱。市场上常见的造型有塔竹（寓意步步高升）、转运竹（表达时来运转的愿望）等。水养或盆栽均可，置于窗台、书桌、几架上，疏挺高洁，悠然洒脱，给人以富贵吉祥之感（图4-46）。

图4-46 富贵竹

2. 绿萝

【**别名**】石柑子、竹叶禾子、黄金葛、黄金藤

【**学名**】*Epipremnum aureum*

【**科属**】天南星科绿萝属

【**产地及分布**】原产印度尼西亚所罗门群岛的热带雨林。现广泛栽培。

【**形态特征**】多年生蔓性藤本植物。叶片具有深绿色光泽，叶上有不规则黄色斑纹。茎叶粗细大小变化很大。节上有气生根，修剪后易萌生侧枝。叶片椭圆形或长卵圆形。叶基浅心型，叶尖端较尖。

【**生态习性**】绿萝喜欢温暖湿润的散射光环境。冬季温度需高于5～8 ℃，要求疏松、肥沃、排水良好的沙质壤土，也可以水培。

【**繁殖方法**】扦插繁殖。

【**园林用途**】绿萝可以作小型吊盆、中型柱式栽培或室内垂直绿化。绿叶光泽闪耀。叶质厚而翘展，有动感。适宜室内环境。摆放在室内，可以很好地营造绿色的自然景观，浪漫温馨（图4-47）。

图4-47 绿萝

3. 心叶藤

【别名】心叶蔓绿绒

【学名】*Philodendron scanaens*

【科属】天南星科绿绒属

【产地及分布】华南、南亚热带常绿阔叶林区，热带季雨林及雨林区。

【形态特征】多年生草本植物。因其叶片酷似心形而得名，是一种蔓性藤本植物，攀缘性强。叶心形，深绿色。

【生态习性】喜欢半荫的生长环境，以温暖的生长环境为佳，要求生长的环境湿润一些。心叶藤比较怕阳光直射。

【繁殖方法】扦插繁殖。

【园林用途】耐阴性强，枝繁叶茂。适用于办公场所、商场、医院、居家、会议场所、写字间、酒店大堂等场合（图4-48、图4-49）。

图 4-48　心叶藤　　　　图 4-49　心叶藤

4. 虎刺梅

【别名】铁海棠、麒麟刺、麒麟花

【学名】*Euphorbia* milii Ch. des Moulins

【科属】大戟科大戟属

【产地及分布】原产非洲马达加斯加，广泛栽培于旧大陆热带和温带；中国南北方均有栽培。

【形态特征】蔓生灌木植物。茎具纵棱，密生硬刺。叶互生，通常集中在嫩枝上，倒卵形，黄绿。聚伞花序，生于枝顶，总苞有红、白、粉、黄等多种颜色。

【生态习性】喜全光照环境，在温暖湿润的环境下生长良好。

【繁殖方法】扦插繁殖。

【园林用途】习性强健，花期长，多盆栽用于室内装饰，适合窗台、案头、阳台点缀，也可以绑扎造型；园林中可于路边、山石边栽培观赏（图4-50）。

图 4-50　虎刺梅

5. 昙花

【别名】琼花、昙华、鬼仔花、韦陀花

【学名】*Epiphyllum oxypetalum*（DC.）Haw

【科属】仙人掌科昙花属

【产地及分布】原产于墨西哥、危地马拉、洪都拉斯、尼加拉瓜、苏里南和哥斯达黎加，世界各地区均广泛栽培；中国各省区常见栽培。

【形态特征】附生性肉质灌木。老茎圆柱形，木质，分枝多。叶片呈披针形至长椭圆状披针形，先端渐尖至急尖，或圆形，边缘波状，或具深圆齿。刺座生于圆齿缺刻处。花单生于枝侧的小窠，漏斗状，白色，具芳香。浆果红色。

【生态习性】喜温暖、湿润的环境。全日照或半日照均可，喜疏松、排水良好的沙质壤土。

【繁殖方法】播种、扦插繁殖。

【园林用途】花大美丽，开花时间极短。我国南北各地盆栽于阳台、天台或室内用来观赏，也可用于多浆植物专类园花（图4-51）。

图4-51　昙花

6. 令箭荷花

【别名】孔雀仙人掌、孔雀兰

【学名】*Nopalxochia ackermannii* Kunth

【科属】仙人掌科令箭荷花属

【产地及分布】产美洲热带地区，以墨西哥最多。中国以盆栽为主。

【形态特征】多年生草本花卉。花语：追忆。植物株高为50 cm。叶退化，叶状茎扁平，披针形，形似令箭。基部圆形，边缘略带红色，有粗锯齿。锯齿间，凹入部位有细刺。花着生于茎的先端两侧。花大，有红、黄、白、粉、紫等多种颜色。果实为椭圆形红色浆果。

【生态习性】喜疏松、肥沃、排水良好的壤土。喜温暖、湿润的环境。在全光照和半日照条件下生长良好，较耐旱。

【繁殖方法】扦插、嫁接繁殖。

【园林用途】花大色艳，生长快。盆栽于阳台、窗台等处用于观赏（图4-52）。

图4-52　令箭荷花

7. 君子兰

【别名】大花君子兰、大叶石蒜、剑叶石蒜、达木兰

【学名】*Clivia miniata*

【科属】石蒜科君子兰属

【产地及分布】原产于非洲南部亚热带山地森林中，现中国普遍栽培。

【形态特征】多年生常绿草本花卉。株高为30 ～ 50 cm。叶片扁平带状，光亮，常绿。伞状花序，生于花葶顶部。小花漏斗型，朝上。花色为橘红色，浆果成熟后为红色。

【生态习性】生长适宜温度为15 ～ 25 ℃。在明亮的散射光条件下生长良好。喜疏松肥沃、排水良好的酸性土壤。

【繁殖方法】播种、分株繁殖。

【园林用途】花大色艳，花期长。多盆栽观赏，可用于装饰客厅居室及宾馆大堂等场所（图4-53）。

8. 蝴蝶兰

【别名】蝶兰、台湾蝴蝶兰

【学名】*Phalaenopsis aphrodite* Rchb. F.

【科属】兰科蝴蝶兰属

图4-53　君子兰

【**产地及分布**】在中国台湾（恒春半岛、兰屿、台东）和泰国、菲律宾、马来西亚、印度尼西亚等地都有分布。其中台湾出产最多。

【**形态特征**】多年生常绿草本植物，株高为 50 ～ 80 cm。叶互生，成二列排布，椭圆形至矩圆形。总状花序，腋生，具分枝，着花数朵。花大，色彩丰富，有白色、粉色、紫红色、黄色、杂色等。

【**生长习性**】喜高温、高湿、低光照的环境。生长适宜温度为 18 ～ 30 ℃。耐寒性差。

【**繁殖方法**】播种繁殖。

【**园林用途**】花期长，花色繁多，为年销的主打产品，主要用于切花生产和盆栽观赏。盆栽适合点缀装饰客厅、卧室、书房等（图 4-54）。

图 4-54　蝴蝶兰

9. 果子蔓

【**别名**】擎天凤梨、西洋凤梨

【**学名**】*Guzmania lingulata var.mino*

【**科属**】凤梨科果子蔓属

【**产地及分布**】原产热带美洲地区。

【**形态特征**】多年生草本植物。地生或半附生，无茎。高约为 30 cm，莲座状叶，丛生于短缩茎上。叶带状，弓形，叶面平滑，亮绿色。总花梗与苞片等长，位于叶丛中央，总苞片鲜红色、黄色、紫色。

【**生态习性**】喜高温、高湿、半荫与排水良好的环境，易受冻害。

【**繁殖方法**】分株繁殖

【**园林用途**】果子蔓叶丛与花均具观赏价值，整株观赏效果更佳。花苞浓艳，可保持数月之久。是著名的观赏盆花（图 4-55）。

图 4-55　果子蔓

10. 紫凤梨

【**别名**】铁兰、紫花凤梨、细叶凤梨

【**学名**】*Tillandsia cyanea Linden* ex K. Koch

【**科属**】凤梨科铁兰属

【**产地及分布**】分布于厄瓜多尔、危地马拉、美洲热带及亚热带地区。

【**形态特征**】多年生附生草本。株高约为 30 cm，叶丛莲座状。叶有 20 ～ 30 片，线形，中部下凹，淡绿色至绿色，基部酱紫色，叶背面绿褐色。花梗粗，总苞片呈扇状深红色。开蓝紫色花，花瓣三枚，花径约为 3 cm，花朵伸出苞片外。观赏期可达 4 个月。

【**生态习性**】喜高温、通风、半荫和光线充足的环境，耐霜寒。

【**繁殖方法**】播种、分株、扦插繁殖。

【**园林用途**】植株小巧，叶姿优美，花色淡雅，观赏期长，是重要的盆栽花卉（图 4-56）。

图 4-56　紫凤梨

11. 长寿花

【别名】圣诞长寿花、矮生伽蓝菜、寿星花、家乐花

【学名】*Kalanchoe blossfeldiana* Poelln.

【科属】景天科伽蓝菜属

【产地及分布】原产欧洲南部

【形态特征】多年生肉质草本植物。株高为 10～30 cm。叶肉质，交互对生，长椭圆状，深绿色。圆锥状聚伞花序，小花，高脚碟状。花色有粉红色、桃红色、橙红色、黄色、橙黄色和白色等。花有单瓣的和重瓣的。

【生态习性】全日照或半日照，生长适宜温度为 20～28 ℃。喜欢排水良好的沙质壤土。喜湿润，比较耐旱。

【繁殖方法】扦插、组培繁殖。

【园林用途】栽培品种繁多，花色丰富，多盆栽。可用于布置窗台、书桌、案头等处（图 4-57）。

图 4-57　长寿花

12. 白鹤芋

【别名】白掌、和平芋、苞叶芋、一帆风顺、百合意图

【学名】*Spathiphyllum kochii*

【科属】天南星科苞叶芋属

【产地及分布】原产美洲热带地区，世界各地广泛栽培。

【形态特征】多年生常绿草本植物。株高为 40～60 cm。叶长圆形或近披针形，有长尖，基部圆形，叶色浓绿。佛叶苞直立向上，稍卷，呈白色。肉穗花序圆柱状。常见的栽培品种有绿巨人。

【生态习性】喜温暖、湿润环境，需较少光照。但需湿润的空气，生长期浇水较多。

【繁殖方法】分株、播种、组培繁殖。

【园林用途】白鹤芋花茎挺拔秀美，盆栽点缀客厅、书房，十分舒泰、别致高雅，显得俊美。在南方，配植于小庭园、池畔、墙角处，别具一格。另外，白鹤芋的花也是极好的花篮和插花的装饰材料（图 4-58）。

图 4-58　白鹤芋

13. 蟹爪兰

【别名】圣诞仙人掌、蟹爪莲、锦上添花、螃蟹兰

【学名】*Zygocactus truncatus*（Haw.）K.Schum.

【科属】仙人掌科蟹爪兰属

【产地及分布】原产南美巴西，中国有引进，各地均有栽培。

【形态特征】附生肉质植物，灌木状，茎悬垂，多分枝，无刺，老茎木质化，幼茎扁平；叶鲜绿色或稍带紫色，顶端截形；花单生于枝顶，两侧对称，花萼顶端分离，花冠数轮，雄蕊多数；浆果梨形。花期从每年的 10 月至翌年 2 月。室内栽培的蟹爪兰可通过控制光照来调节花期。蟹爪兰的花语是事业有成、一帆风顺。

【**生态习性**】蟹爪兰性喜凉爽、温暖的环境，较耐干旱，怕夏季高温炎热，较耐阴。喜欢疏松、富含有机质、排水良好、透气良好的基质。

【**繁殖方法**】嫁接、扦插。

【**园林用途**】蟹爪兰节茎常因过长而呈悬垂状，故常被制作成吊兰做装饰。蟹爪兰开花时正逢圣诞节、元旦节。株型垂挂，适合于窗台、门庭入口处和展览大厅装饰（图 4-59）。

图 4-59 蟹爪兰

 **任务实施**

室内花卉调查记录表

姓名_____ 班级_____ 调查时间_____ 调查地点_____

序号	名称	科属	识别要点	主要用途	生长环境

考核评价

考核内容及评价标准

评价项目	评价内容	配分	得分
知识考核	能够熟练说出室内花卉的名称	20	
	能够描述室内花卉的识别要点	20	
	能够说出常见室内花卉的使用场合	15	
技能考核	调查报告撰写：内容全面，条理清晰	10	
	调查水平：准确识别种类，准确描述特征，简单说出花语	20	
	能使用专业术语描述	5	
素质考核	调查态度：积极主动，认真细致	5	
	调查报告：条理清楚，书写认真	5	
	总分	100	

思考与练习

1. 总结天南星科、竹芋科、凤梨科、秋海棠科、棕榈科、多浆植物等植物的种类。

2. 总结天南星科、竹芋科、凤梨科、秋海棠科、棕榈科、多浆植物等植物的生态习性。

3. 总结出耐阴的观叶植物、观花植物。

4. 比较下列植物：棕榈和蒲葵、发财树和大叶伞、孔雀竹芋和天鹅绒竹芋、箭羽竹芋和猫眼竹芋。

项目五　草坪草的识别与应用

随着社会的发展，人类文明程度的迅速提高，草坪在城市建设中被广泛应用，成为城市园林景观中不可缺少的要素。它除具有改善城市生态环境、保护环境的功能外，还具有独特的艺术功能，在城市园林绿化美化方面扮演着重要角色。草坪草的种类繁多，据估计有8 000～10 000种。用于草坪的植物以禾本科为主，其共分为6个亚科、25个族、600个属7 500个种。我国有190多属、800多种，分布于全国各地。其中只有20多种可作为草坪草。本项目依据草坪草对生长温度的要求和反应，将草坪草划分为暖季型草坪草和冷季型草坪草两大类。

🎯 学习目标

➤ 知识目标

1. 掌握常见草坪草、观赏草及其变种的识别特征。
2. 掌握常见草坪草及观赏草在园林上应用。
3. 理解并掌握常见草坪草及观赏草的分布、习性和繁殖方法。

➤ 技能目标

1. 能够正确识别常见草坪草、观赏草及其变种。
2. 能够用形态术语正确描述草坪草、观赏草的形态。
3. 能够根据观赏草的观赏特性、习性及绿地的性质合理选择园林草种，并进行配植。

➤ 素质目标

1. 掌握草坪草及观赏草的识别与应用技能，培养学生热爱园林事业，践行绿色发展理念，以及善于沟通、吃苦耐劳和团队合作精神。
2. 培养学生坚定的文化自信，生态文明和社会公德规范。
3. 树立学生职业理想信念，树立正确世界观、人生观、价值观，提升社会责任感，培养学生的爱国情怀和民族自豪感。

任务一　　　　　　　　　草坪草的认识

任务描述

　　草坪草大部分是禾本科草本植物。它们的叶多而小，细长且多直立。大多数草坪草生长旺盛。细小而密生的叶片有利于形成地毯状草坪，优良的草坪草应枝叶翠绿、绿色均且绿期长。直立而细小的叶片有利于光线透射到草坪的下层叶片，因而在高密度时下层叶片也很少发生黄化和枯死的现象。草坪草多为低矮的根茎型、葡匐型或丛生型植物，具有旺盛的生命力和繁殖能力，除具备种子繁殖力外，还具备极强的无性繁殖能力。草坪草地上部分生长点低，且有坚韧叶鞘的多重保护，增强了适应能力，使其分布范围广、抗逆性好。此外，草坪草有一定的弹性，对人畜无害，没有不良气味和污染衣物的液汁等不良物质。

　　调查当地城市主要街道、居民区、公园等场所的绿地草坪草种及应用情况，内容包括草坪草根、茎、叶的特征，完成草坪草种调查报告。

任务分析

　　草坪草的种类资源极其丰富，形态各异，且随着草坪业的发展，随着园林绿化行业对草坪草的需求不断增加还会不断产生新的草坪草。

　　完成该学习任务：一要了解草坪草的生物学特点；二要能全面分析和准确掌握草坪草的名录、形态特征、生态习性、栽培要点及其常见品种、养护要求等；三要观察周围生态环境特点，分析选择最适合当地栽培与养护条件的草坪草种类及搭配方式。在完成该学习任务时，要注意选择外观较好的草坪草，并依据草坪草种的形态特征、主要习性等要素，准确地识别该景点草坪草的特性，完成任务总结。

知识准备

一、草坪草的形态特征

1. 根

　　禾本科草坪草的根系属须根系，无主根。草坪草的根系包括两种类型：种子萌发时由胚根直接发育而来的初生根和从根茎及侧茎节上长出的不定根（图5-1）。

　　当禾本科植物种子萌发时，初生根首先突破种皮及胚根鞘向下生长，深入土中吸收养料，一般初生根在播种当年死亡。成熟草坪草的根主要由不定根组成，形成非常密集的须根系。草坪建植当年，随着幼苗的生长和茎节的形成，在近地表的茎节上生出很多不定根，这些不定根又称为次生根，次生根的数量多而密集，是构成禾本科植物根系的主体。植株生长发育全靠次生根吸收养料。禾本科草坪草的根系在土壤中的分布深而广，这样有利于禾草在不良环境下从更大的范围内吸取植株生长所需的水分和养料，以增强植株的适应性。

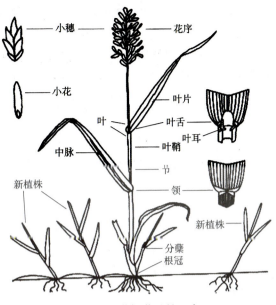

图 5-1　草坪草植株示意

2.茎

茎基部分（也称为根颈）的节间高度短缩，位于叶的基部。根颈由未伸长（或高度短缩）的节、节间和侧芽组成。不定根从茎基较低的节上长出，而侧生茎叶则由位于茎基上部的顶端分生组织长出。在营养生长阶段，茎基是一个高度短缩的茎，当转入生殖生长阶段后，节间伸长，花序轴从闭合的叶鞘伸出，花序轴的顶端形成花序。茎基高度短缩，茎基的外层由坚硬的叶鞘包裹，这也是草坪草耐修剪的重要原因。

侧茎由茎基上的腋芽长出。草坪侧茎的分枝有两种类型：一是鞘内分枝。腋芽从叶鞘内与母枝平行向上长出，形成新的地上枝条的分枝，称为鞘内分枝。禾草的这种分枝方法也称为分蘖，分蘖的结果大大增加了母枝附近新生枝条的数量。分蘖的新枝被包在叶鞘内且直立生长。二是鞘外分枝。分枝穿出叶鞘，横向生长，包括匍匐茎和根状茎。匍匐茎和根状茎均来自茎基的腋芽，茎基的腋芽突破叶鞘，横向延伸形成水平方向的茎，并在其节上形成不定根和新的枝条。

匍匐茎沿地表生长，在每个节上形成根和新的分枝。如果匍匐茎的末端向上生长，也可以形成新的枝条。在匍匐茎节上可产生横向分枝，形成复杂的侧茎体系。匍匐茎型草坪草种包括匍匐剪股颖、粗茎早熟禾和结缕草等。

根状茎生长在地表以下，包括有限型根状茎和无限型根状茎两种类型。有限型根状茎通常很短，并且末端向上生长形成新的枝条。有限型根状茎的生长可分为 3 个阶段，即从母株向下生长阶段、水平生长阶段和向上生长阶段。水平生长阶段是根状茎的主要伸长阶段。向上生长阶段是根状茎向上生长到地表附近，因遇到光照根状茎停止生长，形成新的枝条。具有有限型根状茎的草坪草包括草地早熟禾、匍匐紫羊茅和小糠草等。其中，草地早熟禾的有限型根状茎最发达，可以在比较紧实的土壤中生长良好。无限型根状茎较长，在每个节上都易生成新的分枝。狗牙根是典型的无限型根状茎型植物。无限型根状茎伸长长度变化很大，从几乎不伸长到长达十几厘米甚至更长。根状茎上有互生的叶、生长点、节、节间和腋芽。在每片叶的叶腋有腋芽，它可以发育成新的根状茎或地上枝条，在腋芽附近也可以产生不定根。根状茎的顶端先是通过鳞状叶的伸长而后通过节间的伸长穿出土壤表面。叶片的发育通常预示根状茎开始向上生长，并随之形成地上枝条，一旦叶片见光，该叶片下方的节间伸长便停止。随着生长点上叶片的形成，新根状茎也会形成。

3. 叶

叶是草坪草最主要的组成部分，是进行光合作用的主要器官。禾本科草坪草的叶交互生长于茎节，由叶片和叶鞘两部分组成。叶鞘或开裂或闭合，通常紧密抱茎，主要起保护腋芽和增强支持力的作用。刚刚形成的叶一般被相邻的老叶的叶鞘包裹，不易看到。在叶片和叶鞘的连接处内侧，靠近茎轴的一侧，具有膜质片状的结构，称为叶舌。叶舌可防止昆虫、水、病菌孢子等进入叶鞘内，也可使叶片向外伸展，借以多受阳光。与叶舌相对，在叶的外侧是淡绿色或微白色的叶环。叶环具有弹性和延展性，用以调节叶片的角度。草坪草叶片和叶鞘相连处的两侧边缘，叶片的基部延伸呈爪状附属物，称为叶耳。叶舌、叶环、叶耳是不同种类草坪草的重要识别特征。

4. 花

当草坪草生长发育到生殖阶段时，茎顶端的分生组织发生转化，从营养茎转变为花序轴。枝条上开花的部分称为花序。草坪草最常见的花序有穗状花序、圆锥花序和总状花序。穗状花序中所有的小穗都是无柄的，直接着生于花序的主轴上，如狗牙根、黑麦草、野牛草等。圆锥花序的主轴上分生着许多小枝，每个小枝自成一个总状花序，整体外形呈圆锥状，如早熟禾、高羊茅、剪股颖等。总状花序的小穗具柄着生于主轴上，如地毯草、钝叶草、美洲雀稗。

二、草坪草的分类

草坪草的种类繁多，特性各异，可以按下面方法进行分类。

1. 按植物学系统分类

按植物学系统分类是指以植物学上的形态特征为主要分类依据，按照科、属、种、变种来分类并给予拉丁文形式的命名。

（1）禾本科草坪草。禾本科草坪草植物占草坪草种类的90%以上，植物分类学上分属于羊茅亚科、黍亚科、画眉亚科。常见的有剪股颖属、羊茅属、早熟禾属、黑麦草属和结缕草属。

（2）非禾本科草坪草。凡是具有发达的匍匐茎，低矮细密，耐粗放管理，耐践踏，绿期长，易于形成低矮草皮的植物都可以用来铺设草坪，如莎草科植物、豆科植物等。

另外，还有其他一些植物，如匍匐马蹄金、沿阶草、百里香、匍匐委陵菜等也可用作建植园林花坛、观赏性草坪植物和造型。

2. 按气候与地域分布分类

按草坪草生长的适宜气候条件和地域分布范围可将草坪草分为暖地型草坪草和冷地型草坪草。

（1）暖季型草坪草。暖地型草坪草也称为夏型草，主要分布在长江流域及以南海拔较低的地区，最适生长温度为25～32℃。它的主要特点是冬季呈休眠状态，早春开始返青，复苏后生长旺盛。

（2）冷季型草坪草。冷地型草坪草也称为冬型草，主要分布于华北、东北和西北等长江以北的北方地区，最适宜生长的温度范围是15～25℃。它的主要特征是耐寒性较强，在夏季不耐炎热，春、秋两季生长旺盛。

3. 按草的叶片分类

草坪草按叶子宽度分类，可分为以下几种。

（1）宽叶型草坪草。叶宽在4 mm以上，其叶宽茎粗，生长强健，适应性强，适用于较大面积的草坪，如结缕草、地毯草、假俭草、竹节草、高羊茅等。

（2）细叶型草坪草。叶宽4 mm以下，其茎叶纤细，可形成平坦、均一、致密的草坪，但其生长势较弱，要求光照充足、土质条件良好，如剪股颖、细叶结缕草、早熟禾、细叶羊茅及野牛草。

4. 按草的植株高度分类

（1）低矮型草坪草。植株高度一般在20 cm以下，可以形成低矮致密草坪，具有发达的匍匐茎和根状茎，耐践踏，管理粗放，大多数采取无性繁殖，如野牛草、狗牙根、地毯草、假俭草等。

（2）高型草坪草。植株高度通常在20 cm以上，一般用种子播种繁殖，能在短期内形成草坪，适用于建植大面积的草坪。其缺点是必须经常修剪才能形成平整的草坪，如高羊茅、黑麦草、早熟禾、剪股颖等。

5. 按草坪的用途分类

根据草坪用途来分类，草坪草主要可分为观赏草坪草、游憩草坪草、固土护坡草坪草、点缀草坪草、运动场草坪草、机场草坪草和其他用途草坪草几类。

三、草坪草的选择原则

1. 根据气候和草坪草的适应性

根据不同地区的气候特征和主要草坪草的适应性，可以将我国各地区分成以下4个主要的气候带。

（1）寒冷带：年平均气温为-8～11 ℃，年平均降水量为100～1 070 mm，最冷月平均气温为-26～3 ℃，最热月平均气温为2～22 ℃，最冷月空气平均相对湿度为35%～77%，最热月空气平均相对湿度为30%～83%。范围在北纬34°～49°、东经74°～135°。主要地区有北京、新疆、宁夏、内蒙古、青海、甘肃、陕西、山西、黑龙江、吉林、辽宁、河北和河南北部。

适宜品种为冷季型草坪草种，如草地早熟禾、紫羊茅、高羊茅、多年生黑麦草、匍匐剪股颖。有些暖季型草种的地方品种，如日本结缕草、野牛草也能够适应该区域，但绿色期较短。

（2）过渡带：年平均气温为-1～18 ℃，年平均降水量为480～2 050 mm，最冷月平均气温为-9～9 ℃，最热月平均气温为9～34 ℃，最冷月空气平均相对湿度为

44%～84%，最热月空气平均相对湿度为70%～94%。范围在北纬25.5°～42.5°、东经102.5°～132°。主要地区有上海、山东、江苏、浙江、安徽、湖北、湖南、四川、重庆、河北和河南南部、江西和福建北部。

草种选择范围较广，但冷季型草坪草越夏困难，暖季型草坪草冬季枯黄。主要冷季型草坪草有高羊茅、草地早熟禾、匍匐剪股颖、多年生黑麦草。主要暖季型草坪草有结缕草（日本结缕草、沟叶结缕草、细叶结缕草）、狗牙根（普通狗牙根、杂交狗牙根）、海滨雀稗、假俭草。

（3）高原带：年平均气温为-14～20℃，年平均降水量为100～1 770 mm，最冷月平均气温为-23～-8℃，最热月平均气温为10～22℃，最冷月空气平均相对湿度为27%～80%，最热月空气平均相对湿度为33%～90%。范围在北纬23.5°～40°、东经73°40′～111°，主要地区有青藏高原和云贵高原。

多数冷季型和暖季型草坪草种都能适应，草种选择范围相对较广。主要冷季型草坪草有高羊茅、草地早熟禾、匍匐剪股颖、多年生黑麦草；主要暖季型草坪草有结缕草（日本结缕草、沟叶结缕草、细叶结缕草）、狗牙根（普通狗牙根、杂交狗牙根）等。

（4）热带亚热带：年平均气温为12.7～25℃，年平均降水量为888～2 370 mm，最冷月平均气温为4.4～21℃，最热月平均气温为16.3～35℃，最冷月空气平均相对湿度为68%～85%，最热月空气平均相对湿度为74%～96%。范围在北纬21°～25.5°、东经98°～119.5°。主要地区为广东、台湾、海南、广西、云南和福建南部。

主要暖季型草坪草种，如结缕草（日本结缕草、沟叶结缕草、细叶结缕草）、狗牙根（普通狗牙根、杂交狗牙根）、海滨雀、假俭草、地毯草、钝叶草等。

2. 根据草坪的功能选择

（1）园林景观草坪。园林景观草坪强调草坪的景观功能，以草坪的绿色，配合园林树木、花卉等共同形成园林景观。该类草坪要求色泽均一，美观，绿色期较长，草坪质地中等，草坪植株低矮、整齐，抗病虫害能力较强。北方地区可选用草地早熟禾单一品种，或选择色泽相近的品种进行混播。南方地区可选择结缕草、狗牙根、假俭草等单一草种建坪。

（2）休憩草坪。休憩草坪强调草坪的休闲娱乐功能。作为城镇居民进行休闲活动的主要场地，此类草坪对耐践踏性能要求较高。在建植时要采用沙质坪床，以防止过度践踏后引起的土壤板结；管理中要注意经常更换草坪的活动区域，在践踏损伤较严重的区域要及时封闭和加强肥水管理，促进损伤后草坪的及时恢复。北方地区可以选择高羊茅、草地早熟禾、多年生黑麦草进行混播；南方地区可选用结缕草、狗牙根、假俭草等单一草种建坪。

（3）林下草坪。树林的遮荫环境下，对草坪的耐阴性要求较高。因此，林下草坪一定要选择耐阴性较好的草坪草品种。北方地区可选择紫羊茅、细羊茅，或一些耐阴性较好的草地早熟禾和高羊茅品种；南方地区可选择沟叶结缕草、假俭草等草种。

（4）生态草坪。生态草坪养护管理粗放，草坪只需满足基本的水土保持功能，对其他功能要求极低。应选择根状茎或匍匐茎发达、根系较深、耐土壤薄、耐旱、耐涝能力较好的草种。北方地区可选择高羊茅、野牛草的一些品种；南方地区可选择结缕草、假俭草等草种。

3.根据养护水平选择

不同草坪草种对修剪、灌溉、营养的要求差异很大，在抗病、抗虫、与杂草的竞争能力等方面也有很大的差异。在草坪草种选择上要避免过分重视草坪的观赏效果而忽视草坪草种对养护管理的要求。匍匐剪股颖、草地早熟禾、多年生黑麦草、杂交狗牙根、海滨雀稗等草种对水、肥管理的要求较高，需要经常修剪才能达到较好的草坪质量。北方地区养护预算和管理水平较高的草坪可以选用匍匐剪股颖、草地早熟禾、多年生黑麦草等草种，而养护管理粗放的草坪则宜选择高羊茅、日本结缕草等一些品种；南方地区养护预算和管理水平较高的草坪可以选用杂交狗牙根、海滨雀等草种，而养护管理粗放的草坪则宜选择结缕草、假俭草、地毯草等草种。

四、草坪草的组合方式

1.单播

单播是指草坪建植只采用草坪草中的一个品种。其优点是可以保持草坪最高的纯度，在草坪质地、色泽、密度等质量指标上保持高度的均一性；其缺点是单一草种在抗性方面也比较单一，草坪整体抗逆性相对较差，一旦感染病害可引起草坪质量的严重下降。

结缕草、狗牙根、海滨雀稗、假俭草等暖季型草种与其他草种的兼容性较差，为了保持草坪的均一美观，一般采用单播建坪。

2.混播（种内、种间）

为了克服单播草坪抗逆性状单一的缺陷，常采取草种混播的建坪方式。混播有种内混播（Blend）和种间混播（Mixture）两种。种内混播是指同一草坪草种的不同品种按一定的比例进行混合播种建坪的方式。为了提高草坪整体的抗逆能力，常采用草地早熟禾中质地、色泽相近但遗传背景不同的几个品种进行混合播种。种间混播是指不同草坪草种按一定的比例进行混合播种建坪的方式。草地早熟禾质量较好，但出苗太慢，为了缩短成坪时间和提高草坪对杂草的竞争能力，在园林绿化草坪的建植中采用出苗快的多年生黑麦草与之混播的方法，在播种后先由多年生黑麦草快速成坪，在其后几年的生长与竞争过程中，逐渐过渡到草地早熟禾草坪。

3.冷、暖季型草坪植物的交播

狗牙根、海滨雀稗等暖型草坪草具有质量高、抗性强、养护管理相对简单等优点，因此是气候过渡带地区园林绿化的主要草坪草，但在冬季，这些暖季型草种的地上部分都要休眠，会出现一段枯黄期，为了维持草坪的绿色期，常于秋季在暖季型草坪上交播冷季型草坪草种，以实现草坪的四季常绿。园林绿地、体育运动场、高尔夫球道和发球台的狗牙根草坪或海滨雀稗草坪，一般10月左右直接交播多年生黑麦草种子，播种量控制在 $30 \sim 40 \text{ g/m}$；高尔夫球场果岭草一般交播粗茎早熟禾种子，播种量在 10 g/m^2 左右。

交播后灌溉，保持草坪湿润，$10 \sim 15$ 天新播种子即可出苗，在暖季型草枯黄前交播的多年生黑麦草或粗茎早熟禾已完全覆盖整个草坪，由冷季型草坪维持整个冬季的绿色；翌春，利用冷、暖型草坪对肥水要求的不同和抗热性之间的差异，控肥控水，促进暖季型草坪的返青生长，抑制冷型草坪的徒长，逐步实现两个草种之间的自然转换。

任务实施

一、任务布置

（1）发放任务清单。

（2）收集资料。

（3）线上学习。

二、现场绿化草坪草组合的调查

（1）以小组为单位，对当地绿化草坪进行识别与调查，并填写行草坪调查记录表（表5-1）。

表 5-1　绿化草坪调查记录表

班级_____　　　小组成员_____　　　调查时间_____

调查地点： 草种种类组合：			图片	
建群种特征				
根：	茎：	叶序：	叶脉：	叶长：
颜色：	分蘖类型：			
花：	花序：	花期：	小穗的形状、颜色：	
果实：	种子：			
生长环境：				
生长状况：				
配植方式：				
园林用途：				
备注：				

（2）调查草坪草种组合应用分析。

考核评价

评价项目	评价内容	配分	得分
知识考核	能够熟练说出禾本科草坪草根茎叶的特征	20	
	能够描述不同草坪草种的特点	20	
	能够说出禾本科及非禾本科草坪草在园林中的应用	15	
技能考核	调查报告撰写：内容全面，条理清晰	10	
	调查水平：准确描述不同草坪草的识别特点	20	
	能使用专业术语描述	5	

续表

评价项目	评价内容	配分	得分
素质考核	调查态度：积极主动，认真细致	5	
	调查报告：条理清楚，书写认真	5	
	总分	100	

 思考与练习

1. 根据根茎叶的特性选择草坪草种的标准有哪些？有何作用？
2. 列表写出当地广泛使用的禾本科草坪草及非禾本科草坪草的种类和观赏特性。

任务二　　冷季型草坪草的识别与应用

　　草坪是组成绿色景观、改善生态环境的重要物质基础，在园林绿地中应用极为广泛。如果园林是幅画，草坪就是其底色，与乔木、灌木与山水、亭廊的有机结合，构成和谐、稳定，能长期共存的景观。因此，在现代园林中草坪所起的作用越来越重要。

　　冷季型草坪草耐高温能力差，在南方越夏较困难，必须采取特别的养护措施，否则易衰老死亡。但某些冷季型草坪草，如高羊茅和草地早熟禾的某些品种可在过渡带或暖季型草坪区的高海拔季区生长。冷季型草坪草广泛分布于湿润、半湿润及半干旱的冷凉地区。某些种类的分布区可延伸至冷暖过渡带。大多数种类适用于 pH 值为 6.0～7.0 的微酸性土壤。目前，世界上常用的冷季型草坪草有 20 余种，分属于禾本科早熟禾属、黑麦草属、羊茅属和翦股颖属。

任务描述

　　冷季型草坪草生长的最适温度是 15～25 ℃，生长迅速，品质好，用途广，主要受季节性炎热的强度、持续期及旱环境的制约，适宜在我国黄河以北季区种植，耐寒性强，绿期长，一年中有春秋两个生长高峰期，夏季生长缓慢，并出现短期休眠现象。可用种子繁殖，也可用营养体繁殖，大多数种类种子产量高，抗热性差，抗病虫能力差，要求管理精细，使用年限较短。主要限制因子是干旱、高温及高温持续期。

　　调查当地城市主要街道、居民区、公园等园林绿地的草坪草种及应用情况，内容包括草坪草名录、形态特征、生态习性、栽培要点及其常见品种、养护要求等，完成草坪草调查报告。

任务分析

　　草坪草的种类资源极其丰富，形态各异，且随着草坪业的发展及园林绿化行业对草坪草的需求不断增加，还会不断产生新的草坪草。

完成该学习任务：一要掌握常见冷季型草坪草类型；二要能全面分析和准确掌握草坪草的名录、形态特征、生态习性、栽培要点及其常见品种、养护要求等；三要观察周围生态环境特点，分析选择最适合当地栽培与养护条件的草坪草种类及搭配方式。在完成该学习任务时，要注意选择外观较好的草坪，并依据草坪草种的形态特征、主要习性等要素，准确地识别景点的草坪草种，完成任务总结。

知识准备

常见冷季型草坪草种如下。

1. 草地早熟禾

【别名】六月禾、肯塔基蓝草、蓝草、光茎蓝草等

【学名】P. pratensis L.

【科属】禾本科早熟禾属

【产地及分布】原产欧洲、亚洲北部及非洲北部，后来传至美洲，现遍及全球温带地区，广泛分布于北温带冷凉湿润地区。在我国的黄河流域、东北、江西、新疆、内蒙古、甘肃、青海、宁夏、西藏等省区均有野生种，常见于河谷、草地、林边等处。

【形态特征】多年生草本植物。具根状茎，秆丛生，光滑，具 2～3 节，高为 30～60 cm；叶鞘疏松包茎，柔软，宽为 2～4 mm，密生于基部；叶尖呈明显的船形。圆锥花序开展，长为 13～20 cm，分枝下部裸露；小穗长为 4～6 mm，含 3～5 朵小花。外基盘具稠密的白色绵毛。种子细小，千粒重为 0.37 g。

【生态习性】喜光，耐阴，喜温暖湿润，又具有很强的耐寒能力。抗旱性差，夏季炎热时生长停滞，春秋生长繁茂。在排水良好、土壤肥沃的湿地生长良好。根茎繁殖力强，再生性好，较耐践踏。播种当年只个别植株抽穗开花，大部分植株第二年才抽穗开花结实。因此采种应在第二、第三年进行。在西北地区 3～4 月返青，11 月上旬枯黄。在北京地区 3 月上旬返青，11 月下旬枯黄。

【繁殖要点】可通过根茎来繁殖，但主要还是通过种子繁殖，是一种兼性无融合生殖植物。多倍体植物，染色体数目在 28～150 条，以 40～90 条为常见。建坪速度较黑麦草和高羊茅慢，但再生能力强需要中等或偏高的栽培密度，成坪后应进行合理的管理，高度一般为 2.5～5 cm。生长点低的品种能够忍受很低的修剪高度。在草坪建植和管理过程中要注意 N、P、K 的合理施用，在水分不足的条件下要经常灌水。草地早熟禾生长 4～5 年便会形成坚实的草皮层，会阻碍草坪的返青萌发，应通过切断根茎、穿刺土壤的方法进行更新或重新补播，避免草坪退化。草地早熟禾是目前草坪草中品种最多、品种间差异也最大的一个种，已商品化的品种有近 200 个，每个品种各具优点和缺点。由于许多品种具有广泛的选择性，可适应于各类环境条件和养护管理水平。

【园林用途】草地早熟禾生长年限较长，草质细软，颜色光亮鲜绿，绿期长，适合栽种于公园、医院、学校等公共场所作观赏草坪。其中一些品种性能优良，适用于建植高档草坪。常与黑麦草、高羊茅、匍匐紫羊茅等混播建立运动场草坪，效果良好。常见品种有

Midnight（午夜）、Opal（欧宝）、Baron（巴润）、Freedom（自由神）、Conni（康尼）、Bluemoon（蓝月）、Broadway（百老汇）、Eclipse（伊克利）、Merit（优异）、Glade（哥来德）、Nuglade（新哥来德）、Nassau（纳苏）、Rugby（橄榄球）、Bluebird（蓝鸟）、America（美洲王）等（图 5-2）。

图 5-2　草地早熟禾

2. 粗茎早熟禾

【学名】P. trivialis L.

【科属】禾本科早熟禾属

【产地及分布】原产北欧，为北半球广布种，我国大多数省区及亚洲其他国家，欧洲、美洲的一些国家均有分布。其适应的土壤及气候范围与草地早熟禾相似。由于该种茎秆基部的叶鞘较粗糙，故称之为粗茎早熟禾。

【形态特征】具有发达的匍匐茎，地上茎茎秆光滑，丛生，具 2～3 节，自然生长可高达 30～60 cm；叶鞘疏松包茎，具纵条纹；幼叶呈折叠形，成熟的叶片 V 形或扁平，柔软，宽为 2～4 mm，密生于基部；叶片有光泽，淡绿色，在中脉的两旁有两条明线；叶舌膜质，长为 0.2～0.6 mm，截形；无叶耳；托叶宽，裂形；具有开展的圆锥花序，长为 13～20 cm，分枝下部露；小穗长为 4～6 mm，含 3～5 朵小花；外基部具有稠密的白色绵毛；种子细小，千粒重为 0.37 g。

【生态习性】耐阴性强，适于在气候凉爽的遮阳地种植；根系浅，抗旱性差，在灌溉条件下，可在寒冷半干旱区和干旱区生长。在阳光充足的夏季会变成褐色，出现休眠，甚至枯死，春秋季生长繁茂。在潮湿肥沃的土壤中生长良好。根茎繁殖力强，再生性好，较耐践踏。但营养繁殖能力差。在山东地区 2 月中下旬返青，1 月上旬枯黄；在北京地区 3 月中下旬返青，11 月下旬枯黄；在西北地区 3—4 月返青，11 月上旬枯黄。

【繁殖要点】通常用种子直播的方法建坪。该方法成坪快，一般 40 天后即可成坪。播种量为 6～10 g/m²，一般推荐使用 7 g/m²。该种绿期较长，春秋两季生长较快，夏季阳光充足时会出现褐色。在生长旺季应注意修剪、施肥和浇水。如果管理不善或不良环境影响，粗茎早熟禾在生长 3～4 年后会逐渐衰退，出现成片的枯黄甚至秃斑。因此，在管理水平较低或环境条件有限的情况下，应注意补播。另外，也可用切断根茎和穿刺土壤的方法对草坪进行更新，以避免草坪的衰退。

【园林用途】质地细软，颜色光亮鲜绿，绿期长，具有较好的耐践踏性，广泛用于家庭、公园、医院、学校等公共绿地观赏性草坪高尔夫球场、运动场草坪，还可应用于堤坝护坡等设施草坪。但不宜在炎热、干旱条件下种植。常见的品种有 Dasas（达萨斯）、Sabre（塞博I）（图 5-3）。

图 5-3　粗茎早熟禾

3. 多年生黑麦草

【别名】宿根黑麦草、黑麦草

【学名】L. perenne L.

【科属】禾本科黑麦草属

【产地及分布】产于南欧、北非和亚洲西南部，广泛分布于世界各地的温带地区，是欧洲、新西兰、澳大利亚、北美的优良牧草种，后经改良成为一种优良的草坪草。它是黑麦草属中应用最广的草坪草。我国从英国引入，现已广泛栽培，是一种应用广泛的草坪草。

【形态特征】多年生疏丛型草本植物，具短根茎，茎直立，丛生，高 50～100 cm；叶鞘疏松，叶片窄长，边缘粗糙，深绿色，具光泽，富弹性；叶脉明显，叶舌膜质，幼叶折叠于芽中；穗状花序，稍弯曲，可达 30 cm，小穗扁平无柄，互生于穗轴两侧；每小穗含 3～10 朵可育小花，颖短于小穗，具 5 脉，边缘膜质；外稃披针形，无芒或有短芒；内稃与外稃等长，脊上有短纤毛；种子狭长，为 4～6 mm，成熟后易脱落，千粒重为 1.5 g。

【生态习性】喜温暖、湿润、较凉爽的环境。抗寒、抗霜而不耐热，耐湿而不耐干旱和瘠薄。在肥沃、排水良好的黏土中生长较好，在瘠薄的沙土中生长不良。春季生长快，夏季休眠，秋季亦生长较好。在 27 ℃气温下、土温 20 ℃左右生长最适。当气温低于 −15 ℃则会产生冻害，在北京地区越冬率只有 50% 左右。一般情况下，多年生黑麦草为短命的多年生草坪草，寿命只有 4～6 年，在精细管理下，则可延长寿命。其抗寒性较草地早熟禾弱，其抗热性不及高羊茅。它适宜的生长条件是冬季温和、夏季凉爽潮湿的气候。耐寒性差，在北京地区绿色期 250 天左右。

具有广泛的土壤适应性，以中性偏酸、肥沃的土壤为宜。耐践踏性强，但耐阴性差，不耐低修剪，修剪高度一般为 4～6 cm。

【繁殖要点】通常用种子繁殖。种子易发芽，在土壤水分充足的情况下 5～7 d 即可出苗。苗期需水量较高，易生杂草。由于该草分蘖力强，再生快，应注意修剪，特别是春秋两季，修剪次数多，应注意灌水和追肥。

【园林用途】种子较大，发芽迅速，生长快，成坪时间短。可用于多种用途的草坪建植，也可与其他草坪草种，如草地早熟禾混播，作为混播先锋草种，还可用作快速建坪、水土保持及暖地型草坪的冬季交播。除作为短期覆盖植被外，很少单独种植。一般情况下，多年生黑麦草在混播中种子重量不应超过总重量的 20%。该草还能抗二氧化硫等有害气体，故多用作工矿区特别是冶炼场地建造绿地的材料。常见的品种有 Manhattan（曼哈顿）、Derby（德比）、Premier（首相）、Ph.D（博士草）、Pickwick（匹克威）、All Star（全星）、Taya（托亚）、Figaro（费加罗）等（图 5-4）。

图 5-4　多年生黑麦草

4. 高羊茅

【别名】植物学上称为苇状羊茅

【学名】*F.arundinacea* Schreb.

【科属】禾本科羊茅属

【产地及分布】生长在欧洲的一种冷季型草坪草，适应许多土壤和气候条件，应用广泛。

【形态特征】叶卷叠式；叶鞘圆形，光滑或有时粗糙，开裂，边缘透明，基部红色，叶舌膜质，0.2～0.8 mm 长，截平；叶耳小而狭窄；叶片扁平，坚硬，宽为 5～10 mm，上面接近顶端处粗糙，各脉不鲜明，但光滑，有小凸起，基部也光滑，中脉明显，顶端渐尖，边缘粗糙透明；茎圆形，直立，粗壮，簇生。根颈显著，宽大，分开，常在边缘有短毛，黄绿色。花序为圆锥花序，直立或下垂，呈披针形到卵圆形，有时收缩；轴和分枝粗糙，每一小穗上有 4～5 朵小花。

【生态习性】高羊茅形成的草坪植株密度小，叶较其他冷地型草坪草宽且粗糙，叶脉明显，虽然有短的根茎，但仍为丛生型，很难形成致密草皮。其大多数新枝由根冠产生而不是根茎的节产生，根系分布深且广泛。适合在寒冷潮湿和温暖潮湿的过渡地带生长，在寒冷潮湿气候带的较冷地区，高羊茅易受到低温的伤害，耐寒性不及草地早熟禾。高羊茅对高温有一定的抵抗能力，在暂时高温下，叶子的生长受到限制，仍能保持颜色和外观的一致性。高羊茅是最耐旱和最耐践踏的冷地型草坪草之一，耐阴性中等，耐粗放管理。

虽然高羊茅具有广泛的土壤适应性，但最适宜于肥沃、潮湿、富含有机质的细壤，对肥料反应明显。最合适的 pH 值为 5.5～7.5，适应的范围是 4.7～8.5。与大多数冷地型草坪草相比，高羊茅更耐盐碱；高羊茅耐土壤潮湿，也可忍受较长时间的水淹，故常用于排水道旁草坪。

【繁殖要点】种子繁殖，建坪速度较快，但再生性较差。修剪高度为 4～6 cm，叶子质地和性状表现较好，当修剪高度低于 3 cm 时，不能保持均一的植株密度。每个生长月氮肥需要量是 0.51 g/m²。在寒冷潮湿地区的较冷地带，高氮肥水平会使高羊茅更易受到低温的伤害。高羊茅不会形成枯草层，抗旱性强。

【园林用途】高羊茅耐践踏，适宜的范围很广，但由于叶片粗糙，限制了其应用，一般用于运动场、绿地、路旁、小道、机场及其他低质量的草坪。由于其建坪快，根系深，耐贫瘠土壤，所以能有效地用于斜坡防固。高羊茅与草地早熟禾混播形成的草坪质量比单播高羊茅的高，高羊茅与其他冷地型草坪草种子混播时，其质量比不应低于 60%～70%。在温暖潮湿地带，高羊茅常与狗牙根的栽培种混用作一般的绿地草坪或与巴哈雀混播用作运动场草坪。常见的品种有 Houndog（猎狗）、Houndog 5（猎狗 5 号）、Arid（爱瑞）、Wrangler（园里）、Barlexus（凌志）、Finelawn（佛浪）、Cochise（可奇思）、Crossfire（交战）Crossfirel（交战代）、Vegas（织女星）、Millennium（千年盛世）、Eldorado（黄金岛）等（图 5-5）。

图 5-5　高羊茅

5. 紫羊茅

【别名】红狐茅、紫羊茅

【学名】*F.rubra L.*

【科属】禾本科羊茅属

【产地及分布】广泛分布于北美洲、欧亚大陆、北非和澳大利亚的寒冷潮湿地区，广布于北半球温寒地带。我国长江流域以北各省均有分布。

紫羊茅有弱匍匐型紫羊茅（*Frubra subsp.*trachophylla）、强匍匐型紫羊茅（*F. rubra subsp.* Rubra）和丛生型紫羊茅（*F.rubra subsp.*Commutata）三个亚种。前两者均为匍匐（型）紫羊茅，具有匍匐型的根状茎。但两者又有些不同：弱匍匐型紫羊茅的染色体 2n=42，根状茎弱而短小，扩展缓慢；强匍匐型紫羊茅的染色体 2n=56，根状茎较大，较粗，比其他细叶羊茅的扩展性强，但同草地早熟禾或匍茎翦股颖相比，它的蔓延能力不强。

【形态特征】多年生草本植物。须根发达，具横走根状茎，具短的匍匐茎；秆基部斜生或膝曲，丛生，分枝较紧密，高为 40 ～ 70 cm，基部红色或紫色；叶鞘基部红棕色并有枯叶纤维，分叶的叶鞘闭合。叶片线形，光滑柔软，对折内卷；圆锥花序，狭窄，稍下垂，长为 9 ～ 13 cm，每节有 1 ～ 2 分枝。小穗先端带紫色，含 3 ～ 6 朵小花。颖果长为 2.5 ～ 3.2 mm，宽为 1 mm，千粒重为 0.73 g。

【生态习性】适应性强，喜凉爽湿润气候。抗寒、抗旱、耐酸、耐贫瘠均较强，适合在温暖湿润气候的环境和海拔较高的干旱地区生长。其适应性和抗低温性均不如草地早熟禾和翦股颖。在 -30 ℃能安全越冬，pH 值为 5.5 ～ 6.5 的沙质土上生长良好。紫羊茅可形成细致、高密度、整齐的优质草坪。草色中绿至暗绿，地上部分生长速度比大多数冷地型草坪草慢，根状茎的生长速度比草地早熟禾慢。紫羊茅耐阴性比大多数冷地型草坪草强，在较弱的光强下生长良好，但耐湿性较高羊茅差。紫羊茅抗热性差，38 ～ 40 ℃时，植株枯萎，有休眠现象。春秋季生长较快。紫羊茅寿命长，耐践踏和低修剪，覆盖力强。修剪高度 2 cm 仍能恢复生长。该草春季返青早，秋季枯黄晚，在内蒙古呼和浩特市，4 月中旬返青，11 月中旬枯黄，绿色期 210 天左右。

【繁殖要点】以种子繁殖为主。再生性较强，建坪速度较快，介于草地早熟禾和多年生黑麦草之间。管理较粗放，在适宜的管理水平下能形成优质草坪。播种量为 14 ～ 17 g/m²，春秋季均可播种，但以秋播为好。苗期生长慢，应注意除草。紫羊茅属密丛型植物，数年后易形成草丘，给修剪带来困难，应注意通气。紫羊茅不耐淹，不能忍受土壤中的高湿度，但能忍耐高含磷量。灌水过多会引起质量下降。紫羊茅较易染病，如蠕虫菌病，比草地早熟禾更易受到斑腐病和雪腐病的侵害。

图 5-6　紫羊茅

【园林用途】紫羊茅是世界应用最广的冷地型草坪草之一。寿命长，色泽好，绿期长，耐践踏，耐遮阳，被广泛应用于机场、运动场、庭园、花坛、林下等处，是一种优良的观赏性草坪草。在寒冷潮湿地区，常与草地早熟禾混播，以提高草地早熟禾的建坪速度。常见的品种有 Shadeway（林荫）、Banner（旗帜）、Bargreen（巴绿）、Marker（马克）、Pernnille（派尼尔）、Oasis（绿洲）等（图 5-6）。

6. 匍茎剪股颖

【别名】本特草、四季青等。

【学名】*A.stolonifera* L.

【科属】禾本科剪股颖属

【产地及分布】分布于欧亚大陆的温带和北美。我国东北、华北、西北及江西、浙江等地区均有分布，常见于河边和较潮湿的草地。

【形态特征】多年生草本植物。茎基部平卧地面，具长达 8 cm 左右的匍枝，有 3 ～ 6 节，节上可生不定根，直立部分长为 20 ～ 50 cm；叶鞘无毛，稍带紫色；叶舌膜质，长圆形，长为 2.5 ～ 3.5 mm，背面微粗糙；叶片线形，两面具小刺毛，叶长为 5.5 ～ 8.5 cm，宽为 3 ～ 4 mm；圆锥花序呈卵状长圆形，带紫色，老后呈紫铜色，长为 11 ～ 20 cm，宽为

2.5 mm，每节具 2 ～ 5 分枝；小穗长为 2 mm，二颖等长；外顶端钝圆，基盘两侧无毛，内较外短；颖果卵形，长约为 1 mm，宽约为 0.4 mm，黄褐色。

【生态习性】匍茎剪股颖喜冷凉湿润气候，耐寒，耐热，耐瘠薄，耐低修剪，耐荫性也较强，但在阳光充足条件下生长更好。耐践踏性中等。匍匐茎横向蔓延能力强，能迅速覆盖地面形成密度很大的草坪。但由于匍匐茎节上不定根，入土较浅，因此耐旱性稍差。匍茎剪股颖对土壤要求不高，在微酸至微碱性土壤中均能生长，在雨多肥沃的土壤中生长最好，对紧实土壤的适应性很差。春季返青慢，北京地区绿期为 250 ～ 260 天。

【繁殖要点】易繁殖，种子和匍匐茎繁殖均可。由于种子小，播种前需精细整地，切忌覆土过深，以轻耙不见种子为宜，播种量为 3 ～ 5 g/m²，春、秋均可播种。出苗后应保证土壤湿度和注意除草。匍匐茎栽植或移栽成活的关键是保证土壤充足的水分。由于该草生长快，需水量较多，成坪后应注意浇水和修剪。

【园林用途】适应性强，用途广，品质好，耐盐碱性较强，耐频繁低修剪，可作为高尔夫球场果岭和发球区、草地网球场、草地保龄球场等精细草坪的首选草种，也可用于庭院、公园等养护水平较高的绿地。由于其具有侵占性很强的匍匐茎，因此很少与草地早熟禾等冷地型草坪草混播。常见的品种有 Penncross（攀可斯）、Putter（帕特）、Cato（开拓）、Seaside（海滨）、SR1091（天意）、Penneagle（宾州鹰）、SR1020、Cobra（眼镜蛇）、PenA-4、PennA-1 等（图 5-7、图 5-8）。

图 5-7　匍茎剪股颖　　　图 5-8　匍茎剪股颖

7. 细弱剪股颖

【学名】*A.tenuis* Sibth.

【科属】禾本科剪股颖属

【产地及分布】细弱剪股颖最初生长于欧洲，后来作为草坪草被引种于世界各地的寒冷潮湿地区。我国北方湿润带和西南一部分地区也适宜生长。

【形态特征】多年生草本植物，具短的根状茎。秆丛生，具 3 ～ 4 节，基部膝曲或弧形弯曲，上部直立，细弱，直径为 1 mm。叶鞘一般长于节间，平滑。叶片窄线形，质厚，长 2 ～ 4 cm，宽为 1 ～ 1.5 mm，干时内卷，边缘和脉上粗糙，先端渐尖。圆锥花序近椭圆形，开展。小穗紫褐色，穗梗近平滑。基盘无毛。

【生态习性】广泛应用于寒冷潮湿地区，抗低温性较好，但不如匍茎剪股颖。春季返青相对慢，抗热和抗水性较差，耐阴性一般，不耐践踏。低修剪下可形成细质、稠密的草坪。茎和叶子柔嫩、纤细，节间短而低，生长矮小，耐低修剪。须根系，生长较浅。适应的土壤范围较广，但在肥沃、潮湿、pH 值为 5.5 ～ 6.5 的细壤中生长最好。

【繁殖要点】主要以种子繁殖，建坪速度快，但再生性较差。高质量的草坪，需要较高的管理水平，修剪高度一般为 0.75 ～ 2 cm。若修剪高度较高，很易产生腐殖质层。其需水量比匍匐剪股颖少，但需要高水平的氮肥。每个生长月氮肥需要量为 1.95 ～ 4.87 g/m²。易染病，包括白斑病、褐斑病、雪腐病等，对除草剂敏感。

【**园林用途**】细弱剪股颖常与其他一些冷季型草坪草混播，用作高尔夫球道和发球台草坪，有时也用于高尔夫球场果岭及其他一些高质量、细质的草坪。常见的品种有 Highland（高地）（图 5-9）。

图 5-9　细弱剪股颖

8. 绒毛剪股颖

【**学名**】A. *canina* L.

【**科属**】禾本科剪股颖属

【**产地及分布**】最初生长于欧洲，后生长于新英格兰。我国的东北、华北潮湿地带和西南偏冷地区适宜绒毛剪股颖生长。

【**形态特征**】多年生草本植物，具根状茎。秆丛生，直立或基部鞘倾斜上升。叶鞘无毛，上部叶鞘短于节间。叶片线形，宽为 2～5 mm，长为 7～20 cm，扁平或先端内卷成锥状，微粗糙。圆锥花序尖塔形或长圆形，疏松开展。基盘两侧有长 0.2 mm 的短毛。

【**生态习性**】主要用于寒冷潮湿地区。能形成像针一样细的最细致的草坪。直立生长，植株密度很高，均一性强，可形成柔软绒毛状的草坪面。其匍匐茎的生长速度比细弱剪股颖慢，比匍茎剪股颖快，植株生长速度较慢，根部生长很快，但分解很慢。其抗热性和抗旱性比其他剪股颖强，耐荫性也较好，但其柔软、多汁的组织易于枯萎。适于酸性、贫瘠的土壤，但不适于通气性差、排水不好的土壤，土壤 pH 值以 5～6 为宜。

【**繁殖要点**】可种子繁殖，也可用匍匐茎进行营养繁殖。建坪速度较慢，再生能力差。在频繁的低修剪下（0.5～10 cm）能产生高质量的草坪。因其易于结芜枝层，故需定期少量施肥，氮肥需求量中等。易染病，应经常注意病虫害的防治。

【**园林用途**】主要用于低修剪的高尔夫球场果岭和保龄球球场以及其他细致的装饰性草坪。常见的品种有 Pennlawn（宾州草）、Ruby（鲁比）等。

9. 无芒雀麦

【**别名**】光雀麦、无草禾

【**学名**】*Bromus inermis* Leyss.

【**科属**】禾本科雀麦属

【**产地及分布**】分布于欧洲、西伯利亚和中国北部。北京地区绿期可达 250 天左右。

【**形态特征**】多年生草本植物，具横走根状茎，秆直立，疏丛生，高为 50～120 cm，无毛或节下具倒毛。叶鞘闭合，无毛或有短毛；叶舌长 1～2 mm；叶片扁平，长为 20～30 cm，宽 4～8 mm，先端渐尖，两面与边缘粗糙，无毛或边缘疏生纤毛。圆锥花序，长 10～20 cm，较密集，花后开展；分枝长达 10 cm，微粗糙，着生 2～6 枚小穗，3～5 枚轮生于主轴各节；小穗含 6～12 花，长为 15～25 mm；小穗轴节间长为 2～3 mm，生小刺毛；颖披针，具膜质边缘，第一颖长为 4～7 mm，具 1 脉，第二颖长 6～10 mm，具 3 脉；外稃长圆状披针形，长为 8～12 mm，具 5～7 脉，无毛，基部微粗糙，顶端无芒，钝或浅凹缺；内稃膜质，短于其外稃，脊具纤毛；花药长在 3～4 mm。颖果长圆形，褐色，长为 7～9 mm。花果期在每年的 7—9 月。

【**生态习性**】无芒雀麦喜肥性强，最适宜在黑钙土上生长，在经过改良的黄土、褐色土、棕壤、黄壤、红壤等地上也可获得较高的产量。无芒雀麦耐酸抗碱，对土壤的适应能力强，能顺利在 pH 值为 8.5、土壤含盐量为 0.3%、钠离子含量超过 0.02% 的盐碱地上生长。无芒雀麦耐寒性相当强，能忍受 −45 ℃ 的低温而安全越冬。无芒雀麦为喜光植物，通常在长日照条件下开花结实。年降水量 450 ～ 600 mm 的地方，均能满足水分要求。

【繁殖要点】种子繁殖。

【园林用途】在干旱、半干旱地区，管理粗放的地区，主要作为保土材料（图 5-10）。

图 5-10　无芒雀麦

10. 碱茅

【别名】铺茅、朝鲜碱茅

【学名】*Puccinelliadistans* (L.) Parl.

【科属】禾本科碱茅属

【产地及分布】分布于我国东北、华北及朝鲜。

【形态特征】秆直立，节着土生根，高可达 60 cm，径常压扁。叶鞘长于节间，平滑无毛，叶片线形，微粗糙或下面平滑。圆锥花序开展，小穗柄短；小穗含小花，颖质薄，顶端钝，具细齿裂，外稃具不明显脉，顶端截平或钝圆，内稃等长或稍长于外稃，脊微粗糙；颖果纺锤形，在每年的 5—7 月开花结果。

【生态习性】多年生草本植物，喜湿润，抗寒能力强，耐旱，对土壤要求不严，喜光，不耐阴，抗盐碱力很强。

【繁殖要点】采用播种或移栽草块的方式建坪。

【园林用途】园林中多用于湿地和盐碱地的保土植物或盐碱地的粗放管理草坪（图 5-11）。

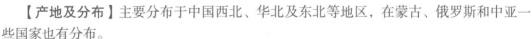

图 5-11　碱茅

11. 扁穗冰草

【别名】野麦子、冰草

【学名】*Agropyron cristatum* L.

【科属】禾本科冰草属

【产地及分布】主要分布于中国西北、华北及东北等地区，在蒙古、俄罗斯和中亚一些国家也有分布。

【形态特征】多年生草本植物，秆成疏丛，花序短柔毛或无毛；叶片质较硬而粗糙，常内卷，脉上密被微小短硬毛；花序较粗壮，圆形或两端微窄；小穗紧密平行排列成两行；颖舟形，具略短于颖体的芒；外秆被有稠密的长柔毛或显著地被稀疏柔毛，顶端具短芒；花果期在每年的 7—9 月。

【生态习性】耐寒性强，喜欢疏松、肥沃的沙质土壤，种子在零下的低温下也可发芽，根系发达。

【繁殖要点】主要通过根茎和种子繁殖。

【园林用途】在冷凉地区常用于不灌溉草坪和高尔夫球场、球道，故又被称为球道冰草。在管理中宜少施肥，控制灌溉，水分过多会抑制其生长（图 5-12）。

图 5-12　扁穗冰草

 **任务实施**

一、任务布置

（1）发放任务清单。

（2）收集资料。

（3）线上学习。

二、现场冷季型草坪草的识别与调查

（1）以小组为单位，对当地常见草坪草进行识别与调查，并填写行草种调查记录表（表 5-2）。

表 5-2　草坪草种调查记录表

班级 ＿＿＿＿＿＿＿＿＿＿　　小组成员 ＿＿＿＿＿＿＿＿＿＿　　调查时间 ＿＿＿＿＿＿＿＿＿＿

调查地点：				植物图片
草种：　　　科：　　　属：				
形态类型：（落叶乔木或常绿乔木）				
性状：　　　叶形：	叶序：	叶脉：	叶长：	
叶舌：　　　叶耳：	颜色：	分蘖类型：		
花：　　　花序：	花期：	小穗的形状、颜色：		
果实：　　　种子：				
生长环境：				
生长状况：				
配植方式：				
观赏特性：				
园林用途：				
备注：				

（2）调查草坪草种应用分析。

考核评价

评价项目	评价内容	配分	得分
知识考核	能够熟练说出 4 种以上的冷季型草坪草的特征	20	
	能够描述不同冷季型草坪草种的特点	20	
	能够说出冷季型草坪草在园林中的应用	15	
技能考核	调查报告撰写：内容全面，条理清晰	10	
	调查水平：准确描述不同草坪草的识别特点	20	

续表

评价项目	评价内容	配分	得分
技能考核	能使用专业术语描述	5	
素质考核	调查态度：积极主动，认真细致	5	
	调查报告：条理清楚，书写认真	5	
	总分	100	

 思考与练习

1. 草坪草种选择的标准要求有哪些？有何作用？
2. 列表写出当地广泛使用草坪草的种类和观赏特性。

任务三 暖季型草坪草的识别与应用

　　暖季型草坪草也称为暖地型草坪草，主要分布在我国长江流域以南的广大地区，耐热性好，一年仅有夏季一个生长高峰期，春、秋季生长缓慢，冬季休眠。生长的最适温度是26～32 ℃。抗旱、抗病虫能力强，管理相对粗放，绿色期短。暖季型草坪草包括画眉草亚科和黍亚科，目前常用的暖季型草坪草种有十几个，分别属狗牙根属、结缕草属、假俭草属、雀稗属、地毯草属、野牛草属、钝叶草属、画眉草属、狼尾草属。

 任务描述

　　不同暖季型草坪草的耐寒性不同，分布的地区也不同。结缕草属和野牛草属是暖季型草坪草中较为耐寒的品种，因此，它们中的某些品种能向北延伸到寒冷的山东半岛和辽东半岛。细叶结缕草、钝叶草、假俭草抗寒性差，主要分布于我国的南方地区。由于暖季型草坪草只有少数种可获得种子，因此主要进行营养繁殖。此外，暖季型草坪草长势和竞争力强，群落一旦形成，其他草种很难侵入。因此，暖季型草坪草多单播，很少混播。

　　调查当地城市主要街道、居民区、公园等园林绿地的草坪草及应用情况，内容包括草坪草名录、形态特征、生态习性、栽培要点及其常见品种、养护要求等，完成草坪草调查报告。

 任务分析

　　草坪草的种类资源极其丰富，形态各异，且随着草坪业的发展、园林绿化行业对草坪草的需求不断增加，还会不断产生新的草坪草。

完成该学习任务：一要掌握常见暖季型草坪草类型；二要能全面分析和准确掌握草坪草的名录、形态特征、生态习性、栽培要点及其常见品种、养护要求等；三要观察周围生态环境特点，分析选择最适合当地栽培与养护条件的草坪草种类及搭配方式。在完成该学习任务时，要注意选择外观较好的草坪，并依据草坪草的形态特征、主要习性等要素，准确地识别该景点的草坪草，完成任务总结。

📋 知识准备

常见暖季型草坪草种如下。

1. 野牛草

【别名】水牛草

【学名】B.*dactyloides* Engelm.

【科属】禾本科野牛草属

【产地及分布】是生长于北美大平原半干旱、半潮湿地区的过渡型草坪草，以前作为牧草，是草原上的优势种之一。现在人们已逐渐把它用作美化环境而又不需过分维护的草坪草。

【形态特征】多年生草本植物，具匍匐茎，秆高为 5～20 cm，较细弱；叶线形，长为 10～20 cm，宽为 1～2 mm，两面疏生细小柔毛，叶色绿中透白，色泽美丽：雌雄同株或异株，雄花序 2～8 枚，长为 5～15 mm，排列成总状；雄小穗含 2 花，无柄，成两行覆瓦状排列于穗轴的一侧；雌小穗含 1 花，大部分 4～5 枚簇生，呈头状花序，花序长为 7～9 mm。种子成熟时，通常自梗上整个脱落。

【生态习性】适应性强，喜光，也能耐半荫，耐土壤瘠薄。具较强的耐寒能力，在我国东北、西北，有积雪覆盖下，在 -34 ℃能安全越冬。耐热性极强，极耐旱，在 2～3 个月严重干旱情况下，仍不致死亡。该草与杂草竞争力强，具一定的耐践踏能力。在北京，其表现为：返青迟，枯黄较早，绿色期 180～190 天；在新疆乌鲁木齐市种植，绿色期 160 天左右。耐碱性强，也耐水淹，但不耐阴。适宜的土壤范围较广，但最适宜的土壤为细壤。

【繁殖要点】种子和营养繁殖均可。由于结实率低且硬实率较高，目前各地多采用分株繁殖或匍匐茎埋压。春秋季繁殖栽培较好，栽后立即浇水，保证土壤湿度，促进恢复生长。由于野牛草再生快，生长较慢，植株也较高，为保持平整美观，全年可修剪 3～5 次，修剪后高度 2～5 cm。施氮肥可促使野牛草密度增大，色泽变深，每次可施尿素 15～20 g/m²。野牛草耐旱，浇水不宜过多。

【园林用途】最适合种植于温暖和过渡带的半干旱、半潮湿地区。因其具有植株低矮、枝叶柔软、较耐践踏、繁殖容易、生长快、养护管理简便、抗旱、耐寒等优点，目前已成为我国北方栽培面积较大的一种草坪草，广泛用作工矿、企业、公园、机关、学校、部队、医院及居住地绿化覆盖材料。由于它抗二氧化硫、氟化氢等污染气体的能力较强，因此也是冶炼、化工等工业区的环境保护绿化材料。同时，由于耐旱性强，管理粗放，非常适宜作为固土护坡的材料。

野牛草的缺点是绿期较短，其雄花伸出叶层之上，破坏草坪绿色的均一性，耐阴性差，不耐长期水淹，枝叶不甚稠密，耐践踏性差等，这在一定程度上影响了其利用的广泛性（图5-13～图5-15）。

图5-13　野牛草

图5-14　野牛草花序

图5-15　野牛草种子

2. 结缕草

【别名】老虎皮、日本结缕草、宽叶结缕草、锥子草、崂山草、延地青

【学名】*Zoysia japonica*

【科属】禾本科结缕草属

【产地及分布】原产于亚洲东南部，主要分布于朝鲜和日本的温暖地带，北美有引种栽培。我国北起东北的辽东半岛、南至海南岛、西至陕西关中等广大地区均有野生种，其中胶东半岛、辽东半岛分布较多。

【形态特征】多年生草本植物，具发达的根状茎，植株低矮，较粗糙。属深根性植物，须根深入土层一般可达30 cm以上。具坚韧的地下根状茎及地上匍匐枝，于茎节上产生不定根。植株直立，茎高为12～15 cm；茎叶密集，叶片革质，常具柔毛，长为3 cm，宽为2～3 mm，具一定的韧度，叶舌不明显；总状花序穗状，长为2～4 cm，宽为3～5 mm。小穗卵圆形，呈紫褐色。种子细小，成熟后易脱落，外层附有蜡质保护物，不易发芽，播种前需进行处理，以提高发芽率。

【生态习性】适应性强，长势旺盛，喜光，抗旱，抗热和耐贫瘠。抗寒性在暖地型草坪草中表现得较突出，但不能在夏季太短或冬季太冷的地方生存。喜深厚、肥沃、排水良好的沙质土壤。在微碱性土壤中亦能正常生长。入冬后草根在-30～-20 ℃能安全越冬，气温20～25 ℃生长最盛，30～32 ℃生长速度减弱，36 ℃以上生长缓慢或停止，但极少出现夏枯现象。在10～12.8 ℃开始褪色，整个冬季保持休眠。秋季高温而干燥，可提早枯萎，使绿色期缩短。日本结缕草易于形成单一连片、平整美观的草坪，抗杂草能力强。由于根茎发达，叶片粗而坚硬，故耐磨，耐践踏，且抗病虫害能力强，但不耐阴，匍匐茎生长较缓慢，蔓延能力较一般草坪草差。因此，草坪一旦出现秃斑，则恢复较慢。

【繁殖要点】种子和营养繁殖均可。由于种子具有休眠特性并硬实，播前需进行处理，可采用湿沙层积催芽或用5%的氢氧化钠溶液浸种。

前者做法是，将所需播种的种子装入纱布袋内，投入冷水缸浸泡48～72 h，每隔24 h换一次水。浸后用两倍于种量的沙拌匀，沙子湿度保持在70%。取40 cm口径的花盆，先在其底部铺上 8 cm 厚的河沙，再将混沙种子装入盆内摊平，然后在上面覆上 8 cm 厚的沙，随即移到室外用草帘覆盖。5 天后，将处理的种子移到室内。在日均温 24 ℃、湿度 70% 下，每天翻拌 3 ～ 4 次。通常经 12 ～ 30 天后，均可出芽。然后用条播法播种，覆沙厚为 0.3 cm。

氢氧化钠溶液浸种法是，用 5% 氢氧化钠溶液浸种 24 h，再用清水洗净，晒干后播种，10 天以上发芽，20 天以上出齐。结缕草播种期，北方地区在 5 月中旬前后，南方在 6 月梅雨初期。播种量为 6 ～ 9 g/m²。

营养繁殖一般采用分株繁殖，在生长季内均可进行。成行栽种，行距为 5 ～ 20 cm，3 ～ 4 个月可覆盖地面。也可将长为 20 cm、宽为 20 cm、厚为 5 ～ 6 cm 的草皮块，按 2 ～ 3 cm 的间距铺设。草皮块铺设前应按要求做好坪床准备工作。也可用短枝进行繁殖。

【园林用途】需要中等养护水平，其植株低矮，坚韧耐磨，耐践踏，弹性好，在适宜的土壤和气候条件下，可形成致密、整齐的优质草坪。广泛应用于温暖潮湿和过渡地带，在园林、庄园、高尔夫球场、机场、运动场和水土保持地广为利用，是较理想的运动场草坪草和较好的护坡植物（图 5-16）。

图 5-16　结缕草

3. 沟叶结缕草

【别名】马尼拉草、半细叶结缕草

【学名】*Zoysia matrella*

【科属】禾本科结缕草属

【产地及分布】广泛分布于亚洲和大洋洲的热带和亚热带地区，中国分布于广东、广西、福建及长江流域各省，部分地区正在推广应用。

【形态特征】多年生草本植物，具根状茎和匍匐茎，须根细弱。茎秆直立，基部节间短，每节具 1 至数个分枝。叶片质硬，内卷，叶正面有沟，无毛，叶片质地比结缕草细，叶宽为 1 ～ 2 cm，顶端尖锐，叶鞘长出节间，除鞘口有长柔毛外，其余部位无毛；叶舌短而不明显，顶端撕裂为短柔毛。总状花序呈细柱形，长为 2 ～ 3 cm，宽约为 2 mm；小穗卵状披针形，黄褐色或略带紫褐色。颖果长卵形，棕褐色，长约为 1.5 mm。

【生态习性】较耐寒、旱，喜高温、高湿，耐瘠薄，比较耐盐。沟叶结缕草的耐寒性和低温下的保绿性介于结缕草与细叶结缕草之间；颜色深绿，质地适中，适宜生长在深厚、肥沃、排水良好的土壤中。草层较厚，根状茎基部直立，且具有一定的韧性与弹性，较耐践踏。

【繁殖要点】主要采用营养繁殖的方法建坪。采用匍匐茎繁殖，约 2 个月便可成坪。生长季节应注意修剪，修剪后高度为 3.0 ～ 4.5 cm。沟叶结缕草易产生枯草层，成坪后应注意打孔通气。由于沟叶结缕草草层密集，使土层表面容易毡化，严重的情况下可采用间铲（间隔 50 cm）的方法更新草坪。沟叶结缕草具有较强的蔓延性和竞争力，所以杂草危害相对较少，容易养护管理。成熟草坪细密，易感染锈病和褐斑病，要注意预防。

【园林用途】与细叶结缕草相比，沟叶结缕草具有较强的抗病性，植株较低矮，质地比结缕草细，因而得到广泛应用。可用于温暖、潮湿和过渡地带的专用绿地、庭园草坪，以及运动场和高尔夫球场与机场等使用强度大的地方，也可用于护坡草坪（图5-17）。

4. 细叶结缕草

【别名】台湾草、天鹅绒草、朝鲜茎草、高丽芝草

【学名】*Z.tenuifolia Willd.* ex Trin.

【科属】禾本科结缕草属

【产地及分布】中国长江流域以南，北至郑州、石家庄、西安、

图5-17 沟叶结缕草

北京广泛种植，是铺建草坪的优良禾草。因草质柔软，尤宜铺建儿童公园，是中国南方应用较广的细叶型草坪草种。

【形态特征】细叶结缕草属于多年生禾草。具细而密集的根茎和节间很短的匍匐枝，直立茎基部膝曲，纤细，高为5～10 cm。叶片丝状内卷，叶长为2～6 cm，叶宽为0.5～1.0 mm，叶面疏生柔毛，线形或针状叶纤细，柔软，密集，翠绿，能形成天鹅绒似的草毯，因而美称天鹅绒草。叶鞘无毛，紧密裹茎；叶舌膜质，长约为0.3 mm，顶端碎裂为纤毛状，鞘口具丝状长毛；总状花序顶生，小穗窄狭，黄绿色，有时略带紫色。

【生态习性】细叶结缕草喜光，不耐阴，耐高温且耐旱性强，但耐湿、耐寒性较结缕草差，也是结缕属中不耐寒的种类。与杂草的竞争力强，一旦成坪，杂草很难入侵。夏秋生长旺盛，能形成单一草。喜生于雨量充沛、空气湿润的环境。对土壤要求不严格。

【繁殖要点】细叶结缕草不易采收到大量种子，多利用营养体建坪。繁殖可采用草块散铺，其草块用量可根据管理水平而定，一般为1 m² 草块可栽植8～10 m² 圃地。还可用营养体茎段条播或撒播。方法是将取自草皮切断的匍匐茎，置于疏松泥土上，保持一定湿度，约7天后能生根出芽，达到繁殖建坪的目的。

该草较为低矮，茎密集生长，杂草较少，因而剪草次数可大大减少，但必须修剪，若不修剪，将产生球状坪面凸起，降低草坪质量。因此，在生长旺盛的夏秋适当修剪1次，以草坪高度不超过6 cm 为宜。

【园林用途】细叶结缕草茎叶细柔，低矮平整，杂草少，具一定弹性，易形成草皮，故常栽培于花坛内作封闭式花坛草或塑造草坪造型供人观赏。又因耐践踏，也用于运动场或医院、学校、公园、宾馆、工厂的专用绿地，作开放草坪。细叶结缕草除用来建专用草坪外，也常植于堤坡、水池边、假山石缝等处，用于绿化、固土护坡，防止土壤流失，是中国应用范围较广的优良草种之一（图5-18）。

图5-18 细叶结缕草

5. 中华结缕草

【别名】老虎皮草、青岛结缕草

【学名】*Z.sinica Hance*

【科属】禾本科结缕草属

【产地及分布】分布于辽宁、河北、山东、江苏、安徽、浙江、福建、广东、台湾等省；生长于海边沙滩、河岸、路旁的草丛中。日本也有分布。在野生状态下，其与结缕草共生。

【形态特征】中华结缕草属于多年生禾草。具横走根茎。茎秆直立，高为13～30 cm，

茎部常具宿存枯萎的叶鞘。叶片淡绿色或灰绿色，背面色较淡，长可达 10 cm，宽为 1～3 mm，无毛。质地稍坚硬，扁平或边缘内卷。叶鞘无毛，鞘口具长柔毛；叶舌短而不明显：总状花序穗形，小穗排列稍疏，黄褐色或略带紫色。

【生态习性】中华结缕草比结缕草更耐热，分布较靠南。其他方面与结缕草基本相同。

【繁殖要点】应注意经常修剪，其他方面与结缕草基本相同。

【园林用途】在生产中，由于采收时很难区分结缕草和中华结缕草，通常将结缕草和中华结缕草这两个混合种植在一起。中华结缕草较结缕草密度大。由于中华结缕草叶片较窄，耐践踏性好，可作为运动场、庭园、宅园草坪（图 5-19）。

图 5-19　中华结缕草

6. 普通狗牙根

【别名】百慕大草、绊根草（上海）、爬根草（南京）

【学名】*C.dactylon* (L.) Pers.

【科属】禾本科狗牙根属

【产地及分布】分布最广的暖季型草坪草之一。分布于中国华南、华中、西南、西北和华北南部，黄河以南有野生种自然分布。多生于村庄附近、道旁河岸、荒地山坡。

【形态特征】普通狗牙根属于多年生禾本科草本植物，具根状茎和匍匐茎，节间长短不等。秆细而坚韧，下部匍匐地面蔓延伸长，节上常生不定根及产生分枝，直立部分高 10～30 cm，直径为 1.0～1.5 mm，秆壁厚，光滑无毛。叶片线条形，长为 1～12 cm，宽为 1～3 mm，先端渐尖，通常两面无毛。叶鞘微具脊，无毛或有疏柔毛，鞘口常具柔毛；叶舌短小，为纤毛状。穗状花序，小穗灰绿色或带紫色。

【生态习性】耐荫性很差，耐践踏；改良后的草坪型的狗牙根可形成苗壮的、侵袭性强的高密度草坪，叶宽由中等质地到很细的质地不等。该草喜光，能经受住初霜。因根系较浅，且少须根，所以夏日不耐干旱，在烈日下有时部分叶枯黄。普通狗牙根随着秋季温度的降低而褪色，并在整个冬季进入休眠状态。叶和茎内色素的损失使狗牙根呈浅褐色。当土壤温度低于 10 ℃时，普通狗牙根便开始褪色，当春天高于这个温度时颜色才逐渐恢复。普通狗牙根适应的土壤范围很广，但最适于生长在排水较好、肥沃、较细的土壤中，要求土壤 pH 值为 5.5～7.5。

【繁殖要点】普通狗牙根可用播种或匍匐茎进行繁殖。普通狗牙根是唯一的可用种子来建坪的狗牙根品种。播种宜春播。由于该草种细小，因此，整地须精细，坪床应紧实。种子宜与适量土混合后再撒播，如气候干旱，应再行镇压以促进发芽。普通狗牙根种子不易收得，因此，多采用无性埋根法进行繁殖。普通狗牙根是生长最快、建坪最快的暖季型草坪草，再生力很强，需要中等到较高的养护水平。耐低修剪，为保持草坪的质量，需频繁修剪。夏季修剪次数较少。由于根系较浅，干旱时应适当增加浇水次数。

【园林用途】我国华北、西北、西南及长江中下游等地区广泛用该草建草坪，或与其他暖地型草坪草及冷地型草坪草（如高羊茅）等混合铺设球场。普通狗牙根极耐践踏，再生力极强，广泛应用于庭院、校园绿地、高尔夫球场高草区、体育场，可以形成低矮、致密的草坪。普通狗牙根覆盖力强且耐粗放管理，也是很好的固土护坡材料。另外，秋季在其草坪中可补播（交播）冷地型草坪草，如黑麦草、紫羊茅等来缓和因冬季休眠而造成的褪色（图 5-20）。

图 5-20　普通狗牙根

7. 杂交狗牙根

【别名】名天堂草、杂交百慕达。

【学名】*Cynodon dactylon x Cynodon transvadlensis*

【科属】禾本科狗牙根属

【产地及分布】是由普通狗牙根与非洲狗牙根（*Cynodon transvadlensis*）杂交后，在其了　代中分离筛选出来的草坪草，该名称是美国杂交狗牙根梯弗顿（tifton）系列的简称。

【形态特征】杂交狗牙根具有根状茎和发达的匍匐茎。叶质地由普通狗牙根的中等质地到非洲狗牙根的很细的质地不等，颜色由浅绿色到深绿色，花序长度为普通狗牙根的 1/2～2/3。该种除保持了狗牙根原有的一些优良性状外，还具有根茎发达、叶丛密集、低矮、根状茎节间短等特点。

【生态习性】杂交狗牙根耐寒性弱，冬季易褪色，耐频繁的低修剪。践踏后易于恢复。在适宜的气候和栽培条件下，能形成致密、整齐、密度大、侵占性强的优质草坪。中国长江流域以南地区绿色期为 280 天。病虫害少，且能耐一定的干旱，十分适合在华中地区生长。

【繁殖要点】杂交狗牙根没有商品种子出售，只能采用营养繁殖。国外可直接向草种供应商购买商品化种茎。国内多采用草皮建坪，方法是，将草皮切碎后撒放坪面，覆土压实后浇水，保持湿润。由于其匍匐枝生长力极强，因此繁殖系数较高，易于推广。杂交狗牙根质地细密，需精细养护才能保持坪面平整美观。尤其夏秋生长旺盛期，必须定期修剪，以便控制匍匐茎向外延伸。由于修剪次数的增加，应及时增施氮肥和补充所需水分。

【园林用途】杂交狗牙根主要用在高尔夫球场果岭、球道、发球台及足球场、草地网球场等场地中。此外，也可用于部分高养护管理水平的公共绿地中。目前，中国广泛使用的杂交狗牙根品种有天堂 419、天堂 328、矮生狗牙根等（图 5-21）。

图 5-21　杂交狗牙根

8. 假俭草

【别名】苏州草、蜈蚣草、铺地拉草。

【学名】*E.ophiuroides*（Munro）Hack.

【科属】禾本科蜈蚣草属

【产地及分布】原产于亚洲热带、亚热带，中国广东、广西、福建、台湾、香港、湖南、江西、江苏、浙江等省（自治区）均有大量分布与栽培利用。

【形态特征】假俭草属于多年生草本植物，植株低矮，具贴地生长的匍匐茎，看上去像爬行的蜈蚣，故称"蜈蚣草"。秆自基部直立，株高为 10～15 cm。叶片扁平，宽为 3～5 mm，光滑，基部边缘具绒毛，顶端钝形；叶鞘压缩，并略突起，光滑，基部有灰色纤毛；叶舌膜状，长为 0.5 mm，叶舌顶部有纤毛，这是鉴别假俭草的重要特征；叶环连续，较宽；无叶耳。总状花序穗状。花穗较其他草多，花期一片棕黄色，十分壮观。

【生态习性】假俭草适于温暖潮湿气候的地区。喜湿润，耐干旱，适于年降雨量

800 mm 以上的地带。在长期干旱无雨的环境下，叶片卷折呈干枯状，但水分充足时即可恢复生长。喜温，耐热，但耐寒性较差，介于狗牙根和钝叶草之间。喜光，较耐阴。假俭草叶片肥壮，质地坚韧，生长迅速，再生能力强，耐践踏，耐修剪。它耐瘠薄，对土壤要求不严。

【繁殖要点】假俭草既可种子繁殖，又可进行营养体建坪。假俭草能够利用种子直播。草种采集后，翌春播种，发芽率高。由于种子直播建坪速度慢，因此主要靠营养体建坪。营养繁殖可采用散铺草皮块、匍匐茎扦插、匍匐茎撒播等方法。假俭草需要低强度的管理，作为庭园草坪草，其修剪高度为 2.5 ～ 5.0 cm，低于 2.5 cm 会使植株密度变小。

【园林用途】假俭草是中国南方的优良草坪草种。植株低矮，茎叶密集，成坪后平整美观，绿期长，可用以建植各类运动场草坪、园林游憩草坪、观赏草坪、飞机场草坪、水土保持草坪、工矿企业抗 SO_2 和灰尘污染草坪等。因其生长较慢，耐践踏性相对较高，故一般不用作运动场草坪（图 5-22）。

图 5-22　假俭草

9. 巴哈雀稗

【别名】百喜草、美洲雀稗、金冕

【学名】*P.notatum* Flugge

【科属】禾本科雀稗属

【产地及分布】原产南美东部的亚热带地区。它用于草坪的地域有限，但在低的养护强度下，巴哈雀稗是优质的暖季型草坪草。

【形态特征】多年生草本植物。具粗壮、木质、多节的根状茎。秆密丛生，高约为80 cm。叶鞘基部扩大，长为 10 ～ 20 cm，长于其节间，背部压扁成脊，无毛；叶舌膜质，极短，紧贴叶片基部有一圈短柔毛。小穗卵形，平滑无毛，具光泽。总状花序，具2 ～ 3 个穗状分枝。

【生态习性】巴哈雀稗茎秆直立，叶片坚硬，边缘有明显的茸毛，其叶片是草坪草中最宽的叶片之一，形成的草坪较粗糙。它靠短的、扁平的匍匐茎和根茎蔓生，根系粗糙，分布广而深。适于在温暖潮湿的气候区生长，不耐寒，低温保绿性较好。耐阴性强，极耐旱，干旱过后其再生性很好。适应的土壤范围很广，从干旱沙壤到排水差的细壤均可生长，尤其适于海滨地区的干旱、粗质、贫瘠的沙地，适宜的 pH 值为 6.0 ～ 7.0。耐盐，但耐淹性不强。

【**繁殖要点**】因巴哈雀稗盛产种子，故主要采用种子繁殖。易产生许多大的种子柄。未经处理的种子发芽率很低，用酸或热处理可提高发芽率。种子发芽后成坪速度快。养护管理粗放，对病虫害抵抗性强，修剪高度为 4～5 cm。氮肥需要量为每个生长月 0.5～2 g/m²。秋季的氮肥尤其重要，可以减少芜枝层的积累。

【**园林用途**】巴哈雀稗形成的草坪质量较低，故适用于粗放管理、土壤贫瘠的环境，它尤其适用于在路旁、机场等低养护水平的草坪（图 5-23、图 5-24）。

图 5-23　巴哈雀稗 1　　　　　图 5-24　巴哈雀稗 2

10. 海滨雀稗

【**学名**】*P. vaginatum* Swartz

【**科属**】禾本科雀稗属

【**产地及分布**】生长于南北纬 30° 之间的沿海地。曾作为饲料、草坪和改良受盐碱影响的土壤的草种，世界各地曾广泛引种。现广泛分布于热带和亚热带地区，南非、澳大利亚的海滨和美国从得克萨斯州至佛罗里达州的沿海都有野生，能适应各种恶劣的环境。

【**形态特征**】多年生草本植物，具匍匐茎和根状茎，叶片颜色深绿，宽度变化很大，总状花序，穗形 2 枚，延伸长度为 10～65 mm。

【**生态习性**】主要分布在热带和亚热带地区，生长于海滨，性喜温暖。其抗寒性比狗牙根差。在地温 10 ℃时能打破冬眠，并且返青比狗牙根提前 2～3 周。耐阴性中等，耐水淹性强，在遭受涨潮的海水、暴雨和水淹或水泡较长时间后，仍然正常生长。耐热和抗旱性强。耐瘠薄土壤，从干旱的沙地到湿渍的黏地，适应的土壤范围很广，特别适合于海滨地区和含盐的潮沙湿地、沙地或潮湿的沼泽地、淤泥地。各品种适应的土壤 pH 值范围可达 3.6～10.2。具有很强的抗盐性，被认为是最耐盐的草种之一，甚至可以用海水进行灌溉。抗病虫害，但在养护过程中也需要除草、灭虫、防病等管理措施。

【**繁殖要点**】海滨雀稗根茎粗壮，密集，根系深，抗旱能力强，而且能利用海水直接喷灌。长期被海水浇灌的草，病虫害发生的次数和施肥量都比淡水低很多，这非常有利于节水和降低成本。此外，再循环水、生活污水、混合的非饮用水等都可用作喷灌水。其施肥量与冷地型草坪草相近，夏季少量，春秋季适量，初冬重施。耐频繁低修剪，修剪高度为 5～20 mm。在每年的春季和秋季，凉爽的夜晚容易发生银元斑病，可采用梳草、划草等工程措施降低草的密度，以减少发病率。

【**园林用途**】因耐频繁低修剪，修剪高度可至 3～5 mm，可以用于高尔夫球场的果岭、球道、发球台和绿地区。可种植在海滨的沙丘地区，用于水土保持，也常用作受盐碱破坏的土地和受潮汐影响土壤的改良植物（图 5-25）。

11. 钝叶草

【学名】 *S.secundatum*（Walt.）Kuntze.

【科属】 禾本科钝叶草属

【产地及分布】 原产印度，是一种使用较广泛的暖季型
草坪草，近几年来中国南方已有引种，坪用性状良好。

【形态特征】 钝叶草属于多年生禾草，直立茎和匍匐茎
扁平。幼叶折叠式，叶片常扁平，长为 5 ～ 17 cm，宽为

图 5-25　海滨雀稗

4 ～ 10 mm，顶端微钝，具短尖头，基部截平或近圆形，
两面无毛。叶鞘压缩，有凸起，疏松，顶端和边缘处有纤毛。叶舌极短，顶端有白色短纤
毛，无叶耳。叶片和叶鞘相交处有一个明显的隘痕及扭转角度。花序主轴扁平，呈叶状，
具翼，穗状花序嵌于主轴的凹穴内。

【生态习性】 钝叶草适于在温暖、潮湿、气候较热的地方生长，抗寒力较差。它在低
温下会褪色，变成棕黄色，休眠度过整个冬天。冬天保绿性能和春季返青性能不如结缕
草。在温暖、潮湿、气候较热的地方，它可以全年保持绿色。耐阴性强，适宜在湿润、肥
力低的酸性沙土或沙壤土上生长。

【繁殖要点】 钝叶草大多数品种产籽量低或根本不产种子，一般通过营养体繁殖，通
常用草皮或草块来建植。钝叶草有很强的蔓生能力，建坪较快。耐践踏性不如狗牙根和结
缕草，再生性好。钝叶草需要中等到中等偏下的养护水平。

【园林用途】 主要用于温暖、潮湿地区的庭园草坪和不要求细质地的草坪，可广泛用
于遮荫地。是我国南方建植各类草坪和用于水土保持的理想草种，尤其适合疏林中草坪的
建植及固土护坡（图 5-26）。

图 5-26　钝叶草

任务实施

一、任务布置

（1）发放任务清单。

（2）收集资料。

（3）线上学习。

二、现场暖季型草坪草的识别与调查

（1）以小组为单位，对当地常见草坪草进行识别与调查，并填写行草种调查记录表（表5-3）。

表5-3　草坪草调查记录表

班级 ＿＿＿＿＿＿＿＿＿＿　小组成员 ＿＿＿＿＿＿＿＿＿＿＿＿　调查时间 ＿＿＿＿＿＿＿＿＿

调查地点：				植物图片
草种：　　　　科：　　　　属：				
形态类型：（落叶乔木或常绿乔木）				
性状：	叶形：	叶序：	叶脉：　　　　叶长：	
叶舌：	叶耳：	颜色：	分蘖类型：	
花：	花序：	化期：	小穗的形状、颜色：	
果实：	种子：			
生长环境：				
生长状况：				
配植方式：				
观赏特性：				
园林用途：				
备注：				

（2）调查草坪草种应用分析。

考核评价

评价项目	评价内容	配分	得分
知识考核	能够熟练说出3种以上的暖季型草坪草的特征	20	
	能够描述不同暖季型草坪草种的特点	20	
	能够说出暖季型草坪草在园林中的应用	15	
技能考核	调查报告撰写：内容全面，条理清晰	10	
	调查水平：准确描述不同草坪草的识别特点	20	
	能使用专业术语描述	5	
素质考核	调查态度：积极主动，认真细致	5	
	调查报告：条理清楚，书写认真	5	
	总分	100	

 思考与练习

1.暖季型草坪草的生长特点是什么？

2. 列表写出当地广泛使用草坪草种的种类和观赏特性，并简要说明它的园林应用。

任务四　　观赏草的识别与应用

观赏草是形态美丽、色彩丰富的草本观赏植物的统称，目前国内外对观赏草的定义还没有完全统一。观赏草类植物是个相当庞大的族群，其观赏价值通常表现在形态、颜色、质地等许多方面。观赏草最初专指禾本科中一些具有观赏价值的植物。如今，除园林景观中具有观赏价值的禾本科植物外，莎草科、灯心草科、香蒲科及天南星科菖蒲属一些具观赏特性的植物都在观赏草之列。

任务描述

观赏草茎干姿态优美，单株分蘖密集，多呈丛状，有的呈瀑布状、火焰状。叶多呈线形或线状披针形，具平行脉；叶色多彩，除常见的绿色外，还有醒目的翠蓝色、白色、金色甚至红色，有些种类具斑纹，绿色间有黄色或乳白色、红色等条纹。一般花小，花序形态多姿，有聚伞花序、圆锥花序、头状花序等，花序下常密生柔毛，形似羽毛，云团状，有绿、金黄、红棕、银白等各种颜色，五彩斑斓。有的种类叶色、花色还会随季节而变化。

调查当地城市主要街道、居民区、公园等园林绿地的观赏草种类及应用情况，内容包括观赏草种名录、形态特征、生态习性、栽培要点及其养护要求等，完成观赏草调查报告。

任务分析

完成该学习任务：一要掌握常见观赏草类型；二要能全面分析和准确掌握观赏草的名录、形态特征、生态习性、栽培要点及其常见品种、养护要求等；三要观察周围生态环境特点，分析选择最适合当地栽培与养护条件的观赏草种类及搭配方式。在完成该学习任务时，要注意选择外观较好的景点，并依据观赏草的形态特征、主要习性等要素，准确地识别该景点的观赏草种，完成任务总结。

知识准备

常见观赏草草种如下。

1. 长序狼尾草

【学名】*Pennisetum longissimum* S.L. Chen et Y.X.Jin

【科属】禾本科狼尾草属

【产地及分布】长序狼尾草在我国云南、贵州、四川地区海拔 1 000～2 000 m 和黄土高原阴湿山地海拔 1 000 m 的平地、缓坡均可栽种，要求水肥条件较好。主要适应于我国亚热带西部南自 25°N 左右起，北到 34°N 左右，和西自 99°E 左右起，东到 106°E 左右的广大地区。

【形态特征】多年生疏丛型中、高草。秆直立，较粗壮，茎节通常8～14个，下部茎节多有肿胀或膝曲，高为80～210 cm。叶片线形，扁平或对折，长为10～70 cm，宽为10～17 mm。穗状圆锥花序圆柱形，排列较紧密，直立或弯曲，长为10～24 cm，宽为5～10 mm（刚毛除外），主轴密被短硬毛，小穗通常单生，稀2～3枚簇生，披针形，长为4～8 mm，通常和其下由刚毛所围成的总苞一起脱落，刚毛粗糙，坚硬，直挺，颜色深紫到暗棕色，长为1～2 cm；柱头羽毛状，紫色，于小穗顶端伸出。

【生态习性】为喜暖的中生、湿中生植物。生长在中等偏湿的山坡、路旁、地埂。它分布地区的土壤为山地黄壤、山地红壤、黄棕壤、森林棕壤与各种石灰土等，pH值为4～6（8.5）。年均温度为12～22 ℃，年平均降水量600～1 800 mm，年平均相对湿度53%～79%，日照全年平均1 250～2 000小时。长序狼尾草比较耐旱、耐湿，耐微酸性到微碱性土壤。在我国云南昆明地区栽种，自播种到出苗期需6～9天，出苗至抽穗期约需74天，抽穗至种熟期需52～71天，生育期126～145天，苗期到成熟期植株基部半直立或斜伸，上部直立。再生性强，分蘖力强，人工栽培第一年，平均每株总分蘖数74个，单株叶面积556.8 cm。花果期在8—10月，开花多在每天7：00—12：00。结实率低，种子长圆形，颜色灰黄，千粒重1.75～1.80 g。根系多集中分布在地面以下20 cm范围内。

【繁殖要点】种子无明显后熟性和休眠性，人工建植容易成功，形成群落后比较稳定。补种在中国昆明地区以5月下旬雨季后为宜，华中地区、甘肃陇南黄土高原阴湿山地以4月下旬至5月中旬、上旬为宜，播种时最好除刚毛、颖壳。条播、撒播均可，条播行距以35～40 cm或25～30 cm为宜，覆土深度约1 cm。

图5-27　长序狼尾草

【园林用途】小穗具有较长的紫色刚毛，具有较高的观赏价值，可种在路边、庭院或池塘边作点缀观赏植物（图5-27）。

2. 狼尾草

【别名】狗尾巴草、芮草

【学名】*Pennisetum alopecuroides* (L.) Spreng

【科属】禾本科狼尾草属

【产地及分布】狼尾草分布在日本、印度、朝鲜、缅甸、巴基斯坦、越南、菲律宾、马来西亚、大洋洲及非洲等。在我国，其属乡土植物，北起辽东半岛、南至海南岛、西至陕西关中等地区均有野生分布，其中胶东半岛、辽东半岛分布较多。多生于海拔50～3 200 m的河岸、田岸、路旁、荒地山坡、溪边、林缘等地区。

【形态特征】多年生，须根较粗壮。秆直立，丛生，高为30～120 cm，在花序下密生柔毛。叶鞘光滑，两侧压扁，主脉呈脊，在基部者跨生状，秆上部者长于节间；叶舌具长约为2.5 mm的纤毛；叶片线形，长为10～80 cm，宽为3～8 mm，先端长渐尖，基部生疣毛。

圆锥花序直立，长为5～25 cm，宽为1.5～3.5 cm；主轴密生柔毛；总梗长为2～3（～5）mm；刚毛粗糙，呈淡绿色或紫色，长为1.5～3 cm；小穗通常单生，偶有双生，线状披针形，长为 5 ～ 8 mm；第一颖微小或缺，长为 1 ～ 3 mm，膜质，先端钝，脉不明显或具 1 脉；第二颖卵状披针形，先端短尖，具 3 ～ 5 脉，长为小穗的 1/3 ～ 2/3；第一小花中性；第一外稃与小穗等长，具 7 ～ 11 脉；第二外稃与小穗等长，披针形，具 5 ～ 7 脉，边缘包着同质的内稃；鳞被 2，楔形；雄蕊 3，花药顶端无毫毛；花柱基部联合。

颖果长圆形，长约为 3.5 mm。叶片上下表皮细胞结构不同：上表皮脉间细胞 2 ～ 4 行，为长筒状的、有波纹的壁薄长细胞；下表皮脉间 5 ～ 9 行为长筒形的、有波纹的厚壁长细胞与短细胞交叉排列。

【生态习性】喜光照充足的生长环境，耐旱，耐湿，耐半荫，抗寒性强。对土壤适应性较强，耐碱，亦耐干旱贫瘠土壤。生性强健，萌发力强，容易栽培，对水肥要求不高，耐粗放管理，少有病虫害。多年生狼尾草根系较发达，生长 2 年以上的植株根系可达 1.5 ～ 2 m 深，具有良好的固土护坡功能。抗寒能力较强，在 -20 ℃时也能安全越冬，越冬存活率在 95% 以上。有的狼尾草品种喜湿，适宜在池塘溪流边等潮湿地带种植。在夏季高温干旱时，叶片卷曲，叶尖发黄，可浇一次透水。狼尾草种植 3 年后，由于植株太大，残存的老茎秆过多，需要进行分栽，使新长出的茎叶更具活力。

【繁殖要点】采用种子繁殖。由于种子小，幼芽顶土能力差，整地的好坏对它出苗影响很大。因此整地要精细，以利于出苗。当温度稳定达到 15 ℃时播种为宜，在 5 月上旬、中旬播种，播期推迟到 6 月底，也能得到较高的草产量。播种时土壤水分要适宜，播后覆土深度在 1.5 cm 左右。播种后 5 ～ 6 天即可出苗。

【园林用途】狼尾草生长快，耐移植，可广泛用于公路护坡、河岸护堤和水土保持等，具有较高的观赏价值。既可单株种植起点缀作用，又可成片种植形成狼尾草花坛，还可作为过渡带，连接精致的花园和自然粗放的草地。狼尾草的花序呈瓶刷状，花期长达 2 个月。在夏季微风吹拂下，柔美的花序随风起伏，不仅具有静态美，也具有动态美。花序颜色丰富多彩，有乳白色、淡绿色、粉红色、深红色、紫红色，甚至黑色。它的叶片色彩还可随季节变化，春季为淡绿色，夏季为深绿色，秋季为金黄色，可形成具有鲜明特色的四季景观。狼尾草丰富的株型、叶色、花序和质朴自然的气质，既可为园林增加独特的美感和田园趣味，又符合现代人渴望回归自然的心理需求，可以极大地促进节约型园林的发展，对建设节水型、环保型园林具有积极意义（图 5-28）。

图 5-28 狼尾草

3. 蓝羊茅

【别名】滇羊茅

【学名】*Festuca glauca* Lam

【科属】禾本科羊茅属

【产地及分布】蓝羊茅原产地为澳大利亚。具有极强的耐寒、耐旱、耐荫、耐盐碱、耐践踏、病虫害少等优良特性，绿期为 300 ～ 330 天，特别适合我国北方干燥、寒冷地区栽种。

【形态特征】蓝羊茅是最知名的低矮蓝色观赏草，为多年生常绿宿根草本植物，冷季型。垫状丛生，低矮，密集，株高为 40 cm 左右，冠径为 40 cm 左右。直立平滑，叶细线型，长为 7～15 cm，叶片宽 1 mm，叶片强内卷几成针状或毛发状，蓝绿色，具银白霜。圆锥花序常侧向一边，长为 10 cm，5—6 月开花，7—8 月结实。根系呈伞状，竖直生长，次生根密集发达，一年生露地苗根深可达 0.6～0.8 m，并逐年加深。从根部放射状分蘖枝和叶，分蘖力强，枝叶茂盛，可修剪，高为 6～10 cm。叶表有反光绒膜层，并随四季光照强弱而转换颜色，春季呈现翠绿色，夏季呈现银蓝色，秋季呈现蓝绿色，冬季呈现深绿色。

【生态习性】蓝色的观赏草多为贫瘠干旱土壤的原生草种，蓝色不仅可以保护叶子免受强烈阳光的伤害，而且可以减少蒸腾作用引起的水分损耗。在冬季，其叶片往往变成黄绿色，这种颜色上的转变有利于它们充分利用这个季节微弱的阳光。喜通风、阳光充足且排水良好的土壤，强壮的根系决定了蓝羊茅很强的耐旱、抗寒特性，松枝形的叶片特征不利于水分蒸发。耐 45 ℃高温，一般在 -32 ℃仍可保持深绿色，当温度回升到 5 ℃以上便开始分蘖，春、秋季分蘖速度快。耐贫瘠，基本无病害，适应性广。中性或弱酸性疏松土壤长势最好，稍耐盐碱。在 pH 值为 6～10 的土壤中能正常生长，栽植的成活率达 95%以上，在 pH 值为 9.5～11 重盐地生长的植株，成活率达 86%。全日照或部分荫蔽环境下长势良好，阳光越充足，蓝羊茅呈蓝色的时间越长。忌低洼积水，在持续干旱时应适当浇水。

【繁殖要点】蓝羊茅的播种时间比较随意，9 月至次年 5 月均可以进行。播种间距应等于或者略大于植株成熟后的直径，这样种植初期会显得非常稀疏，但蓝羊茅生长速度很快，如果间距太小，后期会非常麻烦。分栽是蓝羊茅快速繁殖的主要方式，分栽的适宜时间为每年的 3—5 月，这个措施还有助于蓝羊茅颜色的保持，因为蓝羊茅幼年活力较强，植株的独特蓝色可以得到最好的展现。蓝羊茅在幼时高为 15～25 cm，低矮，密集，垫状丛生，蓬径与高度相当，但是随着生长年限的增长，会逐渐向外扩展，结果中心部位开始死亡，剩下一个蓝色的圆环继续向外扩展，最终会各自形成独立的株丛。为避免出现这种现象，通常每 2～3 年就对植株进行一次分栽。另外，蓝羊茅还可以进行组培繁殖。

【园林用途】蓝羊茅形态美丽，株形稠密丰满，植株观赏以叶为主。盆栽、成片种植或花坛镶边效果非常突出。最佳观赏期为 4—6 月和 9—11 月。蓝羊茅的蓝色属于冷色调，与白色植物配植应用可以加强冷感，而与红色、黄色或棕色的植物配植在一起则增加温暖的感觉。还可以与其他颜色的植物混合种植，在少量其他颜色的植物间成丛成片种植可能会取得更好的效果。特别注意的是，蓝色的观赏草应该种在阳光直射的地方，不宜应用于荫蔽处。在合适的土壤中，所有的蓝羊茅品种与春植球根花卉配置都可以相得益彰。可用于花坛、花镜、地被或岩石园中，其突出的颜色可以和花坛、花境形成鲜明的对比。很多广场花坛造型需要多种花色搭配，蓝羊茅适合于镶边、作对比色、摆放各种标志。

　　蓝羊茅密集的根系竖直向下伸展，亦即组成持久牢固的"生物坝"。有坚实、密集的根系，有精细、韧性的枝叶，既防风护坡，又美观耐看。可有效拦截地表径流的冲刷和侵蚀而起到固土作用，良好的遮荫可有效抑制地表蒸发，对盐碱侵蚀可发挥极为有效的保护作用。利用蓝羊茅突出的生态生物学特性，将其用于公路、道旁、河堤护坡、园林坡地、城乡大绿化带、灌溉不便处、盐碱地区、缺水城市的绿化，从而实现水土保持、固土护坡、防风固沙、防洪抗汛等生态改善之目的。在缺水地区和城市，可根据用户所在地的实际需要选择使用，实行粗放管理降低维护费用（图 5-29）。

图 5-29 蓝羊茅

4. 柳枝稷

【**别名**】台湾草、天鹅绒草、朝鲜茎草、高丽芝草

【**学名**】*Panicum virgatum* L.

【**科属**】禾本科黍属

【**产地及分布**】柳枝稷是北美的本土植物，原用于水土保持，也可作为优良牧草和观赏植物，从墨西哥一直到加拿大皆有分布。至今已发现其存在两种生态型。在其分布的南部区域主要是粗秆的低地生态型，这种柳枝稷适应于温暖、潮湿的生活环境，诸如漫滩、涝原，植株高大，茎秆粗壮，成束生长，主要品种有 Alamo、Kanlow；另一种细秆高地生态型，主要分布在美国中部和北部地区，适应干旱环境，茎秆较细，分枝多，在半干旱环境中生长良好，主要品种有 Trailblazer、Blackwell、Cave-in-Rock、Pathfinder。

【**形态特征**】多年生草本。根茎被鳞片。秆直立，质较坚硬，高为 110～170 cm，鞘无毛，上部的短于节间；叶舌短小，长约为 0.5 mm，顶端具睫毛；叶片线形，长为 20～40 cm，宽约为 5 mm，顶端长尖，两面无毛或上面基部具长柔毛。圆锥花序开展，长为 20～30 cm，分枝粗糙，疏生小枝与小穗；小穗椭圆形，顶端尖，无毛，长约为 5 mm，绿色或带紫色；第一颖长约为小穗的 2/3～3/4，顶端尖至喙尖，具 5 脉；第二颖与小穗等长，顶端喙尖，具 7 脉；第一外稃与第二颖同形但稍短，具 7 脉，顶端喙尖，其内稃较短，内包 3 雄蕊；第二外稃长椭圆形，顶端稍尖，长约为 3 mm，平滑，光亮。花果期 6—10 月，小穗椭圆形，灰绿色略呈紫色，种子浅黄绿色。

【**生态习性**】柳枝稷为 C4 植物，氮和水的利用率高，生长迅速，适应性强。对环境有极好的耐受性，从干旱草原到盐碱地，甚至在开阔的森林都可以生长，最宜生长环境为年降水量为 381～762 mm 的粗质土壤，在南部潮湿地带植株可高达 3 m。因其根系发达，也用于防风固沙。适应性广，容易入侵种植地的自然植物群落。柳枝稷对土壤类型没有严格要求，适应的土壤类型广泛，甚至在沙地上也可种植。柳枝稷具有良好的抗旱性，能忍受长期干旱，也能在潮湿或者排水良好的砂土、壤土或黏土中生长，适宜中性至微碱性的土壤（pH 值为 6.8～7.7）。

【**繁殖要点**】大多数的柳枝稷种子在 22 ℃下，经过 14～21 天会萌发。一般春季或夏末播种，春播效果较好。柳枝稷可通过种子或根状茎扩散繁殖，发芽理想条件为：轻质土壤，土壤温度为 25～35 ℃，土壤 pH 值为 5.0～8.0。在壤土或黏土中播种，适宜的播种深度为 1～2 cm，播种过深会导致柳枝稷无法出苗。在砂土中播种深度以 3～10 cm 为宜，播种后应适当镇压。柳枝稷种粒小，千粒重为 1.7 g，种皮薄，吸水力强，在适宜的水热条件下发芽快，出苗好。一般连续阴雨 3～5 天，降水量达到 20～40 mm，即可获得好的出苗效果。柳枝稷单丛分蘖能力强，一年生柳枝稷单株平均有 8～12 个分蘖，多年生柳枝稷单株平均有 26～37 个分蘖，也可以进行分株繁殖。分株繁殖应在柳枝稷植株还处于休眠状态时进行，即在冬末或早春进行。

【园林用途】柳枝稷丛生，株形优美，叶片和花序有丰富的季节变化，从夏季到冬季均有良好的视觉效果，最佳观赏期是 7 月至冬季。柳枝稷作为观赏草有很多品种，叶色各异，有叶片呈蓝灰色的品种九彩'Cloud Nine'、达拉斯蓝 Dallas Blues 和重金属'Heavy Metal'柳枝稷，也有叶色较深的圣兰多'Shenandoah'柳枝稷、红花'Rotsrahlbusch'柳枝稷等。红花柳枝稷是澳大利亚应用的主要类型，株丛直立，高达 1 m，秋季叶片变为锈色至古铜色，另有一番风景，从夏至秋一直保持红色的花序是其主要特征，适合在花园和居住区绿地成片种植。柳枝稷既可片植，也可条带种植，是配置花境的理想材料。目前，柳枝稷在美国园林栽培品种逐渐增多，其凭借旺盛的生命力和多变的形态，从路旁无人问津的野草逐渐成为美国现代园林的新星。柳枝稷适应性广，既可在干旱贫瘠的地区种植，也可在水景园林中种植，既可在全光照下生长，也可在小部分荫蔽的情况下生长，因而在我国园林中很受欢迎（图 5-30）。

图 5-30　柳枝稷

5. 芒

【别名】芭茅

【学名】*Miscanthus sinensis* Anderss.

【科属】禾本科芒属

【产地及分布】广泛分布于亚洲与太平洋岛屿，中国长江以南丘陵山地普遍生长，遍布于海拔 1 800 m 以下的山地、丘陵和荒坡原野，常组成优势群落。也分布于朝鲜、日本，常与野古草（Arundinellahirta）、金茅（Eulalia speciosa）等组成稳定群落。

【形态特征】多年生草本植物。秆直立，稍粗壮，高为 1～1.25 m，无毛，节间有白粉。叶片长条形，长为 20～50 cm，宽为 1～1.5 cm，背面疏被柔毛并有白粉。圆锥花序扇形，长为 10～40 cm，主轴长不超过花序之半；小穗披针形，成对生于各节，具不等长的柄，含 2 朵小花。

【生态习性】一般寿命为 18～20 年，最长可达 25 年以上。根系发达，一般入土深度达 1 m 以上，具有发达的地下根茎，根茎多横走于地下 10 cm 左右，可构成地下纵横交织的根茎—根系立体网络系统，根一般集中于 0～60 cm 的土层中。芒草分蘖能力强，分蘖数可达 100 支以上，生长 8 年的五节芒最大株丛的分枝数高达 673 支。不同芒草植物种的花果期有较大差异，在四川盆周地区川芒和五节芒为 5—11 月；芒和尼泊尔芒为 8—12 月；短毛芒为 7—11 月；荻为 11—12 月。芒草为风媒植物，花粉靠风力传播至雌蕊上进行授粉以产生种子，但自然有效结实率一般都较低。种子的散布也主要靠风力作用，其距离取决于种子的质量。芒草种子千粒重为 250～1 000 mg，成熟种子的发芽率一般为40%～80%，高者可达 90% 以上。

芒草是生态幅宽的植物类群，从低海拔的沿海滩涂、河流岸边、道路沿线、干热河谷地到海拔 2 000 m 以上的山地草丛都可见到芒草的踪迹。适宜的生长温度范围为15～28 ℃。耐热性强，五节芒在 35 ℃以上持续高温（20 天）环境下能正常生长发育；也有很好的耐寒性，在 -10 ℃的低温下都能安全越冬，五节芒的幼苗和成年植株分别能耐

受 -23 ℃和 -29 ℃的短期低温。喜光照充足的环境，在开阔的地段，不但能成片形成芒草群落，而且株丛分蘖多，生长繁茂。在郁闭度为 0.5 的林下也能生长，多呈散生分布，生殖枝比率、结实率、生物量等均会显著下降，是具有一定耐阴性的阳性植物。芒草为中生植物，对水分的反应因种而有一定的差异；根系发达，入土深，具有很强的耐旱性。土壤适应性广泛，各种类型的土壤上均能生长，适应的土壤 pH 值为 4.2 ～ 8.0，对土壤通透性敏感，疏松土壤利于根系的发育，在板结的土壤上根系浅化，根茎发育不良，株丛矮小。施氮肥能延长芒草的青绿期。芒草的侵袭能力和竞争能力很强，侵入初期呈散生状态，随之种群通过无性繁殖方式迅速扩展，在局部形成斑块状芒草群落。

【繁殖要点】芒草无性繁殖能力较强，无论采用分株法还是根茎繁殖法都易成活，也可用茎芽繁殖法进行扩植。根据芒草具有性生殖和无性繁殖的特点，可利用有性生殖选育芒草新品种，并利用杂交种，再利用无性繁殖方式保持杂种优势，达到长期利用杂种优势而不分离退化。

【园林用途】芒在生长过程中可以对土壤中的重金属显示出耐受性，通过根系营养输送的同时，从土壤中吸取的水分和一定比例的重金属也输送到茎和叶中，从而稀释重金属元素在土壤中的浓度，改善土壤质量。芒具备较强的耐旱、耐盐碱的特性（图 5-31）。

图 5-31　芒（芭茅）

6. 斑叶芒

【学名】*Miscanthus sinensis* 'Zebrinus'

【科属】禾本科芒属

【产地及分布】分布于中国华北、华中、华南、华东及东北地区。喜温暖、湿润及光照充足的条件，耐半荫，耐旱，也耐涝，对气候的适应性强。不择土壤，耐贫瘠。

【形态特征】多年生草本植物。丛生状，株高为 1.7 m 左右，冠幅为 60 ～ 80 cm。叶鞘长于节间，鞘口有长柔毛；叶片有黄色不规则斑纹，非常亮丽，长为 20 ～ 40 cm，宽为 6 ～ 10 mm，下面疏生柔毛并被白粉，具黄白色环状斑。圆锥花序扇形，长 15 ～ 40 cm，小穗成对着生，含 1 朵两性花和 1 朵不育花，具芒，芒长为 8 ～ 10 mm，膝曲，基盘有白至淡黄褐色丝状毛，花黄色，秋季形成白色大花序。

【生态习性】冬天，斑叶芒地上部分枯死，翌年春天根系再次发芽生长。20 ～ 25 ℃是斑叶芒发芽的最适合温度，2 ～ 3 天发芽。18 ～ 23 ℃是其生长的最适宜温度，生长期为 49 ～ 56 天。斑叶芒在每年的 3 月下旬返青，9 月初孕穗，10 月中旬凋零，花期大概 40 天，于 11 月中旬枯黄，青绿期大概 229 天。斑叶芒叶片从 10 月中旬开始枯黄，11 月下旬完全枯萎。斑叶芒在全光照情况下年生长量最高，半遮荫情况下年生长量低 17% ～ 58%，枯萎期会提前 5 ～ 10 天，植株外形倒伏分散。

【繁殖要点】采用分株、播种方式繁殖。芒的分株繁殖宜秋季进行。将根茎植于湿润土壤中，极易成活。自播繁衍能力强。斑叶芒萌发力强，栽培简便易行，对水肥要求不高，抗旱，管理粗放，病虫杂草危害少。植株分生能力较强，花后对其整株修整，保持植株美观。

【园林用途】斑叶芒观赏性极佳，是优良的园林绿化用材，适合在假山、湖边、河边及山石旁种植。也是庭院水景装饰的良好材料，用于花坛、花境、岩石园，可作湖边的背景材料，或在树林下，路边大片种植，效果自然清新，景观层次丰富（图 5-32）。

图 5-32 斑叶芒

7. 乱子草

【学名】*Muhlenbergia huegelii* Trin.

【科属】禾本科乱子草属

【产地及分布】乱子草在中国产于四川南坪、金川、乾宁、芦山、宝兴、城口等地区，分布于江苏、浙江、山西及云南等，俄罗斯、印度、日本、朝鲜、菲律宾等国家也有分布。

【形态特征】植株常染紫色，节下常有白色微毛；具鳞片根茎，秆较硬，直立，常染紫色，枕具鳞片根茎，鳞片硬纸质，有光泽；叶鞘疏松，平滑无毛，除顶端 1～2 节外大都短于节间；叶舌膜质，长约为 1 mm，无毛或具纤毛；叶片扁平，狭披针形，先端渐尖，两面及边缘糙涩，深绿色，长为 4～14 cm，宽为 4～10 mm。圆锥花序稍疏松开展，有时下垂，长为 8～27 cm，每节簇生数个分枝，分枝斜上升或稍开展，糙涩，细弱；小穗柄糙涩，大都短于小穗，与穗轴贴生；小穗灰绿色，有时带紫色，披针形，长为 2～3 mm；颖薄膜质，白色透明，部分稍带紫色，变化较大，先端常钝，有时稍尖，无脉或第二颖先端尖且具 1 脉，长为 0.5～1.2 mm，第一颖较短；外稃与小穗等长，具铅绿色斑纹，糙涩，先端尖或具 2 齿，下部 1/5 具柔毛，其毛露出颖外，具 3 脉，中脉延伸成芒，其芒纤细，灰绿色或紫色，微糙涩，长为 8～16 mm；花药黄色，长约为 0.8 mm。花果期在 7—10 月。

【生态习性】喜潮湿土壤，适应性较广泛，也可生长于山谷、溪边以及林下的砂土、黏土、壤土中。适宜在光线强、日照充足的地方生长。

【繁殖要点】乱子草主要以分株、分根繁殖。

【园林用途】花序优美，似云雾状，花期长，株丛和花序相得益彰，观赏价值较高。可布置在荫蔽、潮湿的公园林下，也可植于河岸边作为背景，还可用于路边护坡，防止水土流失（图 5-33）。

图 5-33 乱子草

8. 粉黛乱子草

【别名】毛芒乱子草

【学名】*Muhlenbergia capillaris*

【科属】禾本科乱子草属

【产地及分布】原产于北美大草原、松林贫瘠之地，以及从美国马萨诸塞州到堪萨斯州南部到佛罗里达州和得克萨斯州的开阔林地。在密苏里州，它最常生长在开阔的森林、林间空地或沿着道路的开阔的酸性土壤中，主要位于奥索卡中部和密苏里河以南的西部地区。

【形态特征】株高可达 30～90 cm，宽可达 60～90 cm。多年生草本植物，常具被鳞片的匍匐根茎。秆直立或基部倾斜、横卧。分为灌木状的"毛细管"状分枝模式。绿色叶子覆盖下层，粉红色的花朵长出叶子。是多年生的丛生植物，在成熟期间，叶片被卷起，平坦到渐开线，并且在底部具有 15～35 cm 长和 1.3～3.5 mm 宽的锥形或丝状尖端。在灌木的基部，植物直立或倾斜。细长的叶子很简单，从茎干交替出来，长到 18～36 英寸（1 英寸 =2.54 厘米）长。草和花被组合在一起，形成长而通风的簇状物，沿茎从叶子上方升起，长约为 460 mm，宽为 250 mm。

圆锥花序狭窄或开展；小穗细小，含 1 小花，很少 2 花。脱节于颖之上；颖质薄，宿存，近于相等或第一颖较短，短于或近等于外稃，常具 1 脉或第一颖无脉；外稃膜质，具铅绿色蛇纹，下部疏生软毛，基部具微小而钝的基盘，先端尖或具 2 微齿，具 3 脉，主脉延伸成芒，其芒细弱，糙涩，劲直或稍弯曲；内稃膜质，与外稃等长，具 2 脉；鳞被 2，小。颖果细长，圆柱形或稍扁压。

粉黛乱子草的花每个具有 2 个或 3 个雄蕊和花药，长为 1～1.8 mm。长的头发状的花梗上有小穗，先端具有棍棒状增厚并且略微粗糙。颖片不相等，颖薄膜质，透明、白色，稍带紫色，先端基本上为钝角形态，也存在稍尖的情况，长 0.9 mm，第 1 颖较短。花朵在秋季生长，特别是在 9—10 月，通常呈粉红色或紫红色。它们从下往上成熟。该植物是一种暖季型植物，因此它在夏季开始生长，并在秋季盛开。花朵产生椭圆形棕褐色或棕色种子，长度不到 1.3 cm。植物生长成丛，但不会通过地上或地下茎蔓延。全株绿色。花期在 9 月中至 11 月中，花穗云雾状。开花时，绿叶为底，粉紫色花穗如发丝从基部长出，远看如红色云雾。

【生态习性】粉黛乱子草在普通、潮湿但排水良好的土壤中，在阳光充足或部分遮荫下苗壮成长。大多数能忍受干旱、炎热和贫瘠的土壤。喜光照，耐半荫。生长适应性强，耐水湿，耐干旱，耐盐碱，在沙土、壤土、黏土中均可生长。夏季为主要生长季。

【繁殖要点】

（1）种子的处理。粉黛乱子草播种成活率影响因素有很多，最重要的就是在选种环节，需要选择大小均匀、颗粒较为饱满、颜色有棕褐色光泽的种子，然后把种子泡 12～24 h，用清水洗净后晒干备用。

（2）播种土壤要求。播种时需要选择光照充足、排水较好、腐殖质高的土壤，并且土壤一定要保持疏松，然后施加一些底肥，把盆土弄平，方便花盆进行排水。

（3）直接撒播法。粉黛乱子草的种子十分小，种植的时候不需要催芽，可直接在早上或者傍晚把种子撒在土壤中，可在表面进行覆土，并且土壤不要太厚，保持覆土 1 cm 厚即可。不一定每颗种子都能成活，因此播种相对稍微多一些。

（4）出芽后的管理。一旦种子发芽，需要保持空气湿润。一般 5～9 天就可以出苗，这个时候就要注意浇水，并在 6—10 月做好水肥的管理，这样，粉黛乱子草就能开花。

【园林用途】将粉黛乱子草用于组团种植，与其他植物材料搭配使用也是一种不错的选择。细密的质感、明亮的色彩可以在花卉不多的秋季凸显出来，与秋季绚烂的色叶相得益彰。单株或单丛粉黛乱子草可作为特色观赏点或视觉焦点用于庭院空间、花境小品中，以起到点睛的效果（图 5-34）。

图 5-34　粉黛乱子草

9. 蒲苇

【别名】 百喜草、美洲雀稗、金冕

【学名】 *Cortaderia selloana*（Schult. Schult.f.）Asch. Graebn.

【科属】 禾本科蒲苇属

【产地及分布】 原产于南美洲、巴西，属于暖季型观赏草，我国上海、南京、杭州等地区成功引种栽培。

【形态特征】 高大丛生多年生草本植物。秆高大粗壮，紧密丛生，高为 2～3 m，冠幅 2 m 左右。叶绿色或灰绿色，质硬，狭窄，簇生于秆基，长达 1～3 m，边缘尖锐具齿。大型稠密圆锥花序，长为 50～100 cm，银白色至粉红色。雌雄异株，雌花序较宽大，雄花序较狭窄，小穗含 2～3 朵小花，雌小穗具丝状柔毛，雄小穗无毛。

【生态习性】 夏末或早秋开花，花期一直持续到冬季。适应性广，耐盐抗旱，喜欢阳光充足、排水良好的土壤，偶尔一次浇水可延长其抗旱时间。在全日照、开阔地块的湿润肥沃土壤上生长茂盛。在温暖气候条件下，种子易自繁，入侵周围环境。

【繁殖要点】 繁殖方式以分株为主，也可播种育苗。分株在春季或初夏进行，秋季分株则易死亡。播种育苗易产生变异植株，降低观赏价值。适应性广，对土壤要求不严。易栽培，管理粗放，建植后几乎不需要管护措施，维护成本低。必要时可用耙除去褐色枯叶，但经常性的剪切草丛会使整株破坏甚至死亡。

【园林用途】 蒲苇花序硕大，柔软飘逸，凸显于茎秆上，在园林景观中是易吸引视线的观花观赏草之一。目前已培育出很多品种应用于园林景观配植。蒲苇适宜条植或丛植，应用在面积较大的景观中。在地块开阔的园林绿地中作点缀或背景，在庭院中可应用于花坛、花境，或在墙边、门口两侧孤赏或作背景，也可在滨水景观中应用，不宜在小型花园中应用。蒲苇花序还可用于干花制作（图 5-35）。

图 5-35　蒲苇

10. 块茎燕麦

【别名】 丽蚌草、条纹燕麦草、银边草

【学名】 *Arrhenatherum elatius* var. *tuberosum* 'Variegatum'

【科属】 禾本科燕麦草属

【产地及分布】 分布于欧洲和地中海区域。

【形态特征】 多年生宿根草本植物。株高为 20～40 cm，散丛状。叶线形，叶面有白色纵纹，叶缘白色。地下茎白色念珠状；地上茎簇生，光滑。叶丛生，细长扁平，线状披针形，长为 30 cm，宽约为 1 cm，上有纵向黄白色条纹。圆锥花序具长梗，约 50 cm，有分枝；小穗含 2 朵小花，上面的花为两性或雌性，下面的花常为雄花。花期在每年的 6—7 月。

【生态习性】 喜冷凉、湿润气候，喜阳光充足，稍耐荫，忌暑热。在炎热湿润地区夏季处于休眠或半休眠状态。耐寒也耐旱，对土壤要求不严，以肥沃、湿润但排水良好的砂

质壤土或腐殖质土最佳。

【**繁殖要点**】分株繁殖为主，生长季都可进行，但以3月和9月休眠后刚萌发时为佳。也可用扦插法扩繁，春季至秋季均能育苗，成活率较高。开花前修剪灌水，以促进其秋季生长。夏季休眠期，需清理掉黄叶，适当控水，中午进行喷灌降温。秋凉后，追肥1～2次，即可旺盛生长。冬季放避风处就可越冬。若室内保持5℃以上，则叶可不落。盆栽3年后，株丛过大，要进行分株，否则叶易枯黄。

【**园林用途**】叶片绿白相间，整洁，素雅，成片栽植呈白绿色调，可与地被菊、常夏石竹、细叶麦冬、铺地柏、铺地栒子等配植组成花境。可作为花坛、花境等景观的镶边或组合材料，或丛植于小路边、石块间及坡地树下。叶丛生，线状披针形，具银白色的边缘，地下茎呈白色念珠状，奇特可爱，也可作小型盆栽观赏，用于广场、阳台摆放。具良好的耐阴性。在荫蔽环境下配植表现依然出众，耐旱、耐寒、低矮、分生性强，也是一种良好的屋顶绿化材料（图5-36）。

图5-36 块茎燕麦（银边草）

11. 香根草

【**别名**】岩兰草

【**学名**】*Vetiveria zizanioides*（L.）Nash

【**科属**】禾本科香根草属

【**产地及分布**】原产印度等国，现主要分布于东南亚、印度和非洲等（亚）热带地区，中国也有天然香根草分布。我国江苏、浙江、福建、台湾、广东、广西、海南及四川均有引种。

【**形态特征**】香根草属于多年生粗壮草本植物，须根含挥发性浓郁的香气。秆丛生，高为1～2.5 m，直径约为5 mm，中空。叶片线形，直伸，扁平，下部对折，与叶鞘相连而无明显的界限，长为30～70 cm，宽为5～10 mm，无毛，边缘粗糙，顶生叶片较小。顶生大型圆锥花序，长为20～30 cm。花果期在每年的8—10月。

【**生态习性**】香根草属于暖季型草，喜生于水湿溪流旁和疏松黏壤土上。生态适应性、抗逆性强，对土壤要求不严，在红壤黏土、完全砂土、缺乏黏粒的砂土条件下均可生长，在强酸（pH=3）、强碱（pH=11）、盐碱土、有机质贫瘠及在强烈侵蚀的土壤中均能生长。耐热、耐寒，可耐55℃的高温，也可抗-15.9℃的低温（地上部分枯死，地下部分存活），日均气温超过8℃，香根草就开始萌发生长，随着气温的升高，生长逐渐加快。日均温在20～30℃范围内生长最快。香根草具有抵抗长期干旱或渍水的能力，在潮湿土壤生长最好，连续干旱几个月的情况下仍能生长，年降水量在200～6 000 mm的地区均适合生长。

【**繁殖要点**】不能结实，只能靠无性繁殖方式育苗。

【**园林用途**】香根草植株高大，叶片细长，春夏呈亮绿色，形态优美，根系发达，是全世界公认的最理想的水土保持植物，常用于高速公路及河岸边坡绿化。香根草含氮、磷养分高，兼有陆生和水生植物特点，对富营养化水体中的氮、磷、COD、BOD等具明显的去除效果，能显著改善富营养化水体的水质，因此，可将香根草种植于河岸、湖边或湿地，一方面用于水景景观的营造；另一方面也可净化水体（图5-37）。

图5-37　香根草

任务实施

一、任务布置

（1）发放任务清单。

（2）收集资料。

（3）线上学习。

二、现场观赏草的识别与调查

（1）以小组为单位，对当地常见观赏草进行识别与调查，并填写行草种调查记录表（表5-4）。

表5-4　观赏草种调查记录表

班级 _____　　小组成员 _____　　调查时间 _____

调查地点：		植物图片
草种：　　　科：　　　属：	
形态类型：（落叶乔木或常绿乔木）	
性状：　　　叶形：　　　叶序：　　　叶脉：　　　叶长：	
叶舌：　　　叶耳：　　　颜色：　　　分蘖类型：	
花：　　　花序：　　　花期：　　　小穗的形状、颜色：	
果实：　　　种子：	
生长环境：	
生长状况：	
配植方式：	
观赏特性：	
园林用途：	
备注：	

（2）调查观赏草的应用分析。

考核评价

评价项目	评价内容	配分	得分
	能够熟练说出8种以上的观赏草特征	20	
知识考核	能够描述不同观赏草的特点	20	
	能够说出观赏草在园林中的应用	15	

续表

评价项目	评价内容	配分	得分
技能考核	调查报告撰写：内容全面，条理清晰	10	
	调查水平：准确描述不同观赏草的识别特点	20	
	能使用专业术语描述	5	
素质考核	调查态度：积极主动，认真细致	5	
	调查报告：条理清楚，书写认真	5	
总分		100	

 思考与练习

1. 观赏草的引种应该注意什么？

2. 列表写出当地广泛使用的观赏草种类和观赏特性，并简要说明它的园林应用。

项目六　园林植物综合应用调查与配植设计

园林植物应用调查内容包括调查区域园林绿地的立地条件、植物种类、生长状况、配植方式及应用特点，同时，要进行图像采集，建立植物种类名录，形成分析报告，在教师的指导下完成配植设计。

本项目以总结园林植物识别方法，巩固与提高识别能力和培养园林植物基本应用能力为目的，以公园绿地、居住区绿地、单位附属绿地、道路绿地、室内植物五种典型植物应用情况为代表，分别进行公园绿地植物应用调查与配植设计、居住区绿地植物应用调查与配植设计、单位附属绿地植物应用调查与配植设计、道路绿地植物应用调查与配植设计、室内花卉应用调查与配植设计五个任务。

🎯 学习目标

➤ 知识目标

1. 掌握园林植物观赏特性、配植原则及配植方式。
2. 了解各园林绿地类型的特点。
3. 了解园林植物应用设计的基本内容。
4. 了解园林植物绿化设计的原则及要素。

➤ 能力目标

1. 能够针对园林植物现状调查结果进行正确、全面的分析。
2. 能够对园林绿地的立地条件进行分析。
3. 能够根据不同园林绿地的要求合理选择园林植物。
4. 能够应用园林植物进行基本的配植设计。

> **素质目标**

1. 通过观察植物生长状况，理解园林植物景观设计的生态学原理。
2. 培养学生园林设计的美学设计理念。
3. 理解植物传统文化与植物意境的表达，提高学生的园林观赏水平。

任务一　公园绿地植物应用调查与配植设计

任务描述

　　公园是城市公共绿地的重要类型，在城市绿化中应用非常普遍，多以植物种植为主。植物配植应根据主题要求选择主调植物，注意应用有强烈季相变化的种类，呈现色彩及形态变化；要乔、灌、藤、草相结合，常绿与落叶相结合，速生与慢生相结合，植物设计避免杂乱；植物选择要适地，选择耐久、无毒性、少病虫害、有地方特色、迅速成景的植物，兼顾立体绿化，形成多层次、立体式的景观效果。根据公园绿地中园林植物的选择要求及应用特色，总结可以用于公园绿化的常见植物种类，巩固植物识别技能，突出园林植物的应用目的。

任务分析

　　公园的主要任务是为人们提供休闲游憩的活动场所。美化环境是城市主要的开放空间，也是市民文化的传播场所。要求园林要素更为全面，绿化形式更加多样，植物种类更加丰富，对植物选择和应用能力要求较高。在任务进行过程中，以植物造景、园林设计等相关理论知识为指导，明确植物配植要求，深入分析公园植物应用现状，提出植物应用创新设计方案，进一步巩固、提高植物的识别和应用技能。

知识准备

一、城市公园类型

　　城市公园是城市建设的主要内容之一，是城市生态系统、城市景观的重要组成部分。是满足城市居民的休闲需要，提供休息、游览、锻炼、交往及举办各种集体文化活动的场所。

　　广义的城市公园包括综合公园和专类公园（如动物园、植物园、城市广场、主题公园等）；狭义的城市公园是指为城市居民提供的有一定实用功能的、自然化的游憩生活境域，是城市的绿色基础设施。它不仅可以作为城市居民主要的休闲游憩活动空间，也可成为文化传播的场所。

二、公园绿化设计

公园绿化设计要根据不同公园的主题要求来进行。一般公园绿化植物要求乔木、灌木、藤本、草本植物相结合，速生与慢生树种相结合，常绿与落叶树种相结合，植物种类多样，丰富多彩，形成多层次、立体式的景观效果。种植方式力求多样化，包括树丛、树群、花坛、花境、专类园、草坪等。植物配植形式采用规则式、自然式或混合式等，突出植物的色相和季相变化，并与环境相协调。

 **任务实施**

任务实施步骤

（1）以小组为单位，组长带领，进行分工，明确任务，制订任务计划。

（2）调查某公园自然条件，整理相关的原始资料，填写园林树木调查表（表6-1）。

（3）实地调查某公园绿化植物种类，记录植物特点和应用类型。

（4）分析讨论公园植物的观赏特点和应用形式，并总结公园植物的应用特色。

（5）根据实地条件和有关资料，合理调整绿化植物。

（6）重新进行创新设计，完成园林植物调查与配植设计报告（表6-2）。

表 6-1　园林树木调查表

编号：	植物名称：		学名：		科：		属：
类别：落叶乔木、落叶灌木、落叶藤本、常绿乔木、常绿灌木							
栽植地点：				来源：乡土、引种		树龄：　　年生	
冠形：卵、圆、塔、伞、椭、圆卵				干形：通直、稍曲、弯曲		生长势：强、中、弱	
展叶期：		花期：		果期：		落叶期：	
其他重要性状：							
调查株数：				最大树高：		最大树围：	
最大冠幅：东西　　南北				平均树高：		平均树围：	
栽植方式：片林、丛植、列植、孤植、绿篱、绿墙、山石景点							
繁殖方式：实生、扦插、嫁接、萌蘖							
园林用途：行道树、庭荫树、防护树、观花树、观果树、观叶树、篱垣、垂直绿化、覆盖地面							
光照：强、中、弱				坡向：东、南、西、北			
地形：坡地、平地、山脚、山腰				海拔：　　m			
土壤质地：沙土、壤土、黏土				土壤水分：水湿、湿润、干旱、极干旱			
病虫危害程度：严重、较重、较轻、无				伴生树种：			
适应性：耐寒力：强　中　弱　　耐水湿水淹力：强　中　弱　　耐盐碱：强　中　弱 　　　　耐旱力：强　中　弱　　耐高温力：强　中　弱　　耐风沙：强　中　弱 　　　　耐瘠薄力：强　中　弱　　耐阴性：喜光　半耐荫　耐荫							
照片号：				标本号：			
调查人：				调查时间：			

表 6-2　公园植物应用调查与配植设计报告

小组：	组长：	组员：
调查地点：		
调查分工：		

园林植物	乔木：
	灌木：
	藤本：
	地被：
	绿篱：
	草花：
	草坪：
	观赏草：

现有园林植物配植示意图及园林应用分析

现有植物应用示意图：	园林应用分析：

园林植物配植创意设计及设计意图说明

园林植物配植创意设计图：	设计意图说明：

考核评价

公园植物应用调查与配植设计任务的考核评分标准

评价项目	评价内容	配分	得分
知识考核	能够熟练说出并理解园林植物的专业术语	20	
	能根据实地调查状况，填写调查表	15	
	能够画出调查地园林植物配植的设计草图	15	
技能考核	调查报告撰写：内容全面，条理清晰，准确填写术语	10	
	调查水平：识别植物形态，能准确描述环境特点	10	
	对现有植物配植设计分析深入合理，可进一步创新设计	15	
素质考核	工作态度：积极主动，明晰任务，认真细致，吃苦耐劳	5	
	工作方法：收集资料全面，计划周密，实施到位，过程完整	5	
	团队合作：分工明确，相互配合，积极讨论，团结协作	5	
	总分	100	

思考与练习

1. 到综合公园进行植物应用的调查，并说出植物的园林应用。
2. 对某一专类园进行植物应用调查，并写出植物种类。

任务一 居住区绿地植物应用调查与配植设计

 任务描述

居住区绿地是接近居民生活并直接为居民服务的绿地。其中，公共绿地是居民进行日常户外活动的良好场所，与居民的室内外生活密切相关，表现居住区的面貌与特色，主要功能是美化生活环境，阻挡外界视线，减少噪声和灰尘，满足居民夏季乘凉、四季休闲赏景的需要。植物的选择，应优先选用乡土植物，种类不宜过多，在统一基调的基础上，力求变化；为突出特色，可依据小气候条件，适当栽植引进植物，突出观花、观果植物和遮阳树种的选用，重视防风、防噪声、防污染、无毒和少病虫害等环境保护作用。

通过居住区绿地植物应用调查与配植设计的学习，能更深入地理解居住区绿化对园林植物的选择要求，巩固植物识别技能，突出园林植物的应用目的。

调查内容包括调查的自然条件、植物种类、生长状况、配植现状、应用特点，并拍摄照片。

任务分析

居住区绿地植物的选择，要充分考虑住宅的类型、建筑的特点、空间的大小、居民的行为习惯和兴趣爱好，还要保证安全、卫生、防火和道路通畅的要求。居住区绿化植物应用调查与配植设计学习任务应首先对居住区自然条件、特点进行调查和分析，进而结合植物造景、园林设计等相关知识，调查分析植物应用特点，以丰富多彩的植物资源，重新进行植物应用的创新设计。

 知识准备

一、居住区绿地类型

居住区绿地泛指居住区中各类绿地的综合，主要包括中央绿地，组团绿地，宅旁、庭院绿地，道路绿地和专用绿地等。

二、居住区绿地植物配植原则

居住区绿地植物要求乔木、灌木相结合，速生与慢生树种相结合，常绿与落叶树种相结合，适当点缀花卉和草坪。居住区的环境和特点各有不同，植物配植既要灵活变化，丰富多彩，又要多样统一，富有特色。

 任务实施

任务实施步骤

（1）以小组为单位，组长带领，进行分工，明确任务，制订任务计划。

（2）调查收集居住地绿地自然条件，整理相关的原始资料，填写园林树木调查表（表6-3）。

（3）实地调查居住地绿地植物种类，记录植物特点和应用类型。

（4）分析讨论居住地绿地植物的观赏特点和应用形式，并总结居住地绿地植物的应用特色。

（5）根据实地条件和有关资料，合理调整绿化植物。

（6）重新进行创新设计，完成园林植物调查与配植设计报告（表6-4）。

表6-3　园林树木调查表

编号：	植物名称：	学名：	科：	属：
类别：落叶乔木、落叶灌木、落叶藤本、常绿乔木、常绿灌木				
栽植地点：		来源：乡土、引种	树龄：　　年生	
冠形：卵、圆、塔、伞、椭、圆卵		干形：通直、稍曲、弯曲	生长势：强、中、弱	
展叶期：	花期：	果期：	落叶期：	
其他重要性状：				
调查株数：		最大树高：	最大树围：	
最大冠幅：东西　　南北		平均树高：	平均树围：	
栽植方式：片林、丛植、列植、孤植、绿篱、绿墙、山石景点				
繁殖方式：实生、扦插、嫁接、萌蘖				
园林用途：行道树、庭荫树、防护树、观花树、观果树、观叶树、篱垣、垂直绿化、覆盖地面				
光照：强、中、弱		坡向：东、南、西、北		
地形：坡地、平地、山脚、山腰		海拔：　　m		
土壤质地：沙土、壤土、黏土		土壤水分：水湿、湿润、干旱、极干旱		
病虫危害程度：严重、较重、较轻、无		伴生树种：		
适应性：耐寒力：强　中　弱　　耐水湿水淹力：强　中　弱 耐旱力：强　中　弱　耐高温力：强　中　弱　　耐风沙：强　中　弱 耐瘠薄力：强　中　弱　耐阴性：喜光　半耐阴　耐阴		耐盐碱：强　中　弱		
照片号：		标本号：		
调查人：		调查时间：		

表 6-4　居住区绿地植物应用调查与配植设计报告

小组:	组长:		组员:	
调查地点:				
调查分工:				
园林植物	**乔木:**			
	灌木:			
	藤本:			
	地被:			
	绿篱:			
	草花:			
	草坪:			
	观赏草:			
现有园林植物配植示意图及园林应用分析				
现有植物应用示意图:			园林应用分析:	
园林植物配植创意设计及设计意图说明				
园林植物配植创意设计图:			设计意图说明:	

考核评价

居住区绿地植物应用调查与配植设计任务的考核评分标准

评价项目	评价内容	配分	得分
知识考核	能够熟练说出并理解园林植物的专业术语	20	
	能根据实地调查状况，填写调查表	15	
	能够画出调查地园林植物配植的设计草图	15	
技能考核	调查报告撰写：内容全面，条理清晰，准确填写术语	10	
	调查水平：识别植物形态，能准确描述环境特点	10	
	对现有植物配植设计分析深入合理，可进一步创新设计	15	
素质考核	工作态度：积极主动，明晰任务，认真细致，吃苦耐劳	5	
	工作方法：收集资料全面，计划周密，实施到位，过程完整	5	
	团队合作：分工明确，相互配合，积极讨论，团结协作	5	
总分		100	

到某一居住区绿地进行植物应用的调查，并说出植物的园林应用。

任务三　单位附属绿地植物应用调查与配植设计

任务描述

　　单位附属绿地是现代城市绿地的组成部分，主要功能是美化工作和生活环境，展现单位的面貌。植物的选择应优先选用乡土植物，种类不宜过多，为突出特色，可依据小气候条件，适当选择外来植物，突出观花、观果植物和行道树种的特色。植物配植应注意色相和季相变化，呈现色彩及形态变化，乔木、灌木、藤木、花卉、草坪草要相结合，常绿与落叶相结合。植物设计避免杂乱。适地适树，选择观赏价值高、有特色、迅速成景的植物，兼顾立体绿化，形成多层次、立体式的景观效果。根据单位绿化对园林植物的选择要求以及植物应用特色，归纳总结可以用于单位附属绿地的常见植物，巩固植物识别技能，突出园林植物的应用目的。

任务分析

　　单位附属绿地植物的选择要充分考虑单位的类型、建筑及厂房的功能特点和空间大小，员工的作息规律和行为习惯，还要保证安全、卫生、防火和道路通畅的要求。单位附属绿地绿化植物应用调查与配植设计学习任务应首先对单位附属绿地自然条件、特点进行调查和分析，进而结合植物造景、园林设计等相关知识，调查分析植物应用特点，明确植物选择要求，重新进行植物应用的创新设计，进一步巩固、提高植物的识别和应用技能。

知识准备

一、单位附属绿地的概念及类型

　　单位附属绿地是指城市中分散附属于各单位公共建筑庭园，以改善和美化人工建筑环境为主要功能，不对外开放的绿地。

　　单位附属绿地的服务对象主要是本单位职工。常见的单位附属绿地主要包括机关团体、部队、学校、医院、工厂等单位内部的附属绿地。这些绿地在丰富人们的工作、生活，改善城市生态环境等方面起着重要的作用。

二、单位附属绿地的绿化设计

　　单位附属绿地的绿化设计要根据单位性质和绿化要求，充分利用自然条件，合理选用和设计植物，创造特色，力求美观。单位附属绿地一般面积较小，植物种类不宜过多，植物抗逆性应较强，绿化植物要求乔木、灌木、藤本、花卉、草坪草相结合，形成多层次、立体式的景观效果。种植方式要富有变化，有孤植、丛植、列植、群植、花坛、花境、草坪等。植物配植的形式多样，采用规则式、自然式及混合式等，突出植物的色相和季相变化，并与建筑、环境相协调。

任务实施

任务实施步骤

（1）以小组为单位，组长带领，进行分工，明确任务，制订任务计划。

（2）调查某单位附属绿地自然条件，整理相关的原始资料，填写园林树木调查表（表6-5）。

（3）实地调查单位附属绿地绿化植物种类，记录植物特点和应用类型。

（4）分析讨论单位附属绿地植物的观赏特点和应用形式，并总结单位附属绿地植物的应用特色。

（5）根据实地条件和有关资料，合理调整绿化植物。

（6）重新进行创新设计，完成园林植物调查与配植设计报告（表6-6）。

表6-5　园林树木调查表

编号：	植物名称：		学名：		科：		属：
类别：落叶乔木、落叶灌木、落叶藤本、常绿乔木、常绿灌木							
栽植地点.				来源：乡土、引种		树龄：　　年生	
冠形：卵、圆、塔、伞、椭、圆卵				干形：通直、稍曲、弯曲		生长势：强、中、弱	
展叶期：		花期：		果期：		落叶期：	
其他重要性状：							
调查株数：				最大树高：		最大树围：	
最大冠幅：东西　　南北				平均树高：		平均树围：	
栽植方式：片林、丛植、列植、孤植、绿篱、绿墙、山石景点							
繁殖方式：实生、扦插、嫁接、萌蘖							
园林用途：行道树、庭荫树、防护树、观花树、观果树、观叶树、篱垣、垂直绿化、覆盖地面							
光照：强、中、弱				坡向：东、南、西、北			
地形：坡地、平地、山脚、山腰				海拔：　　m			
土壤质地：沙土、壤土、黏土				土壤水分：水湿、湿润、干旱、极干旱			
病虫危害程度：严重、较重、较轻、无				伴生树种：			
适应性：耐寒力：强　中　弱　　耐水湿水淹力：强　中　弱　　耐盐碱：强　中　弱							
耐旱力：强　中　弱　　耐高温力：强　中　弱　　耐风沙：强　中　弱							
耐瘠薄力：强　中　弱　　耐阴性：喜光　半耐阴　耐阴							
照片号：				标本号：			
调查人：				调查时间：			

表 6-6　单位附属绿地植物应用调查与配植设计报告

小组：	组长：	组员：

调查地点：	
调查分工：	
园林植物	乔木： 灌木： 藤本： 地被： 绿篱： 草花： 草坪： 观赏草：

现有园林植物配植示意图及园林应用分析

现有植物应用示意图：	园林应用分析：

园林植物配植创意设计及设计意图说明

园林植物配植创意设计图：	设计意图说明：

考核评价

单位附属绿地植物应用调查与配植设计任务的考核评分标准

评价项目	评价内容	配分	得分
知识考核	能够熟练说出并理解园林植物的专业术语	20	
	能根据实地调查状况，填写调查表	15	
	能够画出调查地园林植物配植的设计草图	15	
技能考核	调查报告撰写：内容全面，条理清晰，准确填写术语	10	
	调查水平：识别植物形态，能准确描述环境特点	10	
	对现有植物配植设计分析深入合理，可进一步创新设计	15	
素质考核	工作态度：积极主动，明晰任务，认真细致，吃苦耐劳	5	
	工作方法：收集资料全面，计划周密，实施到位，过程完整	5	
	团队合作：分工明确，相互配合，积极讨论，团结协作	5	
	总分	100	

思考与练习

到某一单位附属绿地进行植物应用的调查，并说出植物的园林应用。

任务四 道路绿地植物应用调查与配植设计

 任务描述

道路绿化是一个城市的精神面貌、文化修养和道德水准的真实反映。道路绿化可以选择既适应本地环境又突出其姿态、色彩、气味、季相特色的植物，根据不同类型道路绿化的需求，从景观、功能、生态环境等方面选择植物，体现道路绿化景观的风貌。通过道路绿化植物应用调查与配植设计任务，明白道路绿地的布置形式，巩固植物识别技能，合理选择植物并进行配植设计。

调查内容包括立地条件、植物种类、生长状况、配植现状、应用特点，拍摄照片。

任务分析

城市道路是城市的骨架、交通的动脉。城市道路绿化不仅是构成优美街景和城市景观的重要标志，而且是一个区域的连续构图景观的组合。它在减少环境污染、防御风沙与火灾等方面都有重要作用。道路绿地类型有分车绿带、行道树绿带、路侧绿带、基础绿带、交通绿岛、立体交叉绿岛、园林景观路（林荫路）、装饰绿地、开放式绿地（街头休息绿地）。绿化形式多样，植物种类更加丰富，对植物的选择和应用能力要求较高。在植物造景、园林设计等理论指导下，明确植物配植要求，深入分析道路植物应用状态，提出植物应用的创新设计，进一步提高植物识别和植物配植的应用技能。

知识准备

一、城市道路绿地设计专用语

（1）道路分级。道路分级依据是道路的位置、作用和性质，目前我国城市道路大都按三级划分：主干道（全市性干道）、次干道（区域性干道）、支路（居住区或街坊道路）。

（2）分车带。车行道上纵向分隔行驶车辆的设施，用以限定行车速度和车辆分行。常高出路面 10 cm 以上。三块板道断面有两条分车带；两块板道断面有一条分车带。

（3）交通岛。为利于管理交通而设于路面上的一种岛状设施。一般用混凝土或砖石围砌，高出路面 10 cm 以上。常有中心岛、导向岛、立体交叉绿岛等。

（4）道路绿带。道路红线范围内的带状绿地。道路绿带可分为分车绿带、行道树绿带和路侧绿带。

（5）分车绿带。车行道之间可以绿化的分隔带。位于上下行机动车道之间的为中间分车绿带，有组织交通、夜间行车遮光的作用。

（6）行道树绿带。又称人行道绿化带、步道绿化带，是车行道与人行道之间的绿化带，是以种植行道树为主的绿带。

（7）路侧绿带。在道路侧方，布设在人行道边缘至道路红线之间的绿带。

（8）基础绿带。紧靠建筑的一条较窄的绿带。它的宽度为 2 ~ 5 m，可种植绿篱、花灌木，分隔行人与建筑，减少外界对建筑内部的干扰，美化建筑环境。

（9）园林景观路。在城市重点路段，强调沿线绿化景观，体现城市风貌、绿化特色的道路。

（10）装饰绿地。以装点、美化街景为主，禁止行人进入的绿地。

（11）开放式绿地。绿地中铺设游步道、设置坐凳等，供行人进入游览休息的绿地。

二、城市道路的栽植类型

根据种植目的不同，道路绿地可分为景观种植与功能种植两大类。景观种植主要是从绿地的景观角度考虑的栽植形式。例如：密林式栽植方式采用乔、灌、草多层栽植，绿荫浓密，亭亭如盖，凉爽宜人，且两种以上乔木交替间植，形成韵律，整齐、美观而不失趣味；自然式栽植方式比拟自然，布置自然树丛，高低错落，浓淡相宜，疏密有序，增加街道的空间层次与变化，创造生动、活泼的街道氛围；花园式栽植方式沿道路外侧布置成大小不同的绿化空间，有广场，有绿荫，并设置必要的园林设施。除此之外，景观种植还包括田园式、滨河式、简易式等栽植方式。功能种植是通过绿化栽植达到某种功能的效果，如遮蔽、装饰、防噪声、防风等。

三、城市道路绿地植物设计原则

植物的形态、高度、体量、种植方式、密度要与道路的性质、功能相适应；所选植物要具有生态功能，特别是遮阳、降温功能；道路绿化要从城市环境和特色整体考虑；植物应用设计要注意街景的四季变化，既要突出城市特色，又要避免种类单一，应力求种类多样，造型丰富；植物选用要充分考虑环境的自然条件和养护管理水平；植物选择要考虑行人的行为规律和视觉特点等。

四、城市道路绿地布置形式

城市道路绿化断面布置形式是绿化设计的主要模式，常用的有一板二带式、二板三带式、三板四带式、四板五带式等。一板二带式是一条车行道，两条绿化带，是道路绿化中最简单的一种形式；二板三带式是分成单向行驶的两条车行道和两条行道树，中间以一条分车绿化带隔离；三板四带式是由两条分车绿化带把车行道分成二块，中间为机动车道，两侧为非机动车道，与车行道两侧的行道树共四条绿化带，此种形式是城市道路绿化中较为理想的形式。

五、城市道路绿地种植设计

（1）行道树的种植设计。常用的行道树种植方式有树池式和树带式两种。树池式适合人行道狭窄或行人过多的街道，种植花草树木，形成池式绿地；树带式绿化常进行乔、灌、草的搭配，效果大气、壮观。行道树应树形高大，分枝点高，冠幅大，枝叶茂密，花朵艳丽，寿命长，耐修剪，根系发达，抗逆性强，无不良污染物，抗风。

（2）绿化带的种植设计。人行道绿化带的设计可分为规则式、自然式和混合式，有时受条件限制可简化为只有行道树的单一形式。乔木、灌木要结合搭配，层次分明，单株与丛植交替种植；行道树种应以乡土树种为主，优先选择城市骨干树种。分车绿化带以种植草皮与绿篱为宜，尽量少用乔木，多用绿篱树种。

（3）交叉路口、交通岛的种植设计。交叉路口宜选择低矮灌木、丛生花草进行种植。交通岛常以草坪、花卉为主，或选用几种不同质感、不同颜色的低矮常绿树、花灌木和草坪组成模纹花坛。

 任务实施

任务实施步骤

（1）以小组为单位，组长带领，进行分工，明确任务，制订任务计划。

（2）调查道路自然条件，整理相关的原始资料，填写园林树木调查表（表6-7）。

（3）实地调查道路绿化植物种类，记录植物特点和应用类型。

（4）分析讨论道路绿化植物的观赏特点和应用形式，并总结道路绿化植物的应用特色。

（5）根据实地条件和有关资料，合理调整绿化植物。

（6）重新进行创新设计，完成园林植物调查与配植设计报告（表6-8）。

表6-7　园林树木调查表

编号：	植物名称：		学名：	科：		属：
类别：落叶乔木、落叶灌木、落叶藤本、常绿乔木、常绿灌木						
栽植地点：			来源：乡土、引种		树龄：　　年生	
冠形：卵、圆、塔、伞、椭、圆卵			干形：通直、稍曲、弯曲		生长势：强、中、弱	
展叶期：		花期：	果期：		落叶期：	
其他重要性状：						
调查株数：			最大树高：		最大树围：	
最大冠幅：东西　　　南北			平均树高		平均树围	
栽植方式：片林、丛植、列植、孤植、绿篱、绿墙、山石点景						
繁殖方式：实生、扦插、嫁接、萌蘖						
园林用途：行道树、庭荫树、防护树、观花树、观果树、观叶树、篱垣、垂直绿化、覆盖地面						
光照：强、中、弱			坡向：东、南、西、北			
地形：坡地、平地、山脚、山腰			海拔：　　　m			
土壤质地：沙土、壤土、黏土			土壤水分：水湿、湿润、干旱、极干旱			
病虫危害程度：严重、较重、较轻、无			伴生树种：			
适应性：耐寒力：强 中 弱　　耐水湿水淹力：强 中 弱　　耐盐碱：强 中 弱						
耐旱力：强 中 弱　　耐高温力：强 中 弱　　耐风沙：强 中 弱						
耐瘠薄力：强 中 弱　　耐阴性：喜光 半耐阴 耐阴						
照片号：			标本号：			
调查人：			调查时间：			

表 6-8　道路绿地植物应用调查与配植设计报告

小组:	组长:	组员:
调查地点:		
调查分工:		
园林植物	乔木: 灌木: 藤本: 地被: 绿篱: 草花: 草坪: 观赏草:	

现有园林植物配植示意图及园林应用分析

现有植物应用示意图:	园林应用分析:

园林植物配植创意设计及设计意图说明

园林植物配植创意设计图:	设计意图说明:

考核评价

道路绿地植物应用调查与配植设计任务的考核评分标准

评价项目	评价内容	配分	得分
知识考核	能够熟练说出并理解园林植物的专业术语	20	
	能根据实地调查状况,填写调查表	15	
	能够画出调查地园林植物配植的设计草图	15	
技能考核	调查报告撰写:内容全面,条理清晰,准确填写术语	10	
	调查水平:识别植物形态,能准确描述环境特点	10	
	对现有植物配植设计分析深入合理,可进一步创新设计	15	
素质考核	工作态度:积极主动,明晰任务,认真细致,吃苦耐劳	5	
	工作方法:收集资料全面,计划周密,实施到位,过程完整	5	
	团队合作:分工明确,相互配合,积极讨论,团结协作	5	
总分		100	

思考与练习

到某一道路绿地进行植物应用的调查，并说出植物的园林应用。

任务五　室内花卉应用调查与配植设计

 任务描述

随着城市的发展和人们生活节奏的日益加快，因工作和生活需要，人们大量的时间在室内度过。室内空间本身具有的围合性和现代家居中大量化学材料的使用，导致室内环境污染严重。合理地运用植物，可以吸附有毒气体并释放人类赖以生存的氧气；室内摆放的植物可以提高室内的湿度，产生负离子，使人身心愉悦。植物所具有的观花、观叶、观果等特性也为人们带来了自然的气息，丰富了色彩和质感，美化了人们生存的空间环境。通过合理的布局，室内花卉栽植可以分隔和组织空间，对空间具有导向和提示的切实作用。

任务分析

室内植物造景与摆放是人们将自然界中的植物进一步引入居室、办公室、卫生间、会议室等自用空间，以及宾馆、会所、咖啡厅、温室等公共的共享建筑空间中，其空间特点具有私密性，面积小，以交谈、休息、办公、饮食为主。其环境条件不同于室外条件，通常光照不足，空气湿度低，空气流通性较小，温差较小，因此不利于植物的生长。了解室内的环境条件，根据光照、温度、水分、通气条件，合理选择植物，进一步巩固、提高室内植物的识别与应用设计技能。

 知识准备

一、室内花卉的概念

室内花卉是从众多的花卉中选择出来的，具有很高的观赏价值，比较耐阴而喜温暖，对栽培基质水分变化不过分敏感，适宜在室内环境中较长期摆放的一类花卉。其主要类别是观花类、观果类、室内观叶植物。

二、室内装饰的绿化原则

室内绿化是人类将对自然的喜爱，进一步地引申到室内，是人们通过对大自然植物习性的了解，合理运用植物在室内重现绿色的一种手段。随着人们欣赏水平的日益提高，人们将室内花卉像园林布局一样进行装饰，给人以美的享受。不同的是，室内绿化装饰是在一种特定的环境条件下，即受空间的限制和建筑物的制约，对其风格、尺度、功能等又提出了新的要求。

三、室内装饰的主要形式

1. 盆栽式

盆栽式是人们日常生活中常见的一种装饰形式。现今市场上，室内植物的体量从几厘米到几米高。容器的选择上，陶盆、瓷盆比比皆是。人们将盆栽好的花卉摆放在茶几、柜台上或组合摆放在酒店、会场门口，形成群集式的盆花花坛，愉悦人们的心情，烘托场地的节日气氛。盆栽式的形式具有移动便捷、易于组合、美观实用等特点。

2. 悬挂式

悬挂式栽培常常给人们飘逸、自然、浪漫的感觉，有"空中花园"的美称，深受人们的喜爱。

垂挂式的装饰可以悬挂或置于花台上，花卉犹如一条瀑布飞奔而下，颇为壮观。

壁挂式的装饰形式一般用来装饰墙面和柱体，融合室内灯光，更显室内装潢富丽堂皇。植物的选择上应选择一侧生长旺盛且抗性强、耐阴、管理粗放的植物。

悬挂式植物可以打破地面、墙体几何的限制，充分利用空间，但给养护带来了不便，必要时需定期取下检查，浇水，摘除枯枝病叶。在容器的选择上最好不用易碎的陶瓷、泥瓦盆，宜使用塑料或藤制材料。这一方面可以减轻质量，另一方面可以降低危险。

3. 攀缘式

攀缘式绿化一般针对具有气生根的植物。可利用绳网、支架，使其向上攀缘，布满天棚和墙壁，形成一道绿屏。如将这种绿化形式运用于室内，通行的做法是，将管子立于盆中央，在管子上缠上棕麻，使植物攀缘而上；将其置于室内墙角也颇为美观。在日常生活中，常见的有绿萝柱、红宝石柱、绿苹果柱等。

4. 水培

水培是采用现代科技手段对普通的植物、花卉进行驯化。水培植株因携带和养护方便，价格低，干净，花叶生长健康可实现鱼花共赏，得到了人们的广泛喜爱。最常见的植物有富贵竹、水仙、碗莲等。人们常将植物人格化，例如，富贵竹又名节节高，象征了人们对于生活的美好向往。水培的玻璃器皿中也可放入陶石、卵石、金鱼等，使花卉与介质互为衬托，再放入几条小鱼，使水面更加灵动，风格上也别具一格。

 任务实施

任务实施步骤

（1）以小组为单位，组长带领，进行分工，明确任务，制订任务计划。

（2）调查室内花卉的自然条件。

（3）实地调查室内花卉的植物种类，记录植物特点和应用类型。

（4）分析讨论室内花卉的观赏特点和应用形式，并总结室内花卉的应用特色。

（5）根据实地条件和有关资料，合理调整绿化植物。

（6）重新进行创新设计，完成园林植物调查与配植设计报告（表6-9）。

表 6-9　室内植物应用调查与配植设计报告

小组：	组长：	组员：
调查地点：		
调查分工：		
园林植物	**乔木：** 灌木： 藤本： 地被： 绿篱： 草花： 草坪： 观赏草：	
	现有园林植物配植示意图及园林应用分析	
现有植物应用示意图：	园林应用分析：	
	园林植物配植创意设计及设计意图说明	
园林植物配植创意设计图：	设计意图说明：	

考核评价

表 6-10　室内植物应用调查与配植设计任务的考核评分标准

评价项目	评价内容	配分	得分
知识考核	能够熟练说出并理解园林植物的专业术语	20	
	能根据实地调查状况填写调查表	15	
	能够画出调查地园林植物配植的设计草图	15	
技能考核	调查报告撰写：内容全面，条理清晰，术语填写准确	10	
	调查水平：识别植物形态，能准确描述环境特点	10	
	对现有植物配植设计分析深入合理，可进一步创新设计	15	

评价项目	评价内容	配分	得分
素质考核	工作态度：积极主动，明晰任务，认真细致，吃苦耐劳	5	
	工作方法：收集资料全面，计划周密，实施到位，过程完整	5	
	团队合作：分工明确，相互配合，积极讨论，团结协作	5	
	总分	100	

 思考与练习

到某一宾馆进行室内植物应用的调查，并说出植物的园林应用。

参考文献

［1］范海霞，徐巧萍．园林植物［M］．郑州：黄河水利出版社，2013．

［2］李成忠，唐义富．园林植物识别与应用［M］．北京：中国农业出版社，2023．

［3］裴淑兰，雷淑慧．园林植物识别与应用［M］．北京：中国农业出版社，2016．

［4］方炎明．植物学［M］．2版．北京：中国林业出版社，2015．

［5］陈有民．园林树木学［M］．2版．北京：中国林业出版社，2021．

［6］卓丽环，陈龙清．园林树木学［M］．2版．北京：中国农业出版社，2019．

［7］张天麟．园林树木1200种［M］．北京：中国建筑工业出版社，2005．

［8］芦建国，杨艳容．园林花卉［M］．北京：中国林业出版社，2006．